水利工程与施工管理研究

葛有年　袁玉伟　刘雪英　王晓媛　著

中国原子能出版社

图书在版编目(CIP)数据

水利工程与施工管理研究 / 葛有年等著.--北京：
中国原子能出版社,2024.12.--ISBN 978-7-5221
-3955-5

Ⅰ.TV512

中国国家版本馆 CIP 数据核字第 2024BP2638 号

水利工程与施工管理研究

出版发行	中国原子能出版社(北京市海淀区阜成路 43 号　100048)	
责任编辑	王　蕾	
责任印制	赵　明	
印　　刷	北京九州迅驰传媒文化有限公司	
经　　销	全国新华书店	
开　　本	787 mm×1092 mm　1/16	
印　　张	21.25	
字　　数	367 千字	
版　　次	2024 年 12 月第 1 版	2024 年 12 月第 1 次印刷
书　　号	ISBN 978-7-5221-3955-5	定　　价　78.00 元

前　言

随着时代的发展,水利工程建设面临着越来越多的挑战与机遇。一方面,社会对于水资源综合利用的需求日益增长,包括防洪、灌溉、发电、供水、航运等多方面功能的协调发展,这要求水利工程在规划和设计阶段就具备更高的科学性和前瞻性。另一方面,施工技术的不断革新、新材料的涌现以及大型施工设备的应用,为水利工程建设提供了更广阔的发展空间,但同时也对施工管理提出了更为严格的要求。

水利工程作为关乎国计民生的重要基础设施建设领域,对于社会经济发展和人民生活保障具有不可替代的作用。在水利工程施工过程中,管理工作贯穿始终,涉及质量控制、进度控制、成本控制、安全管理等多个关键环节。高质量的施工管理能够确保工程按照预定计划顺利实施,保证工程质量,避免安全事故的发生,同时有效控制成本,实现经济效益和社会效益的最大化。

笔者在撰写本书的过程中,参考了大量的文献资料,在此对相关文献资料的作者表示感谢。由于水利工程范畴比较广,需要探索的层面比较深,书中难免存在不足之处,在此敬请广大读者批评指正。

目 录

第一章 水利工程管理及施工组织概述 …………………………………… 1

    第一节 水利工程管理的概念 ……………………………………… 1

    第二节 水利工程管理的地位 ……………………………………… 7

    第三节 水利工程管理的作用 ……………………………………… 10

    第四节 水利工程施工组织的概念 ………………………………… 22

    第五节 水利工程施工组织的原则 ………………………………… 32

第二章 水利工程施工组织设计 …………………………………………… 35

    第一节 施工组织设计概述 ………………………………………… 35

    第二节 施工组织设计的方案 ……………………………………… 37

    第三节 施工组织设计的总体布置 ………………………………… 42

    第四节 施工组织设计的总进度计划 ……………………………… 47

第三章 水利工程混凝土工程 ……………………………………………… 52

    第一节 混凝土的质量控制要点 …………………………………… 52

    第二节 钢筋工程 …………………………………………………… 54

    第三节 模板工程 …………………………………………………… 58

第四章 水利工程地基处理技术 …………………………………………… 64

    第一节 岩基处理方法 ……………………………………………… 64

    第二节 防渗墙 ……………………………………………………… 72

    第三节 砂砾石地基处理 …………………………………………… 80

    第四节 灌注桩工程 ………………………………………………… 87

第五章 水利工程堤防施工技术 …………………………………………… 96

    第一节 堤防施工概述 ……………………………………………… 96

    第二节 堤防级别与堤防设计 ……………………………………… 97

第三节 堤基施工 ………………………………………………………… 103

第四节 堤身施工 ………………………………………………………… 106

第六章 爆破工程施工技术 ………………………………………… 112

第一节 工程爆破基本理论 ……………………………………………… 112

第二节 爆破器材与起爆方法 …………………………………………… 119

第三节 爆破基本方法 …………………………………………………… 126

第四节 爆破施工 ………………………………………………………… 131

第五节 控制爆破技术 …………………………………………………… 136

第六节 爆破安全控制 …………………………………………………… 142

第七章 水闸设计与施工 …………………………………………… 147

第一节 水闸设计 ………………………………………………………… 147

第二节 闸室施工 ………………………………………………………… 154

第三节 水闸运用 ………………………………………………………… 158

第四节 水闸裂缝与险情抢护 …………………………………………… 160

第八章 水利工程施工质量管理 …………………………………… 168

第一节 水利工程质量管理概述 ………………………………………… 168

第二节 质量体系建立与运行 …………………………………………… 176

第三节 工程质量统计与分析 …………………………………………… 191

第四节 工程质量事故的处理 …………………………………………… 194

第五节 工程质量评定与验收 …………………………………………… 196

第九章 水利工程施工进度管理与施工成本管理 ………………… 201

第一节 施工进度管理 …………………………………………………… 201

第二节 施工成本管理 …………………………………………………… 210

第十章 水利工程施工安全管理与环境安全管理 ………………… 225

第一节 施工安全管理 …………………………………………………… 225

第二节 环境安全管理 …………………………………………………… 234

第十一章 水利工程施工用电管理与危险品管理 ………………… 240

第一节 施工用电管理 …………………………………………………… 240

第二节 危险品管理 ……………………………………………………… 249

第十二章　水利工程建设项目验收 ·································· 263

　第一节　水利工程建设项目验收管理规定 ·············· 263

　第二节　水利工程建设项目验收 ·························· 269

　第三节　水利工程建设项目质量评定 ···················· 285

　第四节　竣工决算 ······································ 296

第十三章　水利工程施工应急管理 ·························· 301

　第一节　应急管理概述 ·································· 301

　第二节　应急救援体系 ·································· 303

　第三节　应急救援具体措施 ······························ 306

　第四节　应急预案 ······································ 313

　第五节　应急培训与演练 ································ 321

参考文献 ·· 329

第一章 水利工程管理及施工组织概述

第一节 水利工程管理的概念

一、工程

(一)工程的定义

工程是应用科学、经济、社会和实践知识,以创造、设计、建造、维护、研究、完善结构、机器、设备、系统、材料以及工艺。术语"工程"(engineering)是从拉丁语"ingenium"和"ingeniare"派生而来的,前者意指"聪明",后者指"图谋、制定"。工程也就是科学和数学的某种应用,通过这一应用,使自然界的物质和资源的特性能够通过各种结构、机器、产品、系统和过程,以最短的时间和精而少的人力做出高效、可靠且对人类有用的东西。工程初始含义是有关兵器制造、具有军事目的的各项应用,后来随社会进步扩展到许多领域,如建筑屋宇、制造机器、架桥修路等。

(二)工程的内涵和外延

从工程的定义可知,工程的内涵包括两个方面:各种知识的应用和材料、人力等某种组合以达到一定功效的过程。所以,工程活动具有"狭义"和"广义"之分。狭义工程指将某个(或某些)现有实体(自然的或人造的)转化为具有预期使用价值的人造产品过程;就广义而言,工程则定义是由一群人为达到某种目的,在一个较长时间周期内进行协作活动的过程。工程学即指将自然科学的理论应用到具体工农业生产部门中形成的各学科的总称。根据工程特征,传统工程可分为四类:化学工程、土木工程(水利工程是其一个分支)、电气工程、机械工程。随着科学技术的发展和新领域的出现,产生了新的工程分支,如人类工程、地球系统工程等。实际建设工程是以上这些工程的综合。

二、水利工程

(一)水利工程的含义

水利工程是用于控制和调配自然界的地表水和地下水,达到了除害兴利目的而修建的工程,也称为水工程,包括防洪、排涝、灌溉、水力发电、引(供)水、滩涂治理、水土保持、水资源保护等各类工程。水是人类生产和生活必不可少的宝贵资源,但其自然存在的状态并不完全符合人类的需要。只有修建水利工程,才能控制水流,防止洪涝灾害,并进行水量的调节和分配,以满足人民生活和生产对水资源的需要。水利工程主要服务于防洪、排水、灌溉、发电、水运、水产、工业用水、生活用水和改善环境等方面。

(二)我国水利工程的分类

水利工程的分类可以有两种方式:从投资和功能进行分类。

1.按照工程功能或服务对象划分

(1)防洪工程:防止洪水灾害的防洪工程。

(2)农业生产水利工程:为农业、渔业服务的水利工程总称,具体包括以下几类:农田水利工程:防止旱、涝、渍灾,为农业生产服务的农田水利工程(或称灌溉和排水工程);渔业水利工程:保护和增进渔业生产的渔业水利工程;海涂围垦工程:围海造田,满足工农业生产或交通运输需要的海涂围垦工程等。

(3)水力发电工程:将水能转化为电能的水力发电工程。

(4)航道和港口工程:改善和创建航运条件的航道和港口工程。

(5)供(排)水工程:为工业和生活用水服务,并处理和排除污水和雨水的城镇供水和排水工程。

(6)环境水利工程:防止水土流失和水质污染,维护生态平衡的水土保持工程和环境水利工程。

一项水利工程同时为防洪、灌溉、发电、航运等多种目标服务的,称为综合利用水利工程。

2.按照水利工程投资主体的不同性质划分

(1)中央政府投资的水利工程

这种投资也称国有工程项目。这样的水利工程一般都是跨地区、跨流域,建设周期长、投资数额巨大的水利工程。对社会和群众的影响范围广大而深远,在国民经济的投资中占有一定比重,其产生的社会效益和经济效益也非常明显。如黄河小浪底水利枢纽工程、长江三峡水利枢纽工程、南水北调工程等。

(2)地方政府投资兴建的水利工程

有一些水利工程属地方政府投资的,也属国有性质,仅限于小流域、小范围的中型水利工程,但其作用并不小,在当地发挥的作用相当大,不可忽视。也有一部分是国家投资兴建的,之后又交给地方管理的项目,这也属于地方管辖的水利工程。如陆浑水库、尖岗水库等。

(3)集体兴建的水利工程

这是计划经济时期大集体兴建的项目,由于农村经济体制改革,又加上长年疏于管理,这些工程有的已经废弃,有的处于半废状态,只有一小部分还在发挥着作用。其实大大小小、星罗棋布的小型水利设施,仍在防洪抗旱方面发挥着不小的作用。例如以前修的引黄干渠,农闲季节开挖的排水小河、水沟等。

(4)个体兴建的水利工程

这是在改革开放之后,尤其是在 20 世纪 90 年代之后才出现的。这种工程虽然不大,但一经出现便表现出很强的生命力,既有防洪、灌溉功能,又有恢复生态的功能,还有旅游观光的功能,工程项目管理得也好,这正是我们局部地区应当提倡和兴建的水利工程。

(三)我国水利工程的特征

水利工程原是土木工程的一个分支,但随着水利工程本身的发展,逐渐具有自己的特点,以及在国民经济中的地位日益重要,并成为一门相对独立的技术学科,具有以下几大特征。

1.规模大,工程复杂

水利工程一般规模大,工程复杂,工期较长。工作中涉及天文地理等自然知识的积累和实施,其中又涉及各种水的推力、渗透力等专业知识与各地区的人文风情和传统。水利工程的建设时间很长,需要几年甚至更长的时间准备和筹划,人力物力的消耗也大。例如丹江口水利枢纽工程、三峡工程等。

2.综合性强,影响大

水利工程的建设会给当地居民带来很多好处,消除自然灾害。可是由于兴建会导致人与动物的迁徙,有一定的生态破坏,同时也要与其他各项水利有机组合,符合国民经济的政策。为了使损失和影响面缩小,就需要在工程规划设计阶段系统性、综合性地进行分析研究,从全局出发,统筹兼顾,达到经济以及社会环境的最佳组合。①

3.效益具有随机性

每年的水文状况或其他外部条件的改变会导致整体的经济效益的变化。农田水利工程还与气象条件的变化有密切联系。

4.对生态环境有很大影响

水利工程不仅对所在地区的经济和社会产生影响,而且对江河、湖泊以及附近地区的自然面貌、生态环境、自然景观都将产生不同程度的影响。甚至会改变当地的气候和动物的生存环境。这种影响有利有弊。

从正面影响来说,主要是有利于改善当地水文生态环境,修建水库可以将原来的陆地变为水体,增大水面面积,增加蒸发量,缓解局部地区在温度和湿度上的剧烈变化,在干旱和严寒地区尤为适用;可以调节流域局部小气候,主要表现在降雨、气温、风等方面。由于水利工程会改变水文和径流状态,因此会影响水质、水温和泥沙条件,从而改变地下水补给,提高地下水位,影响土地利用。

从负面影响来说,因为工程对自然环境进行改造,势必会产生一定的负面影响。以水库为例,兴建水库会直接改变水循环和径流情况。从国内外水库运行经验来看,蓄水后的消落区可能出现滞流缓流,从而形成岸边污染带;水库水位降落侵蚀,会导致水土流失严重,加剧地质灾害发生;周围生物链改变、物种变异,影响生态系统稳定。

任何事情都有利有弊,关键在于如何最大限度地削弱负面影响,随着技术的进步,水利工程的作用,不仅要满足日益增长的人民生活和工农业生产发展对水资源的需要,而且要更多地为保护和改善环境服务。

(四)我国水利工程规模、质量、效益等基本情况

经过几十年的投资建设,我国兴建许多大大小小的水利工程,小到农村的蓄水库,大到三峡大坝、南水北调等大型水利工程,并且形成的固定资产达到了数千亿元,集排涝、发电、灌溉、供水、防洪、养殖、旅游水运等功能,为国民经济发展和居民生活改善发挥了基础性的决定作用。从工程具体功能来说,我国可分为九大水利工程,即水库、水电站、水闸、堤防、泵站、灌溉排水泄系、取水井、农村供水、塘坝与窖池。分析这些水利工程的数量、分布、规模等对水利工程管理政策和发展战略形成是非常必

---

① 宋秋英,李永敏,胡玉海.水文与水利工程规划建设及运行管理研究[M].长春:吉林科学技术出版社,2021.

要的。

三、水利工程管理

(一)水利工程管理的概念

从专业角度看,水利工程管理分为狭义水利工程管理和广义水利工程管理。狭义的水利工程管理是指对已建成的水利工程进行检查观测、养护修理和调度运用,保障工程正常运行并发挥设计效益的工作。广义的水利工程管理是指除以上技术管理工作外,还包括水利工程行政管理、经济管理和法治管理等方面,例如水利事权的划分。显然,我们更关注广义水利工程管理,即在深入区别各种水利工程的性质和具体作用的基础之上,尽最大可能趋利避害,充分发挥水利工程的社会效益、经济效益和生态效益,加强对水利工程的引导和管理。只有通过科学管理,才能发挥水利工程最佳的综合效益;保护和合理运用已建成的水利工程设施,调节水资源,为社会经济发展和人民生活服务。

(二)工程技术视角下我国水利工程管理的主要内容

从利用和保障水利工程的功能出发,我国水利工程管理工作的主要内容包括:水利工程的使用,水利工程的养护工作,水利工程的检测工作,水利工程的防汛抢险工作,水利工程扩建和改建工作。

1.水利工程的使用

水利工程和河川径流有着密切的关系,其变化同河川径流一样是随机的,具有多变性和复杂性,但径流在一定范围内有一定的变化规律,要根据其变化规律,对工程进行合理运用,确保工程的安全和发挥最大效益。工程的合理运用主要是制订合理的工程防汛调度计划和工程管理运行方案等。

2.水利工程的养护工作

由于各种主观原因和客观条件的限制,水利工程建筑物在规划、设计和施工过程中难免会存在薄弱环节,使其在运用过程之中,出现这样或那样的缺陷和问题。特别是水利工程长期处在水下工作,自然条件的变化和管理运用不当,将会使工程发生意外的变化。所以,要对工程进行长期的监护,发现问题及时维修,消除隐患,保持工程的完好状态和安全运行,以发挥其应有的作用。

3.水利工程的检测工作

水利工程的检测工作也是水利工程的重要工作内容。要做到定期对水利工程进行检查,在检查中发现问题,要及时进行分析,找出问题的根源,尽快进行整改,以此来提高工程的运用条件,从而不断提高科学技术管理水平。

4.水利工程的防汛抢险工作

防汛抢险是水利工程的一项重点工作。特别是对于那些大中型的病险工程,要注意日常的维护,以避免危情的发生。同时,防汛抢险工作要立足于大洪水,提前做好防护工作,确保水利工程的安全。

5.水利工程扩建和改建工作

对于原有水工建筑物不能满足新技术、新设备、新的管理水平的要求时,在运用过程中发现建筑物有重大缺陷需要消除时,应对原有建筑物进行改建和扩建,从而提高工程的基础能力,满足工程的运行管理的发展以及需求。

基于我国水利工程的特点及分类,我国水利工程管理也成立了相应的机构、制定了相应的管理规则。从流域来说,成立了七大流域管理局,负责相应流域水行政管理职责,包括长江水利委员会、黄河水利委员会、淮河水利委员会、海河水利委员会、松辽水利委员会、珠江水利委员会、太湖流域管理局。对于特大型水利工程成立专门管理机构,如三峡工程建设委员会、小浪底水利枢纽管理中心、南水北调办公室等,以及针对各种水利设施的管理,如农村农田水利灌溉管理、水库大坝安全管理等等。

(三)科学管理视角下我国水利工程管理的主要内容

从科学管理的视角出发,我国水利工程管理的主要内容是指水利事权的划分。水利事权即处理水利事务的职权和责任。我国水旱灾害频发,兴水利、除水害,历来是安邦治国的重大任务。合理划分各级政府的水利事权是我国全面深化水利改革的重要内容和有效制度保障。历史上水利工程事权、财权划分格局主要表现为两个特征:一是政府组织建设与管理关系国计民生的重要公益性水利工程,例如防洪工程;二是政府与受益群众分担投入具有服务性质的一些工程例如农田水利工程。

(四)我国水利工程管理的目标

水利工程管理的目标是确保项目质量安全,延长工程使用的寿命,保证设施正常运转,做好工程使用全程维护,充分发挥工程和水资源的综合效益,逐步实现工程管理科学化、规范化,为国民经济建设提供更好的服务。

1.确保项目的质量安全

因水利工程涉及防洪、抗旱、治涝、发电、调水、农业灌溉、居民用水、水产经济、水运、工业用水、环境保护等重要内容,一旦出现工程质量问题,所有与水利相关的生活生产活动都将受到阻碍,沿区上游和下游都将受到威胁。因此工程的质量安全不仅关系着一方经济的发展,更承担着人民身体健康与安全。

2. 延长工程的使用寿命

由于水利工程消耗资金较多,施工规模较大,影响范围较广,所以一项工程的运转就是百年大计。因此水利工程管理要贯穿项目的始末,从图纸设计到施工内容、竣工验收、工程使用等各个方面在科学合理的范围内对如何延长使用寿命进行管理,以减少资源的浪费,充分发挥最大效益。

3. 保证设施的正常运转

水利工程管理具有综合性、系统性特征,所以水利工程项目的正常运转需要各个环节的控制、调节与搭配,正确操作器械和设备,协调多样功能的发挥,提高工作效率、加强经营管理,提高经济效益,减少事故发生,确保各项事业不受影响。

4. 做好工程使用的全程维护

对于综合性的大型项目或大型组合式机械设备来说,都需要定期进行保养和维护。由于设备某一部分或单一零件出现问题,都会对工程的使用和寿命造成影响,因此水利工程管理工作还要对出现的问题在使用的整个过程中进行维护,更新零部件,及时发现隐患,促进工程的正常使用。

5. 最大限度发挥水利工程的综合效益

除了从工程方面保障水利工程的正常运行和安全外,水利工程管理还应当通过不断深化改革,最大限度地发挥水利工程的综合效益。

第二节　水利工程管理的地位

水利工程是指在江河、湖泊和地下水源上开发、利用、控制、调配和保护水资源的各类工程。人类社会为了生存和可持续发展的需要,采取各种措施,适应、保护、调配和改变自然界的水和水域,以求在与自然和谐共处、维护生态环境的前提下,合理开发利用水资源,并为防治洪、涝、干旱、污染等各种灾害。为达到这些目的而修建的工程称为水利工程。在人类的文明史上,四大古代文明都发祥于著名的河流,如古埃及文明诞生于尼罗河畔,中华文明诞生于黄河、长江流域。因此丰富的水力资源不仅滋养了人类最初的农业,并且孕育了世界的文明。水利是农业的命脉,人类的农业史,也可以说是发展农田水利,克服旱涝灾害的战天斗地史。

人类社会自从进入 21 世纪后,社会生产规模日益扩大,对能源需求量越来越大,而现有的能源又是有限的。人类渴望获得更多的清洁能源,补充现在能源的不足,同时加上洪水灾害一直威胁着人类的生命财产安全,人类在积极治理洪水的同时又务力利用水能源。水利工程既满足了人类治理洪水的愿望,又满足了人类的能源需求。水利工程按服务对象或目的可分为:将水能转化为电能的水力发电工程;为防止、控制洪水灾害的防洪工程;防止水质污染以及水土流失,维护生态平衡的环境水利工程和水土保持工程;防止旱、渍、涝灾害而服务于农业生产的农田水利工程,即排水工程、灌溉工程;为工业和生活用水服务,排除、处理污水和雨水的城镇供水、排水工程;改善和创建航运条件的港口、航道工程;增进、保护渔业生产的渔业水利工程;满足交通运输需要、工农业生产的海涂围垦工程等。一项水利工程同时为发电、防洪、航运、灌溉等多种目标服务的水利工程,称为综合水利工程。水利工程给人类带来了巨大的经济、政治、文化效益。它具备防洪、发电、航运功能,对于促进相关区域的社会、经济发展具有战略意义。水利工程引起的移民搬迁,促进了各民族间的经济、文化交流,有利于社会稳定。① 水利工程是文化的载体,大型水利工程所形成的共同的行为规则,促进了工程文化的发展,人类在治水过程中形成的哲学思想指导着水利工程实践。长期以来繁重的水利工程任务也对我国科学的水利工程管理产生巨大的需求。

一、我国水利工程在国民经济和社会发展中的地位

我国是水利大国,水利工程是抵御洪涝灾害、保障水资源供给和改善水环境的基础建设工程,在国民经济中占有非常重要的地位。水利工程在防洪减灾、粮食安全、供水安全、生态建设等方面起到了很重要的保障作用,其公益性、基础性、战略性毋庸置疑。

水利的发展直接影响到国家的发展,治水是个历史性难题。历史上著名的治水英雄有大禹、李冰、王景等。他们的治水思想都闪耀着中国古人的智慧光华,在治水方面取得了卓越的成绩。人类进入 21 世纪,科学技术日新月异,为根治水患,各种水利工程也相继开建。水利工程投资规模逐年加大,初步形成了防洪、排洪、灌溉、供水、发电等工程体系。水利工程是支持国民经济发展的基础,其对国民经济发展的支撑能力主要表现为满足国民经济发展的资源性水需求,提供生产、生活用水,提供了水资源相关的经济活动基础,如航运、养殖等,同时为国民经济发展提供环境性用水需求,发挥净化污水、容纳污染物、缓冲污染物对生态环境冲击等作用。如以商品和服务划分,则水利工程为国民经济发展提供了经济商品、生态服务和环境服务等。

---

① 沈英朋,杨喜顺,孙燕飞.水文与水利水电工程的规划研究[M].长春:吉林科学技术出版社,2022.

在支撑经济社会发展方面,大量蓄水、引水、提水工程有效提升了我国水资源的调控能力和城乡供水保障能力。供水工程建设为国民经济发展、工农业生产、人民生活提供了必要的供水保障条件,发挥了重要的支撑作用。农村饮水安全人口、全国水电总装机容量、水电年发电量均有显著增加。因水利工程的建设以及科学的水利工程管理作用,全国水土流失综合治理面积也日益增加。

水利工程之所以能够发挥如此重要的作用,与科学的水利工程管理密不可分。由此可见水利工程管理在我国国民经济和社会发展中占据十分重要的地位。

二、我国水利工程管理在工程管理中的地位

工程管理是指为实现预期目标,有效地利用资源,对工程所进行的决策、计划、组织、指挥、协调与控制,是对具有技术成分的活动进行计划、组织、资源分配以及指导和控制的科学和艺术。工程管理的对象和目标是工程,是指专业人员运用科学原理对自然资源进行改造的一系列过程,可为人类活动创造更多便利条件。工程建设需要应用物理、数学、生物等基础学科知识,并在生产生活实践中不断总结经验。水利工程管理作为工程管理理论以及方法论体系中的重要组成部分,既有与一般专业工程管理相同的共性,又有与其他专业工程管理不同的特殊性,其工程的公益性(兼有经营性、安全性、生态性等特征),使水利工程管理在工程管理体系中占有独特的地位。水利工程管理又是生态管理、低碳管理和循环经济管理,是建设"两型"社会的必要手段,可以作为我国工程管理的重点和示范,对于我国转变经济发展方式、走可持续发展道路和建设创新型国家的影响深远。

水利工程管理是水利工程的生命线,贯穿于项目的始末,包含着对水利工程质量、安全、经济、适用、美观、实用等方面的科学、合理的管理,以充分发挥工程作用、提高使用效益。由于水利工程项目规模过大,施工条件比较艰难、涉及环节较多、服务范围较广、影响因素复杂、组成部分较多、功能系统较全,所以技术水平有待提高,在设计规划、地形勘测、现场管理、施工建筑阶段难免出现问题或纰漏。另外,由于水利设备长期处于水中作业受到外界压力、腐蚀、渗透、融冻等各方面影响,经过长时间的运作磨损速度较快,所以需要通过管理进行完善、修整、调试,以更好的进行工作,确保国家和人民生命与财产的安全,社会的进步与安定、经济的发展和繁荣,因此水利工程管理具有重要性和责任性。

第三节　水利工程管理的作用

一、我国水利工程管理对国民经济发展的推动作用

大规模水利工程建设可以取得良好的社会效益和经济效益,为经济发展和人民安居乐业提供基本保障,为国民经济健康发展提供有力支撑,水利工程是国民经济的基础性产业。大型水利工程是具有综合功能的工程,它具有巨大的防洪、发电、航运功能和一定的旅游、水产、引水和排涝等效益。它的建设对我国的华中、华东、西南三大地区的经济发展,促进相关区域的经济社会发展,具有重要的战略意义,对我国经济发展可产生深远的影响。大型水利工程将促进沿途城镇的合理布局与调整,使沿江原有城市规模扩大,促进新城镇的建立和发展、农村人口向城镇转移,使城镇人口上升,加快城镇化建设的进程。同时,科学的水利工程管理也和农业发展密切相关。而农业是国民经济的基础,建立起稳固的农业基础,首先要着力改善农业生产条件,促进农业发展。水利是农业的命脉,重点建设农田水利工程,优先发展农田灌溉是必然的选择。农田水利还为国家粮食安全保障做出巨大贡献,巩固了农业在国民经济中的基础地位,从而保证国民经济能够长期持续地健康发展以及社会的稳定和进步。经济发展和人民生活的改善都离不开水,水利工程为城乡经济发展、人民生活改善提供了必要的保障条件,科学的水利工程管理又为水利工程的完备建设提供了保障。

我国水利工程管理对国民经济发展的推动作用主要体现在如下两方面。

(一)对转变经济发展方式和可持续发展的推动作用

可持续发展观是相对于传统发展观而提出的一种新的发展观。传统发展观以工业化程度来衡量经济社会的发展水平。自18世纪初工业革命开始以来,工业文明时代借助科学技术革命的力量,大规模地开发自然资源,创造了巨大的物质财富和现代物质文明,同时也使全球生态环境和自然资源遭到了最严重的破坏。显然,工业文明相对于小生产的"农业文明"而言,是一个巨大飞跃。但它给人类社会与大自然带来了巨大的灾难和不可估量的负效应,带来生态环境严重破坏、自然资源日益枯竭、自然灾害泛滥、人与人的关系严重异化、人的本性丧失等。"人口爆炸、资源短缺、环境恶化、生态失衡"已成为困扰全人类的四大显性危机。

从水资源与社会、经济、环境的关系来看,水资源不但是人类生存不可替代的一种宝贵资源,而且是经济发展不可缺少的一种物质基础,也是生态与环境维持正常状

态的基础条件。因此,可持续发展,也就是要求社会、经济、资源、环境的协调发展。然而,随着人口的不断增长和社会经济的迅速发展,用水量也在不断增加,水资源的有限与社会经济发展、水与生态保护的矛盾愈来愈突出,例如出现的水资源短缺、水质恶化等问题。如果再按目前的趋势发展下去,水问题将更突出,甚至对人类的威胁是灾难性的。

水利工程是我国全面建成小康社会和基本实现现代化宏伟战略目标的命脉、基础和安全保障。在传统的水利工程模式下,单纯依靠兴修工程防御洪水、依靠增加供水满足国民经济发展对于水的需求,这种通过消耗资源换取增长、牺牲环境谋取发展的方式,是一种粗放、扩张、外延型的增长方式。这种增长方式在支撑国民经济快速发展的同时,也付出了资源枯竭、环境污染、生态破坏的沉重代价,因而是不可持续的。

面对新的形势和任务,科学的水利工程管理利于制定合理规范的水资源利用方式。科学的水利工程管理有利于我国经济发展方式从粗放、扩张、外延型转变为集约、内涵型。且我国水利工程管理有利于开源节流、全面推进节水型社会建设,调节不合理需求,提高用水效率和效益,进而保障水资源的可持续利用与国民经济的可持续发展。再者其以提高水资源产出效率为目标,降低万元工业增加值用水量,提高工业水重复利用率,发展循环经济,为现代产业提供支撑。

当前,水资源供需矛盾突出仍然是可持续发展的主要瓶颈。马克思和恩格斯把人类的需要分成生存、享受和发展三个层次,从水利发展的需求角度就对应着安全性、经济性和舒适性三个层次。从世界范围的近现代治水实践来看,在水利事业发展面临的"两对矛盾"之中,通常优先处理水利发展与经济社会发展需求之间的矛盾。

水利发展大体上可以由防灾减灾、水资源利用、水系景观整治、水资源保护和水生态修复五方面内容组成。这五个方面中,前三个方面主要是处理水利发展和经济社会系统之间的关系。后两个方面主要是处理水利发展与生态环境系统之间的关系。各种水利发展事项属于不同类别的需求。防灾减灾、饮水安全、灌溉用水等,主要是"安全性需求";生产供水、水电、水运等,主要是"经济性需求";水系景观、水休闲娱乐、高品质用水,主要是"舒适性需求";水环境保护和水生态修复,则安全性需求和舒适性需求兼而有之,这是生态环境系统的基础性特征决定的,比如,水源地保护和供水水质达标主要属于"安全性需求",而更高的饮水水质标准如纯净水和直饮水的需求,则属于"舒适性需求"。水利发展需求的各个层次,很大程度上决定了水利发展供给的内容。无论是防洪安全、供水安全、水环境安全,还是景观整治、生态修复,这些都具有很强的公益性,均应纳入公共服务的范畴。这决定了水利发展供给主要提供的是公共服务,水利发展的本质是不断提高水利的公共服务能力。根据需求差异,公共服务可分为基础公共服务和发展公共服务。基础公共服务主要是满足"安全性"的生存需求,为社会公众提供从事生产、生活、发展以及娱乐等活动都需要的基础性服务,如提供防洪抗旱、除涝、灌溉等基础设施;发展公共服务是为满足社会发展需要所提供的各类服务,如城市供水、水力发电、城市景观建设等,更强调满足经济发展的需求及公众对舒适性的需求。一个社会存在各种各样的需求,水利发展需求也在其中。

在经济社会发展的不同水平,水利发展需求在社会各种需求中的相对重要性在不断发生变化。随着经济的发展,水资源供需矛盾也日益突出。在水资源紧缺的同时,用水浪费严重,水资源利用效率较低。当前,解决水资源供需矛盾,必然需要依靠水利工程,然而科学的水利工程管理是可持续发展的推动力。

(二)对农业生产和农民生活水平提高的促进作用

水利工程管理是促进农业生产发展、提高农业综合生产能力的基本条件。农业是第一产业,民以食为天,农村生产的发展首先是以粮食为中心的农业综合生产能力的发展,而农业综合生产能力提高的关键在于农业水利工程的建设和管理,在一些地区农业水利工程管理十分落后,重建设轻管理,已经成为农业发展的瓶颈了。另外,加强农业水利工程管理有利于提高农民生活水平与质量。社会主义新农村建设的一个十分重要的目标就是增加农民收入,提高农民生活水平,而加强农村水利工程等基础设施建设和管理成为基本条件。如可以通过农村饮水工程保障农民饮水安全,通过供水工程的有效管理,可以带动农村环境卫生和个人条件的改善,降低各种流行疾病的发病率。

水利工程在国民经济发展中具有极其重要的作用,科学的水利工程管理会带动很多相关产业的发展。[①] 如农业灌溉、养殖、航运、发电等。水利工程使人类生生不息,且促进了社会文明的前进。从一定程度上讲,水利工程推动现代产业的发展,若缺失了水利工程,也许社会就会停滞不前,人类的文明也将受到挑战。而科学的水利工程管理可推动各产业的发展。

科学的水利工程管理可推动农业的发展。"有收无收在于水、收多收少在于肥"的农谚道出了水利工程对粮食和农业生产的重要性。我国农业用水方式粗放,耕地

① 褚峰,刘罡,傅正.水文与水利工程运行管理研究[M].长春:吉林科学技术出版社,2021.

缺少基本灌溉条件,现有灌区普遍存在标准低、配套差、老化失修等问题,严重影响农业稳定发展和国家粮食安全。近年来水利建设在保障和改善民生方面取得了重大进展,一些与人民群众生产生活密切相关的水利问题特别是农村水利发展的问题与农民的生活息息相关。而完备的水利工程建设离不开科学的水利工程管理。首先,科学的水利工程管理,有利于解决灌溉问题,消除旱情灾害。农业生产主要追求粮食产量,以种植水稻、小麦、油菜为主,但是这些作物如果在没有水或者在水资源比较缺乏的情况下会极大地影响它们的产量,比如遇到大旱之年,农作物连命都保不住,哪还来的产量,可以说是颗粒无收,这样农民白白辛苦了一年的劳作将毁于一旦,收入更无从提起,农民本来就是以种庄稼为主,如今庄稼没了,这会给农民的经济带来巨大的损失,因此加强农田水利工程建设可以满足粮食作物的生长需要,解决了灌溉问题,消除了灾情的灾害,给农民也带来可观的收益。其次,科学的水利工程管理有利于节约农田用水,减少农田灌溉用水损失。

在大涝之年农田供水不缺少的情况下,可以利用水利工程建设将多余的水积攒起来,以便日后需要时使用。另外,蔬菜、瓜果、苗木实施节水灌溉是促进农业结构调整的必要保障。加大农业节水力度、减少灌溉用水损失,有利于解决农业方面的污染,有利于转变农业生产方式,有利于提高农业生产力。这就大大减少了水资源的不必要的浪费,起到了节约农田用水的目的。最后,科学的水利工程管理有利于减少农田的水土流失。大涝天气会引起农田水土流失,影响了农村生态环境。当发生洪涝灾害时,水土资源会受到极大的影响,肥沃的土地肥料会因洪涝的发生而减少,丰富的土质结构也会遭到破坏,农作物产量亦会随之减少。而科学的水利工程管理,促进渠道兴修,引水入海,利于减少农田水土流失。

(三)对其他各产业发展的推动作用

科学的水利工程管理可推动水产养殖业的发展。首先,科学的水利工程管理有利于改良农田水质。水产养殖受水质的影响很大。近年来,水污染带来的水环境恶化、水质破坏问题日益严重,水产养殖受此影响很大。而随着水产养殖业的发展,水源水质的标准要求也随之更加严格。当水源污染、水质破坏发生时,水产养殖业的发展就会受到影响。而科学的水利工程管理,有利于改良农田水质,促进水产养殖业的发展。其次,科学的水利工程管理有利于扩大鱼类及水生物生长环境,为渔业发展提供有利条件。如三峡工程建坝后,库区改变原来滩多急流型河道的生态环境,水面较天然河道增加近两倍,上游有机物质、营养盐将有部分滞留库区,库水湿度变肥、变清,有利于饵料生物以及鱼类繁殖生长。冬季下游流量增大,鱼类越冬条件将有所改善。这些条件的改善，均利于推动水产养殖业的发展。

科学的水利工程管理还可为旅游业发展起到推动作用。水利工程的建设推动了各地沿河各种水景区景点的开发建设，科学的水利工程管理有助于水利工程旅游业的发展。水利工程旅游业的发展既可以发掘各地沿河水资源的潜在效益，带动沿线地方经济的发展，促进经济结构、产业结构的调整，也可以促进水生态环境的改善，美化净化城市环境，提高人民生活质量，并提高居民收入。由于水利工程旅游业涉及交通运输、住宿餐饮、导游等众多行业，依托水利工程旅游，可以提高地方整体经济水平，并增加就业机会，甚至吸引更多劳动人口，进而推动旅游服务业的发展，提高居民的收入水平和生活标准。

科学的水利工程管理也有助于优化电能利用。科学的水利工程管理可促进水电资源的利用。水电工程已成为维持整个国家电力需求正常供应的重要来源。而科学的水利工程管理有助于水利电能的合理开发和利用。

二、我国水利工程管理对社会发展的推动作用

随着工业化和城镇化的不断发展，科学的水利工程管理有利于增强防灾减灾能力，强化水资源节约保护工作，扭转听天由命的水资源利用局面，进而推动社会的发展。

（一）对社会稳定的作用

水利工程管理有利于构建科学的防洪体系，而科学的防洪体系可减轻洪水的灾害，保障人民生命财产安全和社会稳定。全国主要江河初步形成了以堤防、河道整治、水库蓄滞洪区等为主的工程防洪体系，在抗御历年发生的洪水中发挥了重要作用，有利于社会稳定。

首先，社会稳定涉及的是人与人、不同社会群体、不同社会组织之间的关系。这种关系的核心是利益关系，而利益关系与分配密切相关，利益分配是否合理，是社会稳定与否的关键。分配问题是个大问题。当前，中国的社会分配出现了很大的问题，分配不公和收入差距拉大已经成为不争的事实，是导致社会不稳定的基础性因素。而科学的水利工程管理，有利于水利工程的修建与维护，有利于提高水利工程沿岸居民的收入水平，有利于缩小贫富差距，改善分配不均的局面，进而有利于维护社会稳定。其次，科学的水利工程管理有助于构建社会稳定风险系统控制体系，从而将社会稳定风险降到最低，进而保障社会稳定。由于水利工程本来就是大型国家民生工程，其具有失事后果严重、损失大的特点，而水情又是难以控制的，一般水利工程都是根

据百年一遇洪水设计,而无法排除是否会遇到更大设计流量的洪水。当更大流量洪水发生时,所造成的损失必然是巨大的,也必然会引发社会稳定问题,而科学的水利工程管理可将损失降到最小。同时水利工程的修建可能会造成大量移民,而这部分背井离乡的人是否能得到妥善安置也与社会稳定与否息息相关,此时必然得依靠科学的水利工程管理。

大型水利工程的移民促进了汉族与少数民族之间的经济、文化交流。促进了内地和西部少数民族的平等、团结、互助、合作、共同繁荣的谁也离不开谁的新型民族关系的形成。工程是文化的载体。而水利工程文化是其共同体在工程活动中所表现或体现出来的各种文化形态的集结或集合。水利工程在工程活动中则会形成共同的风格共同的语言、共同的办事方法及其存在着共同的行为规则。作为规则,水利工程活动则包含着决策程序、审美取向、验收标准、环境和谐目标、建造目标、施工程序、操作守则、生产条例及劳动纪律等,这些规则促进了水利工程文化的发展,哲学家将其上升为哲理指导人们水利工程活动。李冰在修建都江堰水利工程的同时也修建了中华民族治水文化的丰碑,是中华民族治水哲学的升华。都江堰水利工程是一部水利工程科学全书:它包含系统工程学、流体力学、生态学,体现了尊重自然、顺应自然规律并把握其规律的哲学理念。它留下的"治水"三字经、八字真言如:"深淘滩、低作堰""遇弯截角、逢正抽心",至今仍是水利工程活动的主导哲学思想,其哲学思想促进了民族同胞的交流,促进民族大团结。再者,水利工程能发挥综合的经济效益,给社会经济的发展提供强大的清洁能源支持,为养殖、旅游、灌溉、防洪等提供条件,从而提高相关区域居民的物质生活条件,促进了社会稳定。概括起来,水利工程管理对社会稳定的作用主要可以概括如下。

1.水利工程管理为社会提供了安全保障

水利工程最初的一个作用就是可以进行防洪,减少水患的发生。依据以往的资料记载,我国的洪水主要是发生在长江、黄河、松花江、珠江以及淮河等河流的中下游平原地区,水患的发生不仅仅影响到了社会经济的健康发展,同时对人民群众的安全也会造成一定的影响。通过在河流的上游进行水库的兴建,在河流的下游扩大排洪,使得这些河流的防洪能力得到了很好的提升。随着经济社会的快速发展,水利建设进程加快,以三峡工程、南水北调工程为标志,一大批关系国计民生的重点水利工程相继进入建设、使用和管理阶段。

2.水利工程管理有助于促进农业生产

水利工程对农业有着直接的影响,通过兴修水利,可以使得农田得到灌溉,农业生产的效率得到提升,促进农民丰产增收。灌溉工程为农业发展特别是粮食稳产、高产创造有利的前提条件,奠定了农业长期稳步发展的基础,巩固了农业在国民经济发展中的基础地位。

3.水利工程管理有助于提高城乡人民生产生活水平

水利工程管理向城乡提供清洁的水源,有效地推动了社会经济的健康发展,保障了人民群众的生活质量,也在一定程度上促进了经济和社会的健康发展。如兴凯湖饮水工程竣工之后,为黑龙江省鸡西市直接供水,解决了几百万人口和饮水问题,也为鸡西市的经济发展和创建旅游城市奠定了很好的基础。另外,在扶贫方面,大多数水利工程,尤其是大型水利枢纽的建设地点多数选在高山峡谷、人烟稀少地区,水利枢纽的建设大大加速了地区经济和社会的发展进程,甚至会出现跨越式发展。我国的小水电建设还解决了山区缺电问题,不仅促进了农村乡镇企业发展和产业结构调整,还加快了老少边穷地区农牧民脱贫致富。

(二)对和谐社会建设的推动作用

社会主义和谐社会是人类孜孜以求的一种美好社会,马克思主义政党不懈追求的一种社会理想。人与自然的和谐关系是社会主义和谐社会的重要特征,人与水的关系是人与自然关系中最密切的关系。只有加强和谐社会建设,才能实现人水和谐,使人与自然和谐共处,促进水利工程建设可持续发展。水利工程发展与和谐社会建设具有十分密切的关系,水利工程发展是和谐社会建设的重要基础和有力支撑,有助于推动和谐社会建设。

水利工程活动与社会的发展紧密相连,和谐社会的构建离不开和谐的水利工程活动。树立当代水利工程观,增强其综合集成意识,有益于和谐社会的构建。从历史的视野来看,中西方文化对于人与自然的关系有着不同的理解。中国古代哲学主张人与自然和谐相处和"天人合一",如都江堰水利工程则是"天人合一"的最高典范。自然是人类认识改造的对象,工程活动是人类改造自然的具体方式。传统的水利工程活动通常认为水利工程是改造自然的工具,人类可以向自然无限制的索取以满足人类的需要,这样就导致水利工程活动成为破坏人与自然关系的直接力量。在人类物质极其缺乏科技不发达时期,人类为满足生存的需要,这种水利工程观有其合理性。随着社会发展,社会系统与自然系统相互作用不断增强,水利工程活动不但对自然界造成影响,而且还会影响社会的运行发展。在水利工程活动过程中,会遇到各种不同的系统内外部客观规律的相互作用的问题。如何处理它们之间的关系是水利工程研究的重要内容。因而,我们必须以当代和谐水利工程观为指导,树立水利工程综合集成意识,推动和谐社会的构建步伐。要使大型水利工程活动与和谐社会的要求相一致,就必须以当代水利工程观为指导协调社会规律、科学规律、生态规律,综合体现不同方面的要求,协调相互冲突的目标。摒弃传统的水利工程观念及其活动模式,探索当代水利工程观的问题,揭示大型水利工程与政治、经济、文化、社会和环境等相互作用的特点及其规律。在水利工程规划、设计、实施中,运用科学的水利工程管理,化冲突为和谐,为和谐社会的构建做出水利工程实践方面的贡献。

人与自然和谐相处是社会和谐的重要特征和基本保障,而水利是统筹人与自然和谐的关键。人与水的关系直接影响人与自然的关系,进而会影响人与人的关系、人与社会的关系。如果生态环境受到严重破坏、人民的生产生活环境恶化,如果资源能源供应高度紧张、经济发展与资源能源矛盾尖锐,人与人的和谐、人与社会的和谐就无法实现,建设和谐社会就无从谈起。科学的水利工程管理以可持续发展为目标,尊重自然、善待自然,保护自然,严格按自然经济规律办事,坚持防洪抗旱并举,兴利除害结合,开源节流并重,量水而行,以水定发展,在保护中开发,在开发中保护,按照优化开发、重点开发、限制开发以及禁止开发的不同要求,明确不同河流或不同河段的功能定位,实行科学合理开发,强化生态保护。在约束水的同时,必须约束人的行为;在防止水对人的侵害的同时,更要防止人对水的侵害;在对水资源进行开发、利用、治理的同时,更加注重对水资源的配置、节约和保护;从无节制的开源趋利、以需定供转变为以供定需,由"高投入、高消耗、高排放、低效益"的粗放型增长方式向"低投入、低消耗、低排放、高效益"的集约型增长方式转变;由以往的经济增长为唯一目标,转变为经济增长与生态系统保护相协调,统筹考虑各种利弊得失,大力发展循环经济和清洁生产,优化经济结构,创新发展模式,节能降耗,保护环境;在以水利工程管理手段进一步规范和调节与水相关的人与人、人与社会的关系,实行自律式发展。科学的水利工程管理利于科学治水,在防洪减灾的方面,给河流以空间,给洪水以出路,建立完善工程和非工程体系,合理利用雨洪资源,尽力减少灾害损失,保持社会稳定;在应对水资源短缺方面,协调好生活、生产、生态用水,全面建设节水型社会,大力提高水资源利用效率;在水土保持生态建设方面,加强预防、监督、治理和保护,充分发挥大自然的自我修复能力,改善生态环境;在水资源保护方面,加强水功能区管理,制定水源地保护监管的政策和标准,核定水域纳污能力和总量,严格排污权管理。依法限制排污,尽力保证人民群众饮水安全,进而推动和谐社会建设。概括起来,水利工程管理对和谐社会建设的作用可以概括如下:

第一,水利工程管理通过改变供电方式有利于经济、生态等多方面和谐发展。

水力发电已经成为我国电力系统十分重要的组成部分。新中国成立之后,一大批大中型的水利工程的建设为生产和生活提供大量的电力资源,极大地方便了人民群众的生产生活,也在一定程度上改变我国过度依赖火力发电的局面,这也有利于环境的改善。我国不管是水电装机的容量还是水利工程的发电量,都处在世界前列。特别是农村小水电的建设有力地推动了农村地区乡镇企业的发展,为进行农产品的深加工、进行农田灌溉等做出了巨大的贡献。三峡工程、小浪底水利工程、二滩水利工程等一大批有着世界影响力的水利枢纽工程的建设,预示我国水力发电的建设已经进入了一个十分重要的阶段。

第二,水利工程管理有助于保护生态环境,促进旅游等第三产业发展。

水利建设为改善环境做出了积极贡献,其中水土保持和小流域综合治理改善了生态环境,水力发电的发展减少了环境污染,为改善大气环境做出了贡献,农村小水电不仅解决了能源问题,还为实施封山育林、恢复植被等创造了条件,另外污水处理与回用、河湖保护与治理也有效地保护了生态环境。水利工程在建成之后,库区的风景区使得山色、瀑布、森林以及人文等紧密地融合在一起,呈现出一派山水林岛的和谐画面,是绝佳的旅游胜地。如:举世瞩目的三峡工程在建设之后,也成为一个十分著名的旅游景点,吸引了大量的游客前往参观,感受三峡工程的魅力,这在很大程度上促进了旅游收益的提升,增加了当地群众的经济收入。

第三,水利工程管理具有多种附加值,有利于推动航运等相关产业发展。

水利工程管理在对水利工程进行设计规划、建设施工、运营、养护等管理过程中,有助于发掘水利工程的其他附加值,比如航运产业的快速发展。内河运输的一个十分重要的特点就是成本较低,通过进行水运可以增加运输量,降低运输的成本,满足交通发展的需要的同时促进经济的快速发展。水利工程的兴建与管理使得内河运输得到了发展,长江的"黄金水道"正是在水利工程的不断完善和兴建的基础之上得到发展和壮大的。

三、我国水利工程管理对生态文明的促进作用

生态文明是人类文明发展的一个新的阶段,即工业文明之后的文明形态;生态文明是人类遵循人、自然、社会和谐发展这一客观规律而取得的物质和精神成果的总和;生态文明是以人与自然、人与人、人与社会和谐共生、良性循环、全面发展、持续繁荣为基本宗旨的社会形态。它以尊重和维护生态环境为主旨,以可持续发展为根据,以未来人类的继续发展为着眼点。这种文明观强调人的自觉与自律,强调人与自然

环境的相互依存、相互促进、共处共融。三百年的工业文明以人类征服自然为主要特征。世界工业化的发展使征服自然的文化达到极致;一系列全球性生态危机说明地球再没能力支持工业文明的继续发展。需要开创一个新的文明形态来延续人类的生存,这就是生态文明。如果说农业文明是黄色文明,工业文明是黑色文明,那生态文明就是绿色文明。生态,指生物之间以及生物与环境之间的相互关系与存在状态,亦即自然生态。自然生态有着自在自为的发展规律。人类社会改变了这种规律,把自然生态纳入人类可以改造的范围之内,这就形成了文明。生态文明,是指人类遵循人、自然、社会和谐发展这一客观规律而取得的物质与精神成果的总和;是指人与自然、人与人、人与社会和谐共生、良性循环、全面发展、持续繁荣为基本宗旨的文化伦理形态。

生态文明是人类文明的一种形态,它以尊重和保护自然为前提,以人与人、人与自然、人与社会和谐共生为宗旨,以建立可持续的生产方式和消费方式为内涵,以引导人们走上持续、和谐的发展道路为着眼点。生态文明强调人的自觉与自律,强调人与自然环境的相互依存、相互促进、共处共融,既追求人与生态的和谐,也追求了人与人的和谐,而且人与人的和谐是人与自然和谐的前提。可以说,生态文明是人类对传统文明形态特别是工业文明进行深刻反思的成果,是人类文明形态和文明发展理念、道路和模式的重大进步。

科学的水利工程管理可以转变传统的水利工程活动运转模式,使水利工程活动更加科学有序,同时促进生态文明建设。若没有科学的水利工程理念作指导,水利工程会对水生态系统造成某种胁迫,如水利工程会造成河流形态的均一化和不连续化,引起生物群落多样性水平下降。但科学合理的水利工程管理有助于减少这一现象的发生,尽量避免或减少水利工程所引起的一些后果。

若不考虑科学的水利工程管理,仅仅从水利工程出发,则势必会造成对生态的极大破坏。因为水利工程活动主要关注人对自然的改造与征服,忽视自然的自我恢复能力,忽略了过度的开发自然会造成自然对人类的报复,既不考虑水利工程对社会结构及变迁的影响,也不考虑社会对水利工程的促进与限制。且在水利工程的决策、运行与评估的过程之中,只考虑人的社会活动规律与生态环境的外在约束条件,没将其视为水利工程活动的内在因素。但运用科学的水利工程管理,可形成科学的水利工程理念。此时水利工程考虑的不再仅仅是人对自然的征服改造,它是在科学发展观的基础上,协调人与自然的关系,工程活动既考虑当代人的需要又考虑到了后代人的需求,是和谐的水利工程。运用科学水利工程管理理念的水利工程转变了传统水利工程的粗放发展方式。运用科学水利工程管理理念的水利工程活动是一种集约式的工程活动，与当代的经济发展模式相适应，其具备较完善的决策、实施、评估等相关系统。也会成为知识密集型、资源集约型的造物活动，具备更高的科技含量。再者、其在改造环境的同时保护环境，使生态环境能够可持续发展，将生态环境作为工程活动的外在约束条件，以生态因素作为水利工程的决策、运行、评估内在要素。

科学的水利工程管理对生态文明的促进作用主要体现在以下两方面。

(一)对资源节约的促进作用

节约资源是保护生态环境的根本之策。节约资源意味着价值观念、生产方式、生活方式、行为方式、消费模式等多方面的变革，涉及各行各业，与每个企业、单位、家庭、个人都有关系，需要全民积极参与。必须利用各种方式在全社会广泛培育节约资源意识，大力倡导珍惜资源、节约资源风尚，明确确立和牢固树立节约资源理念，形成节约资源的社会共识和共同行动，全社会齐心合力共同建设资源节约型、环境友好型社会。资源是增加社会生产和改善居民生活的重要支撑，节约资源的目的并不是减少生产和降低居民消费水平，而是使生产相同数量的产品能够消耗更少的资源，或者用相同数量的资源能够生产更多的产品、创造更高的价值，使有限资源能更好满足人民群众物质文化生活需要。只有通过资源的高效利用，才能实现这个目标。因此，转变资源利用方式，推动资源高效利用是节约利用资源的根本途径。要通过科技创新和技术进步深入挖掘资源利用效率，促进资源利用效率不断提升，真正实现资源高效利用，努力用最小的资源消耗支撑经济社会发展。科学的水利工程管理，有助于完善水资源管理制度，加强水源地保护和用水总量管理，加强用水总量控制和定额管理，制定和完善江河流域水量分配方案，推进水循环利用建设节水型社会。科学的水利工程管理，可以促进水资源的高效利用，减少资源消耗。

(二)对环境保护的促进作用

科学的水利工程管理可以促进淡水资源的科学利用，加强水资源的保护。对环境保护起到促进性的作用。水利是现代化建设不可或缺的首要条件，是经济社会发展不可替代的基础支撑，当然也是生态环境改善不可分割的保障系统，其具有很强的公益性、基础性及战略性。

同时，科学的水利工程管理可以加快水力发电工程的建设，而水电又是一种清洁能源，水电的发展有助于减少污染物的排放，进而保护环境。水力发电相比于火力发电等传统发电模式在污染物排放方面有着得天独厚的优势，水力发电成本低，水力发电只是利用水流所携带的能量，无需再消耗其他动力资源，水力发电直接利用水能，几乎没有任何污染物排放。水电是清洁、环保、可再生能源,可以减少污染物的排放量,改善空气质量;还可以通过"以电代柴"有效地保护山林资源,提高森林覆盖率并且保持水土。

一般情况下,地区性气候状况受大气环流所控制,但修建大、中型水库及灌溉工程后,原先的陆地变成了水体或湿地,使局部地表空气变得较湿润,对局部小气候会产生一定的影响,主要表现在对降雨、气温、风和雾等气象因子的影响。而科学的水利工程管理就可对地区的气候施加影响,因时制宜,因地制宜,利于水土保持。而水土保持是生态建设的重要环节,也是资源开发和经济建设的基础工程,科学的水利工程管理,可以快速控制水土流失,提高水资源利用率,通过促进退耕还林还草及封禁保护,加快生态自我修复,实现生态环境的良性循环,改善生产、生活和交通条件,为开发创造良好的建设环境,对于环境保护具有重要的促进作用。

而大型水利工程通常既是一项具有巨大综合效益的水利枢纽工程,又是一项改造生态环境的工程。人工自然是人类为了满足生存和发展需要而改造自然环境,建造一些生态环境工程。

(三)对农村生态环境改善的促进作用

促进生态文明是现代社会发展的基本诉求之一,建设社会主义新农村也要实现村容整洁,就必须加强农业水利工程建设,统筹考虑水资源利用、水土流失与污染等一系列问题及其防治措施,实现保护和改善农村生态环境的目的。水利工程管理是现代农业建设不可或缺的首要条件,是经济社会发展不可替代的基础支撑,是生态环境改善不可分割的保障系统,具有很强的公益性、基础性、战略性。加快水利工程发展,不仅事关农业农村发展,而且事关经济社会发展全局;不但关系到防洪安全、供水安全、粮食安全,而且关系到经济安全、生态安全、国家安全。要把水利工程管理工作摆上党和国家事业发展更加突出的位置,着力加快农田水利工程建设和管理,推动水利工程管理实现跨越式发展。

水利工程管理对农村生态环境改善的促进作用可以具体归纳以下几点。

1.解决旱涝灾害

水资源作为人类生存和发展的根本,具有不可替代的作用,但是对于我国而言,由于不同气候条件的影响,水资源的空间分布极其不均匀,南方水资源丰富,在雨季常常出现洪涝灾害,而北方水资源相对不足,常见干旱,这两种情况都在很大程度上影响了农业生产的正常进行,影响着人们的日常生产和生活。而水利工程管理,可以有效解决我国水资源分布不均的问题,解决旱涝灾害,促进经济的持续健康发展,如南水北调工程,就是其中的代表性工程。

2.改善局部生态环境

在经济发展的带动下,人们的生活水平不断提高,人口数量不断增加,对于资源和能源的需求也在不断提高,现有的资源已经无法满足人们的生产和生活需求。而通过水利工程的兴建和有效管理,不仅可以有效消除旱涝灾害,还可以对局部区域的生态环境进行改善,增加空气湿度,促进植被生长,为经济的发展提供良好的环境支持。

3.优化水文环境

水利工程管理,能够对水污染情况进行及时有效的治理,对河流的水质进行优化。以黄河为例,由于上游黄土高原的土地沙化现象日益严重,河流在经过时,会携带大量的泥沙,产生泥沙的淤积和拥堵现象,而通过兴修水利工程,利用蓄水、排水等操作,可以大大增加下游的水流速度,对泥沙进行排泄,保证河道的畅通。

第四节　水利工程施工组织的概念

一、施工组织设计的作用

施工组织设计实际是水利水电工程设计文件的重要组成部分,是优化工程设计、编制工程总概算、编制投标文件、编制施工成本以及国家控制工程投资的重要依据,是组织工程建设、选择施工队伍、进行施工管理的指导性文件。做好施工组织设计,对正确选定坝址、坝型及工程设计优化,合理组织工程施工,保证工程质量,缩短建设工期,降低工程造价,提高工程的投资效益等都有十分重要的作用。

水利水电工程由于建设规模大、设计专业多且范围广,面临洪水的威胁和受到某些不利的地址、地形条件的影响,施工条件往往较困难。因此,水利工程施工组织设计工作就显得更为重要。特别是现在国家投资制度的改革,由于现在是市场化运作,项目法人制、招标投标制、项目监理制,代替过去的计划经济方式,对施工组织设计的质量、水平、效益的要求也越来越高。在设计阶段施工组织设计往往影响投资、效益,决定着方案的优劣;招投标阶段,在编制投标文件时,施工组织设计是确定施工方案、施工方法的根据,是确定标底和标价的技术依据。他的质量好坏直接关系到能否在投标竞争中取胜,承揽到工程的关键问题;施工阶段,施工组织设计是施工实施的依据,是控制投资、质量、进度及安全施工和文明施工的保证,也是施工企业控制成本,增加效益的保证。

二、工程建设项目划分

水利水电工程建设项目是指按照经济发展及生产需要提出,经上级主管部门批准,具有一定的规模,按总体进行设计施工,由一个或若干个互相联系的单项工程组成,经济上统一核算,行政上统一管理,建成后能产生社会经济效益的建设单位。

水利水电建设项目通常可逐级划分为若干个单项工程、单位工程、分部和分项工程。单项工程由几个单位工程组成,具有独立的设计文件,具有同一性质或用途,建成后可独立发挥作用或效益,如拦河坝工程、引水工程、水力发电工程等。

单位工程是单项工程的组成部分,可以有独立的设计、可以进行独立的施工,但建成后不能独立发挥作用的工程部分,单项工程可划分为若干个单位工程,如大坝的基础开挖、坝体混凝土浇筑施工等。[①] 分部工程是单位工程的组成部分。对于水利水电工程,一般将人力、物力消耗定额相近的结构部位归为同一分项工程。如溢流坝的混凝土可分为坝身、闸墩、胸墙、工作桥、护坦等分项工程。

三、施工组织设计的分类

施工组织设计是一个总的概念,根据工程项目的编制阶段、编制对象或范围的不同,施工组织设计在编制的深度和广度上也有所不同。

(一)按工程项目编制阶段分类

根据工程项目建设设计阶段和作用的不同,可以将施工组织设计分为设计阶段施工组织设计、招标投标阶段施工组织设计、施工阶段施工组织设计。

1.设计阶段施工组织设计

这里所说的设计阶段主要是指设计阶段中的初步设计。在做初步设计时,采用的设计方案,必然联系到施工方法和施工组织,不同的施工组织,所涉及的施工方案是不一样的,所需投资也就不一样。

设计阶段的施工组织设计是整个项目的全面施工安排和组织,涉及范围是整个项目,内容要重点突出,施工方法拟定要经济可行。

这一阶段的施工组织设计,是初步设计的重要组成部分,也是编制总概算依据之一,由设计部门编写。

---

① 贺芳丁,从容,孙晓明.水利工程设计与建设[M].长春:吉林科学技术出版社,2021.

2.施工投标阶段的施工组织设计

水利水电工程施工投标文件一般由技术标和商务标组成,其中技术标的就是施工组织设计部分。

这一阶段的施工组织设计是投标者以招标文件为主要依据,是投标文件的重要组成部分,也是投标报价的基础,以在投标竞争中取胜为主要目的。施工招投标阶段的施工组织设计主要由施工企业技术部门负责编写。

3.施工阶段的施工组织设计

施工企业通过竞争,取得对工程项目的施工建设权,进而也就承担了对工程项目的建设的责任,这个建设责任,主要是在规定的时间内,按照双方合同规定的质量、进度、投资、安全等要求完成建设任务。这一阶段的施工组织设计,主要以分部工程为编制对象,以指导施工,控制质量、控制进度、控制投资,从而顺利完成施工任务为主要目的。

施工阶段的施工组织设计,是对前一阶段施工组织设计的补充和细化,主要由施工企业项目经理部技术人员负责编写,以项目经理为批准人,并监督执行。

(二)按工程项目编制的对象分类

按工程项目编制的对象分类,可分为施工组织总设计、单位工程施工组织设计及分部(分项)工程施工组织设计。

1.施工组织总设计

施工组织总设计是以整个建设项目为对象编制的,用以指导整个工程项目施工全过程的各项施工活动的全局性、控制性文件,它是对整个建设项目施工的全面规划,涉及范围较广,内容比较概括。

施工组织总设计用于确定建设总工期、各单位工程项目开展的顺序及工期、主要工程的施工方案、各种物资的供需设计、全工地临时工程及准备工作的总体布置、施工现场的布置等工作,同时也是施工单位编制年度施工计划及单位工程项目施工组织设计的依据

2.单位工程施工组织设计

单位工程施工组织设计是以一个单位工程(一个建筑或构筑物)为编制对象,用以指导其施工全过程的各项施工活动的指导性文件,是施工单位年度施工设计和施工组织总设计的具体化,也是施工单位编制作业计划和制订季、月、旬施工计划的依据。单位工程施工组织设计一般在施工图设计完成后,根据工程规模、技术复杂程度的不同,其编制内容的深度和广度亦有所不同。对于简单单位工程,施工组织设计一

般只编制施工方案并附以施工进度和施工平面图,即"一案、一图、一表"。在拟建工程开工之前,由工程项目的技术负责人负责编制。

3.分部(分项)工程施工组织设计

分部(分项)工程施工组织设计也叫分部(分项)工程施工作业设计。它是以分部(分项)工程为编制对象,用以具体实施其分部(分项)工程施工全过程的各项施工活动的技术、经济和组织的实施性文件。通常在单位工程施工组织设计确定了施工方案后,由施工队(组)技术人员负责编制,其内容具体、详细、可操作性强,是直接指导分部(分项)工程施工的依据。

施工组织总设计、单位工程施工组织设计和分部(分项)工程施工组织设计,是同一工程项目,不同广度、深度和作用的三个层次。

四、施工组织设计编制原则、依据和要求

(一)施工组织设计编制原则

(1)执行国家有关方针政策,严格执行国家基本建设程序和有关技术标准、规程规范,并符合国内招标、投标规定和国际招标、投标惯例。

(2)结合国情积极开发和推广新材料、新技术、新工艺和新设备,凡是经实践证明技术经济效益显著的科研成果,应尽量采用。

(3)统筹安排,综合平衡,妥善协调各分部分项工程,达到均衡施工。

(4)结合实际,因地制宜。

(二)施工组织设计编制依据

(1)可行性研究报告及审批意见、设计任务书、上级单位对本工程建设的要求或批文。

(2)工程所在地区有关基本建设的法规或条例、地方政府对本工程建设的要求。

(3)国民经济各有关部门(交通、林业、环保等)对本工程建设期间有关要求及协议。

(4)当前水利水电工程建设的施工装备、管理水平和技术特点。

(5)工程所在地区和河流的地形、地质、水文、气象特点和当地建材情况等自然条件、施工电源、水源及水质、交通、环保、旅游、防洪、灌溉排水、航运、过木、供水等现状和近期发展规划。

(6)当地城镇现有状况,如加工能力、生活、生产物资及劳动力供应条件,居民生活卫生习惯等。

(7)施工导流及通航过木等水工模型试验、各种材料试验、混凝土配合比试验、重要结构模型试验、岩土物理力学试验等成果。

(8)工程有关工艺试验或生产性试验成果。

(9)勘测、设计各专业有关成果。

(三)施工组织设计的质量要求

(1)采用资料、计算公式和各种指标选定依据可靠并正确合理。

(2)采用的技术措施先进、方案符合施工现场实际。

(3)选定的方案有良好的经济效益。

(4)文字通顺流畅,简明扼要,逻辑性强,分析论证充分。

(5)附图、附表完整清晰且准确无误。

五、施工组织设计的编制方法

(1)进行施工组织设计前的资料准备。

(2)进行施工导流、截流设计。

(3)分析研究并确定主体工程施工方案。

(4)施工交通运输设计。

(5)施工工厂设施设计。

(6)进行施工总体布置。

(7)编制施工进度计划。

六、施工组织设计的工作步骤

(1)根据枢纽布置方案,分析研究坝址施工条件,进行导流设计及施工总进度的安排,编制出控制性进度表。

(2)提出控制性进度之后,各专业根据该进度提供的指标进行设计,并为下一道工序提供相关资料。单项工程进度是施工总进度的组成部分,与施工总进度之间是局部与整体的关系,其进度安排不能脱离总进度的指导,同时它又是检验编制施工总进度是否合理可行,从而为调整、完善施工总进度提供依据。

(3)施工总进度优化后,计算提出分年度的劳动力需要量、最高人数和总劳动力量,计算主要建筑材料总量及分年度供应量、主要施工机械设备需要总量及分年度供应数量。

(4)进行施工方案设计和比选。施工方案是指选择施工方法、施工机械、工艺流程、划分施工阶段。在编制施工组织设计时,需要经过比较才能确定最终的施工方案。

(5)进行施工布置。是指对施工现场进行分区设置,确定生产、生活设施及交通线路的布置。

(6)提出技术供应计划。指人员、材料、机械等施工资料的供应计划。

(7)编制文字说明。文字说明是对上述各阶段的成果进行说明。

七、施工组织设计的编制内容

(一)施工条件分析

施工条件分析的主要目的是判断它们对工程施工的作用和可能造成的影响,来充分利用有利条件,避免或减少不利因素的影响。

施工条件主要包括自然条件与工程条件两个方面。

1. 自然条件

(1)洪水枯水季节的时段、各种频率下的流量及洪峰流量、水位与流量关系、洪水特征、冬季冰凌情况(北方河流)、施工区支沟各种频率洪水、泥石流及上下游水利水电工程对本工程施工的影响。

(2)枢纽工程区的地形、地质、水文地质条件等资料。

(3)枢纽工程区的气温、水文、降水、风力及风速、冰情及雾等资料。

2. 工程条件

(1)枢纽建筑物的组成、结构型式、主要尺寸和工程量。

(2)泄流能力曲线、水库特征水位及主要水能指标、水库蓄水分析计算、库区淹没及移民安置条件等规划设计资料。

(3)工程所在地点的对外交通运输条件、上下游可利用的场地面积及分布情况。

(4)工程的施工特点及与其他有关部门的施工协调。

(5)施工期间的供水、环保及大江大河上的通航、过木、鱼群洄游等特殊要求。

(6)主要天然建筑材料及工程施工中所用大宗材料的来源及供应条件。

(7)当地水源、电源、通信的基础条件。

(8)国家、地区或部门对本工程施工准备、工期等的要求。

(9)承包市场的情况,有关社会经济调查及其他资料等。

(二)施工导流

施工导流的目的是妥善解决施工全过程中的挡水、泄水、蓄水问题,通过对各期导流特点和相互关系,进行系统分析、全面规划、周密安排,以选择技术上可行、经济上合理的导流方案,保证主体工程的正常安全施工,并使工程尽早发挥效益。

1.导流标准

导流建筑物的级别、各期施工导流的洪水频率及流量、坝体拦洪度汛的洪水频率及流量。

2.导流方式

(1)导流方式及选定方案的各期导流工程布置及防洪度汛、下游供水措施、大江大河上的通航、过木和鱼群洄游措施、北方河流上的排冰措施。

(2)水利计算的主要成果;必要时对导流方案进行模型试验的成果资料。

3.导流建筑物设计

(1)导流挡水、泄水建筑物布置型式的方案比较及选定方案的建筑物布置、结构型式及尺寸、工程量、稳定分析等主要成果。

(2)导流建筑物与永久工程结合的可能性,以及结合方式和具体措施。

4.导流工程施工

(1)导流建筑物(如隧洞、明渠、涵管等)的开挖、衬砌等施工程序、施工方法、施工布置、施工进度。

(2)选定围堰的用料来源、施工程序、施工方法、施工进度及围堰的拆除方案。
(3)基坑的排水方式、抽水量及所需设备。

5.截流

(1)截流时段和截流设计流量。

(2)选定截流方案的施工布置、备料计划、施工程序及施工方法措施;必要时所进行的截流试验的成果资料。

6.施工期间的通航和过木等

(1)在大江大河上,有关部门对施工期(包括蓄水期)通航、过木等的要求。

(2)施工期间过闸(坝)通航船只、木筏的数量、吨位、尺寸及年运量、设计运量等。

(3)分析可通航的天数和运输能力。

(4)分析可能碍航、断航的时段及其影响,并研究解决措施。

(5)经方案比较,提出施工期各导流阶段通航、过木的措施、设施、结构布置和工程量。

(6)论证施工期通航与蓄水期永久通航的过闸(坝)设施相结合的可能性和相互间的衔接关系。

(三)料场的选择、规划与开采

1.料场选择

分析块石料、反滤料与垫层料、混凝土骨料、土料等各种用料的料场分布、质量、储量、开采加工条件及运输条件、剥采比、开挖弃渣利用率及其主要技术参数,通过试验成果及技术经济比较选定料场。

2.料场规划

根据建筑物各部位、不同高程的用料数量及技术要求,各料场的分布高程、储量及质量、开采加工及运输条件、受洪水和冰冻等影响的情况、拦洪蓄水和环境保护、占地及迁建赔偿以及施工机械化程度、施工强度、施工方法和施工进度等条件,对选定料场进行综合平衡和开采规划。

3.料场开采

对用料的开采方式、加工工艺、废料处理与环境保护,开采、运输设备选择,储存系统布置等进行设计。

(四)主体工程施工

主体工程的施工包括建筑工程及金属结构及机电设备安装工程两大部分。

通过分析研究,确定完整可行的施工方法,使主体工程设计方案能够经济、合理、满足总进度要求的条件下如期建成,并保证工程质量和施工安全。同时提出对水工枢纽布置和建筑物型式等的修改意见,并为编制工程概算奠定基础。

1.闸、坝等挡水建筑物施工

包括土石方开挖及基础处理的施工程序、方法、布置及进度;各分区混凝土的浇筑程序、方法、布置、进度及所需准备工作;碾压混凝土坝上游防渗面板的施工方案、分缝分块及通仓碾压的施工措施;混凝土温控措施的设计;土石坝的备料、运输、上坝卸料、填筑碾压等的施工程序、工艺方法、机械设备、布置、进度及拦洪度汛、蓄水的计划措施;土石坝各施工期的物料开采、加工、运输、填筑的平衡及施工强度和进度安排,开挖弃渣的利用计划;施工质量控制的要求以及冬雨季施工的措施意见。

2.输(排)水、泄(引)水建筑物施工

输水、排水及泄洪、引水等建筑物的开挖、基础处理、浆砌石或混凝土衬砌的施工程序、方法、布置及进度;预防坍塌、滑坡的安全保护措施。

3.河道工程施工

土石方开挖及岸坡防护的施工程序、工艺方法、机械设备、布置及进度;开挖料的利用、堆渣地点以及运输方案。

4.渠系建筑物施工

渠道、渡槽等渠系建筑物的施工,可参照上述相关主体工程施工的相关内容。

(五)施工工厂设施

1.砂石加工系统

砂石料加工系统的布置、生产能力与主要设备、工艺布置设计及要求;除尘、降噪、废水排放等的方案措施。

2.混凝土生产系统

混凝土总用量、不同强度等级及不同品种混凝土的需用量;混凝土拌和系统的布置、工艺、生产能力及主要设备;建厂计划安排及分期投产措施。

3.混凝土制冷、制热系统

制冷、加冰、供热系统的容量、技术和进度要求。

4.压缩空气、供水、供电和通信系统

(1)集中或分散供气方式、压气站位置及规模。

(2)工地施工生产用水、生活用水、消防用水的水质、水压要求,施工用水量及水源选择。

(3)各施工阶段用电最高负荷及当地电力供应情况,自备电源容量的选择。

(4)通信系统的组成、规模及布置。

5.机械修配厂、加工厂

(1)施工期间所投入的主要施工机械、主要材料的加工及运输设备、金属结构等的种类与数量。

(2)修配加工能力。

(3)机械修配厂、汽车修配厂、综合加工厂(包括钢筋、木材和混凝土预制构件加工制作)及其他施工工厂设施(包括制氧厂、钢管制作加工厂、车辆保养厂等)的厂址、布置和生产规模。

(4)选定场地和生产建筑面积。

(5)建厂土建安装工程量。

(6)修配加工所需的主要设备。

(六)施工总布置

(1)施工总布置的规划原则。

(2)选定方案的分区布置,包括施工工厂、生活设施、交通运输等,提出了施工总布置图和房屋分区布置一览表。

（3）场地平整土石方量，土石方平衡利用规划及弃渣处理。

（4）施工永久占地和临时占地面积；分区分期施工的征地计划。

（七）施工总进度

1.设计依据

（1）施工总进度安排的原则和依据以及国家或建设单位对本工程投入运行期限的要求。

（2）主体工程、施工导流与截流、对外交通、场内交通及其他施工临建工程、施工工厂设施等建筑安装任务及控制进度因素。

2.施工分期

工程筹建期、工程准备期、主体工程施工期、工程完建期四个阶段的控制性关键项目、进度安排、工程量及工期。

3.工程准备期进度

阐述工程准备期的内容与任务，拟定准备工程的控制性施工进度。

4.施工总进度

（1）主体工程施工进度计划协调、施工强度均衡、投入运行（蓄水、通水、第一台机组发电等）日期以及总工期。

（2）分阶段工程形象面貌的要求，提前发电的措施。

（3）导截流工程、基坑抽排水、拦洪度汛、下闸蓄水及主体工程控制进度的影响因素及条件。

（4）通过附表，说明主体工程及主要临建工程量、逐年（月）计划完成主要工程量、逐年最高月强度、逐年（月）劳动力需用量、施工最高峰人数、平均高峰人数以及总工日数。

（5）施工总进度图表（横道图、网络图等）。

（八）主要技术供应

1.主要建筑材料

对主体工程和临建工程，按分项列出所需钢材、木材、水泥、油料、火工材料等主要建筑材料需用量和分年度（月）供应期限及数量。

2.主要施工机械设备

对施工所需主要机械和设备，按名称、规格型号、数量列出汇总表，并且提出分年度（月）供应期限及数量。

（九）附图

在以上设计内容的基础上，还应结合工程实际情况提出如下附图：

（1）施工场内外交通图。

（2）施工转运站规划布置图。

（3）施工征地规划范围图。

（4）施工导流方案图。

（5）施工导流分期布置图。

（6）导流建筑物结构布置图。

（7）导流建筑物施工方法示意图。

（8）施工期通航布置图。

（9）主要建筑物土石方开挖施工程序以及基础处理示意图。

（10）主要建筑物土石方填筑施工程序、施工方法及施工布置示意图。

（11）主要建筑物混凝土施工程序、施工方法及施工布置示意图。

（12）地下工程开挖、衬砌施工程序、施工方法及施工布置示意图。

（13）机电设备、金属结构安装施工示意图。

（14）当地建筑材料开采、加工及运输路线布置图。

（15）砂石料系统生产工艺布置图。

（16）混凝土拌和系统及制冷系统布置图。

（17）施工总布置图。

（18）施工总进度表及施工关键路线图。

第五节　水利工程施工组织的原则

建设项目一旦批准立项，如何组织施工和进行施工前准备工作就成为保证工程按计划实施的重要工作，施工组织的原则如下。

一、贯彻执行党和国家关于基本建设各项制度，坚持基本建设程序

我国关于基本建设的制度有：对基本建设项目必须实行严格的审批制度，施工许可制度、从业资格管理制度、招标投标制度、总承包制度、发承包合同制度、工程监理制度、建筑安全生产管理制度、工程质量责任制度、竣工验收制度等。这些制度为建立和完善建筑市场的运行机制、加强建筑活动的实施与管理，提供重要的法律依据，必须认真贯彻执行。

二、严格遵守国家和合同规定的工程竣工及交付使用期限

对于那些总工期相对较长的大规模建设项目,应依据其生产或使用需求,分阶段、分批次地进行建设、投产或交付使用,并尽早实现建设投资带来的经济效益。在决定分阶段、分批次进行施工的项目时,我们必须确保每一期完成的项目都能独立地展现其价值,也就是说,主要的项目和相关的辅助项目应该同时完成,并可以立刻投入使用。

三、合理安排施工程序和顺序

由于水利水电工程建筑产品具有高度的固定性,这确保了水利水电工程在各个施工阶段都能在同一地理位置上顺利进行。如果前一段的任务未能完成,那么后一段也将无法继续,即便是在交叉进行的情况下,也必须严格按照既定的流程和顺序来执行。施工的流程和顺序需要反映出客观的规律,因此其安排必须与施工技术相匹配,满足技术标准。熟练掌握这些施工流程和顺序,将有助于组织立体交叉和流水线作业,为后续的工程项目创造有利条件,同时也有助于更高效地利用空间和争取更多的时间。

四、尽量采用国内外先进施工技术,科学地确定施工方案

采用先进的施工方法是提升工作效率、优化工程品质、加速施工进度和减少工程成本的关键手段。在决定施工方案的过程中,我们需要积极地引入新的材料、设备、工艺和技术,为新结构的实施创造有利条件。同时,我们还需要考虑工程的特性和现场的实际情况,确保施工技术既先进又经济合理。此外,我们还需遵循施工验收的标准和操作规程,并严格遵循防火、保安和环境卫生等相关规定,以确保工程的质量和施工的安全性。

五、采用流水施工方法和网络计划安排进度计划

在编制施工进度计划时,应从实际出发,采用流水施工方法组织均衡施工,以达到合理使用资源、充分利用空间、争取时间的目的。

网络计划是现代计划管理的有效方法,采用网络计划编制施工进度计划,可使计划逻辑严密、层次清晰、关键问题明确,同时便于对计划方案进行优化、控制和调整,

并且有利于计算机在计划管理中的应用。①

六、贯彻工厂预制和现场相结合的方针,提高建筑工业化程度

建筑技术的进步在很大程度上体现在建筑的工业化进程中,因此在制订施工计划时,必须考虑地质状况和建筑的特性,并通过技术与经济的对比来选择最佳的预制或现场浇筑方案。在制定预制方案的过程中,我们应当坚持将工厂预制与现场预制紧密结合的原则,致力于提升建筑的工业化水平,但同时也不能盲目地追求更高的装配化水平。

七、充分发挥机械效能,提高机械化程度

通过机械化的施工方法,我们可以提高工程的进度,降低工作的劳动强度,并提高劳动的生产效率。因此,在选择施工机械的过程中,我们应该最大化地利用机械的性能,并确保主导工程的大型机械,如土方机械和吊装机械,能够持续运行,这样可以降低机械台班的费用。同时,我们还应该推动大型机械与中小型机械、机械化与半机械化的结合,以扩大机械化施工的范围,实现施工的综合机械化,从而提高机械化施工的水平。

八、加强季节性施工措施,确保全年连续施工

为了保证全年的连续施工并降低季节性施工的技术成本,组织施工时应深入了解当地的气象和水文地质状况。尽可能不要将土方、地下和水下的工程项目安排在雨季或洪水季节进行;尽可能不要将混凝土的现场浇筑结构安排在冬季进行施工;在进行高空作业和结构吊装时,应尽量避免在风季进行施工。对于那些在冬季雨水季节必须进行施工的工程项目,应当实施相应的技术方案,不仅要保证全年的连续和均衡施工,更要重视工程的质量和施工的安全性。

九、合理地部署施工现场,尽可能地减少临时工程

在制定施工组织的设计和施工过程中,我们应当仔细规划施工的总平面图,合理地布置施工场地,以达到节省施工土地的目的;尽可能地使用永久性工程、已有的建筑和设施,以降低各类临时设备的使用;我们应当最大化地利用本地的资源,合理地组织运输、装卸和存储工作,以降低物资的运输量,并避免进行二次搬运。

---

① 刘哲.建筑设计与施组织管理[M].长春:吉林科学技术出版社,2021.

第二章 水利工程施工组织设计

随着水利工程管理系统的发展和完善,施工组织设计也成为水利工程项目中重要的管理内容。水利工程的施工组织设计包括多方面的内容,当然,要进行施工组织设计,就要进行方案的拟定以及总体规划和进度的布置和安排。本章将从水利工程施工组织设计的内容入手,研究水利工程施工组织设计的方案规划、总进度计划以及总体布置安排。

第一节 施工组织设计概述

施工组织设计是水利工程设计文件中重要的内容之一,给施工项目确定预算、设立招标投标方案提供了重要依据。认真实行水利工程施工组织设计,对项目工程的选址、枢纽布置、整体优化方案、提高工作效率、缩短项目工期都具有重要意义。

一、施工组织设计的内容

水利工程施工组织设计主要包括以下内容。

(一)施工条件的分析

施工组织设计的一项重要内容是对施工项目的条件进行分析,项目工程的施工条件具体包括项目的工程条件、自然条件、物质资源条件以及社会经济条件等。对施工条件进行分析就是施工单位在对上述条件的信息进行彻底掌握之后,着重分析这些条件可能对施工项目产生的影响以及可能带来的后果。

(二)施工导流

对施工导流进行管理和设计就是要确定导流的标准,并且对施工分期、导流方案、导流方式、导流建筑物等进行选择和确定。同时,施工导流设计还包括拟定截流、拦洪、排水、过水、供水、蓄水、发电等措施。

(三)施工交通运输

对施工交通运输的设计主要包括对外交通设计和场内交通设计两个部分。对外交通设计是指施工单位就工地与外部公路、铁路车站、水运港口之间的交通问题进行联系;场内交通设计是指施工单位就施工工地内部各个工区、材料供应地、生产部门、办公生活区之间的交通进行联系。施工交通的对外交通保证了施工期间外来物资的运输,场内交通则需要及时和对外交通进行沟通和衔接。

(四)主体工程施工

主体工程主要包括引水、泄水、挡水、通航等多方面内容。对主体工程施工的设计要以各自的施工条件为基础依据,详细分析和研究施工程序、方法、强度、布置、进度等内容并进行最终的确定。需要注意的是,主体工程中的关键技术问题,如特殊的基础处理等,要进行专门的设计和论证,以保证其准确无误。

(五)施工工厂设施和大型临建工程

施工工厂设施主要包括混凝土的生产系统、开采加工系统、土石料场及其加工系统等。[①] 对施工工厂设施进行设计需要施工单位以施工任务和施工要求为依据,对工厂设施的位置、规模、容量、生产工艺类别、平面布置、建筑面积等内容进行确定,同时提出土建安装进度和分期投产的计划。

大型临建工程主要指施工栈桥、过河桥梁等,对大型临建工程的设计要进行专门的规划,确定其工程量和进度安排。

(六)施工总体布置

对施工总体布置的设计需要施工单位在了解水利工程枢纽布置和主体建筑物的主要特征之后,通过对影响施工的自然条件等因素的分析,最终对工程施工的总体布置进行规划。施工总体布置还要注意协调施工场地同内外部的关系。

(七)施工总进度

制定施工总进度时,施工单位要首先考虑国民经济的发展需求,积极采取有效措施实现主管部门或业主要求的任务设置。在确定施工项目总进度时,如果发现工期可能会出现相较计划过长或过短的情况,应该上报合理工期。

(八)主要技术供应计划

主要技术供应计划的确定就是根据施工总进度的安排和规划,通过对现有资料和信息的分析,确定主要建筑材料和主要施工机械设备的数量、规格等,并编制总需求量和分年需求量。

---

① 罗欢,李胜华,黄伟杰.梯级电站开发对水生态环境及河流健康影响研究[M].北京:中国环境出版集团,2022.

二、施工组织设计的编制依据

在进行水利工程项目的施工组织设计过程中,要充分分析当下现状,研究相关资料和文件,借鉴相关实验成果,以促进最合理的组织设计方案的形成。在施工组织设计中,主要依据的内容包括以下三方面。

(一)批文和法律法规

批文和法律法规主要包括可行性研究报告、审批意见、施工项目组织设计任务书、上级管理部门对工程建设的具体要求或批复等。此外,还包括国民经济各相关部门,包括铁道部门、交通运输部门、旅游部门、环保部门等对工程项目建设的相关规定和要求。而法律法规是指项目工程所在地与建设相关的法律条文、条例、地方政府对工程项目的要求等。

(二)项目工程的环境状况

项目工程的环境状况主要包括两部分内容。

1.工程所在地外部状况

工程所在地外部状况主要是指项目工程所在地的自然条件、施工电源、水源和水质状况、交通条件、环保及旅游状况、航运、灌溉、防洪等措施以及工程所在地近期发展规划。

2.工程所在地技术状况及习俗

工程所在地技术状况及习俗主要包括工程所在城镇的修配、加工能力;生产物资和劳动力水平;居民生活水平和住宿习惯等。

(三)项目工程自身状况

项目工程自身状况主要包括水利工程的建设施工装备、工程项目的管理水平、技术特点、施工导流及通航试验效果。除此之外,项目工程自身状况还包括与工程相关的工艺试验成果、生产试验成果、设计专业相关成果等。

第二节　施工组织设计的方案

对水利工程施工项目的施工方案进行组织设计主要是对水利工程主体工程施工的设计,研究主体施工设计是为了更好地为水利工程的枢纽布置和建筑物选择提供依据,并为工程质量和施工安全提供保障。

一、施工方案、设备及劳动力组合选择原则

在施工工程的组织设计方案研究中,施工方案的确定、设备及劳动力组合的安排和规划是重要的内容。

(一)施工方案选择原则

在具体确定施工项目的方案时,需要遵循以下四条原则。

(1)尽量选择施工总工期时间短、项目工程辅助工程量小、施工附加工程量小、施工成本低的方案。

(2)尽量选择先后顺序工作之间、土建工程和机电安装之间、各项程序之间互相干扰小、协调均衡的方案。

(3)确保施工方案选择的技术先进、可靠。

(4)着重考虑施工强度和施工资源等因素,保证施工设备、施工材料、劳动力等需求之间处于均衡状态。

(二)施工设备及劳动力组合选择原则

在确定劳动力组合的具体安排以及施工设备的选择上,施工单位要尽量遵循以下两条原则。

1.施工设备选择原则

施工单位在选择和确定施工设备时要注意遵循以下原则。

(1)施工设备尽可能地满足施工场地条件,符合施工设计和要求,并能保证施工项目保质保量地完成。

(2)施工项目工程设备要具备机动、灵活、可调节的性质,并且在使用过程中能达到高效低耗的效果。

(3)施工单位要事先进行市场调查,以各单项工程的工程量、工程强度、施工方案等为依据,确定合适的配套设备。

(4)尽量选择通用性强,可以在施工项目的不同阶段和不同工程活动中反复使用的设备。

(5)应选择价格较低,容易获得零部件的设备,尽量保证设备便于维护、维修、保养。

2.劳动力组合选择原则

施工单位在选择和确定劳动力组合时要注意遵循以下原则。

(1)劳动力组合要保证生产能力可以满足施工强度要求。

（2）施工单位需要事先进行调查研究，确保劳动力组合能满足各个单项工程的工程量和施工强度。

（3）在选择配套设备的基础上，要按照工作面、工作班制、施工方案等确定最合理的劳动力组合，混合劳动力工种，实现劳动力组合的最优化配置。

二、主体工程施工方案选择原则

水利工程涉及多种工种，其中主体工程施工主要包括地基处理、混凝土施工、碾压式土石坝施工等。而各项主体施工还包括多项具体工程项目。本节重点研究在进行混凝土施工和碾压式土石坝施工时，施工组织设计方案的选择应遵循的原则。

（一）混凝土施工方案选择原则

混凝土施工方案选择主要包括混凝土主体施工方案选择、混凝土浇筑设备选择、模板选择、坝体接缝灌浆选择等内容。

1.混凝土主体施工方案选择原则

在确定混凝土主体施工方案时，施工单位应该注意以下六条原则。

（1）混凝土施工过程中，生产、运输、浇筑等环节要保证衔接顺畅、合理。

（2）混凝土施工的机械化程度要符合施工项目的实际需求，保证施工项目按质按量完成，并且能在一定程度上促进工程工期缩短和进度加快。

（3）混凝土施工方案要保证施工技术先进，设备配套合理，生产效率高。

（4）混凝土施工方案要保证混凝土可以得到连续生产，并且在运输过程中尽可能减少中转环节，缩短运输距离，保证温控措施可控、简便。

（5）混凝土施工方案要保证混凝土在初期、中期以及后期的浇筑强度可以得到平衡的协调。

（6）混凝土施工方案要尽可能保证混凝土施工和机电安装之间存在的相互干扰尽可能少。

2.混凝土浇筑设备选择原则

混凝土浇筑设备的选择要考虑多方面的因素，比如，混凝土浇筑程序能否适应工程强度和进度、各期混凝土浇筑部位和高程与供料线路之间能否平衡协调等。[①] 具体来说，在选择混凝土浇筑设备时，要注意以下七条原则。

（1）混凝土浇筑设备的起吊设备能保证对整个平面和高程上的浇筑部位形成

---

① 赵长清.现代水利施工与项目管理［M］.汕头：汕头大学出版社，2022.

控制。

(2)保持混凝土浇筑主要设备型号统一,确保设备生产效率稳定、性能良好,其配套设备能发挥主要设备的生产能力。

(3)混凝土浇筑设备要能在连续的工作环境中保持稳定运行,并具有较高的利用效率。

(4)混凝土浇筑设备在工程项目中不需要完成浇筑任务的间隙可以承担起模板、金属构件、小型设备等的吊运工作。

(5)混凝土浇筑设备不会因为压块而导致施工工期延误。

(6)混凝土浇筑设备的生产能力要在满足一般生产的情况下,尽可能满足浇筑高峰期的生产要求。

(7)混凝土浇筑设备应该具有保证混凝土质量的保障措施。

3.模板选择原则

在选择混凝土模板时,施工单位应当注意以下三条原则。

(1)模板的类型要符合施工工程结构物的外形轮廓,便于操作。

(2)模板的结构形式应该尽可能标准化、系列化,保证模板便于制作、安装、拆卸。

(3)在有条件的情况下,应尽量选择混凝土或钢筋混凝土模板。

4.坝体接缝灌浆选择原则

在坝体的接缝灌浆时应注意考虑以下四个方面。

(1)接缝灌浆应该发生在灌浆区及以上部位达到坝体稳定温度时,在采取有效措施的基础上,混凝土的保质期应该长于四个月。

(2)在同一坝缝内的不同灌浆分区之间的高度应该为10～15米。

(3)要根据双曲拱坝施工期来确定封拱灌浆高程,以及浇筑层顶面间的限定高度差值。

(4)对空腹坝进行封顶灌浆,对受气温影响较大的坝体进行接缝灌浆时,应尽可能采用坝体相对稳定且温度较低的设备。

(二)碾压式土石坝施工方案选择原则

在进行碾压式土石坝施工方案选择时,要事先对工程所在地的气候、自然条件进行调查,搜集相关资料,统计降水、气温等多种因素的信息,并分析它们可能对碾压式土石坝材料产生的影响。

1.碾压式土石坝料场规划原则

在确定碾压式土石坝料场时,应注意遵循以下七个原则。

（1）碾压式土石坝料场的料物物理学性质要符合碾压式土石坝坝体的用料要求，尽可能保证物料质地统一。

（2）料场的物料应相对集中存放，总储量要保证能满足工程项目的施工要求。

（3）碾压式土石坝料场要保证有一定的备用料区，并保留一部分料场以供坝体合龙和抢拦洪高时使用。

（4）以不同的坝体部位为依据，选择不同的料场进行使用，避免不必要的坝料加工。

（5）碾压式土石坝料场最好具有剥离层薄、便于开采的特点，并且应尽量选择获得坝料效率较高的料场。

（6）碾压式土石坝料场应满足采集面开阔、料物运输距离短的要求，并且周围存在足够的废料处理场。

（7）碾压式土石坝料场应尽量少占用耕地或林场。

2. 碾压式土石坝料场供应原则

碾压式土石坝料场的供应应当遵循以下五个原则。

（1）碾压式土石坝料场的供应要满足施工项目的工程和强度需求。

（2）碾压式土石坝料场的供应要充分利用开挖渣料，通过高料高用、低料低用等措施保证料物的使用效率。

（3）尽量使用天然砂石料作垫层、过滤和反滤，在附近没有天然砂石料的情况下，再选择人工料。

（4）应尽可能避免料物堆放，如果避免不了，就将堆料场安排在坝区上坝道路上，并要保证防洪、排水等一系列措施的跟进。

（5）碾压式土石坝料场的供应尽可能减少料物和弃渣的运输量，保证料场平整，防止水土流失。

3. 土料开采和加工处理要求

在进行土料开采和加工处理时，要注意满足以下五点要求。

（1）以土层厚度、土料物理学特征、施工项目特征等为依据，确定料场的主次并进行分区开采。

（2）碾压式土石坝料场土料的开采加工能力应能满足坝体填筑强度的需求。

（3）要时刻关注碾压式土石坝料场天然含水量的高低，一旦出现过高或过低的状况，要采用一定具体措施加以调整。

（4）如果开采的土料物理力学特性无法满足施工设计和施工要求，应对采用人工砾质土的可能性进行分析。

（5）对施工场地、料物输送线路、表土堆存场等进行统筹规划，必要时还要对还耕进行规划。

4. 坝料上坝运输方式选择原则

在选择坝料上坝运输方式的过程中，要考虑运输量、开采能力、运输距离、运输费用、地形条件等多方面因素，具体来说，要遵循以下五个原则。

（1）坝料上坝运输方式要能满足施工项目填筑强度的需求。

（2）坝料上坝的运输过程中不能和其他物料混掺，以免污染和降低料物的物理力学性能。

（3）各种坝料应尽量选用相同的上坝运输方式和运输设备。

（4）坝料上坝使用的临时设备应具有设施简易、便于装卸、装备工程量小的特点。

（5）坝料上坝尽量选择中转环节少、费用较低的运输方式。

5. 施工上坝道路布置原则

施工上坝道路的布置应遵循以下四个原则。

（1）施工上坝道路的各路段要能满足施工项目坝料运输强度的需求，并综合考虑各路段运输总量、使用期限、运输车辆类型和气候条件等多项因素，最终确定施工上坝的道路布置。

（2）施工上坝道路要能兼顾当地地形条件，保证运输过程中不出现中断的现象。

（3）施工上坝道路要能兼顾其他施工运输，如施工期过坝运输等，尽量和永久公路相结合。

（4）在限制运输坡长的情况下，施工上坝道路的最大纵坡不能大于15%。

6. 碾压式土石坝施工机械配套原则

确定碾压式土石坝施工机械的配套方案时应遵循以下三个原则。

（1）碾压式土石坝施工机械的配套方案要能在一定程度上保证施工机械化水平的提升。

（2）各种坝面作业的机械化水平应尽可能保持一致。

（3）碾压式土石坝施工机械的设备数量应该以施工高峰时期的平均强度进行计算和安排，并适当留有余地。

第三节 施工组织设计的总体布置

水利工程的施工总体布置对于项目工程的整体施工进程都会产生非常重要的影

响,因此,在进行水利工程施工项目总体布置方案设计时,要遵循因地制宜、因时制宜、促进生产、便于生活、安全可靠、经济合理等几大原则,经过全面系统的分析研究之后才能确定最后的方案。

一、施工总体布置的目的和作用

(一)施工总体布置的概念

施工总体布置是指在对施工场地的地形条件、枢纽布置情况和各项临时设施布置要求进行研究和分析的基础上,对项目工程施工场地的分期、分区以及分标布置方案进行确定的过程。同时,还要对项目施工期间需要的交通运输设施、生产和生活用房、动力管线等进行平面和立体面上的布置并尽量减少场地安排对施工可能造成的干扰,保证施工项目安全、保质保量地完成。

(二)施工总体布置的目标

施工总体布置最终会以一定比例尺的施工场区地形图的形式呈现出来,是施工组织设计最重要的成果之一。

施工总体布置场区地形图应该包括所有地上、地下、已经建成以及正在建设过程中的建筑物和构筑物,此外,为施工项目服务的所有临时性建筑和施工设施都应该反映在总体布置图中。

施工总体布置除了通过地形图的方式表现出研究成果之外,还应提出各项施工设施以及临时性建筑的分区设置方案;估算施工征地的具体面积;研究还地造田和征地再利用的具体措施等。

施工总体布置是一个围绕施工工程运行的复杂的系统工程,但是由于施工工程本身在不断发生变化,因此,施工总体布置也要不断根据施工工程本身的变化进行调整。[1]

二、施工总体布置图设计原则

由于施工条件在不断变化,不可能编制一成不变的总体布置图。因此,在进行施工总体布置图的设计时,主要根据施工单位的实践经验,因地制宜,以优化场地布置为原则,进行布置图的编制。具体来说,设计施工总体布置图时主要遵循以下原则。

---

[1]　罗永席.水利水电工程施工组织设计编写模板[M].哈尔滨:哈尔滨出版社,2020.

(一)合理使用场地

在进行施工总体布置图的编制时,要注意尽量少占用农田等地区,合理使用场地,实现场地利用率最大化。

(二)优化场区划分

对施工场区的划分要符合国家相关的安全、卫生、环保等方面的规定,并以利于生产、便于生活、易于管理、经济合理的原则进行。

(三)临时建筑物和施工设施的安排

所有施工场区中临时建筑物和施工设施的安排要以满足主体工程施工的要求为基本,相互协调,避免安排失衡导致建筑物之间出现互相干扰的情况。

(四)施工设施的防洪标准

主要的施工设施和工厂的防洪标准的确定要以其规模、使用期限以及在整体施工工程中的重要程度来决定,在5～20年重现期内选用。必要时,可以利用水工模型试验来测试场地防洪能力。

三、施工总体布置图的设计步骤

施工总体布置图设计主要包括以下步骤。

(一)收集、分析相关资料

施工总体布置图设计的第一个步骤是收集、分析基本信息和资料,主要包括施工场区地形图、拟建枢纽布置图、已经存在的场外交通运输设施、运输能力、发展规划、施工项目所在地及其工矿企业信息、施工项目所在地水电供应状况、施工场区地质状况、所在地气候条件等。

(二)编制临建工程项目清单、计算场地面积

在掌握了施工场区的基本资料之后,就可以进行临建工程项目的确定,这个环节主要根据工程的施工条件、结合之前的实践经验进行确定。在确定临建项目的清单之后,还要对它们的占地面积、敞篷面积、建筑面积等进行精确计算;明确临建项目工程的施工标准、使用期限以及布置及使用要求。对于临建工程中的工厂,施工单位还要确定它们的生产能力、工作班制、服务对象等方面内容。

(三)现场布置总体策划

现场布置总体策划是指对施工现场的总体布局,包括:主要交通干线、场内外交通衔接、永久设施和临建项目之间的结合等内容。现场布置总体策划是施工总体布

置中非常关键的一个环节,在工程施工实行分项承包制的情况下,尤其要做好这项工作,对各承包单位的具体施工范围进行明确、严格的划分。

(四)确定临建工程的具体位置

临建工程具体位置的确定和安排通常建立在现场布置总体策划的基础上,以对外交通方式为依据,按照临建工程所在地的具体地形特征按照顺序依次进行。

(五)方案调整和选定

在经过上述步骤之后,就需要对总体布置方案进行修正和协调,其主要工作包括:检查主体工程和临建工程之间是否存在矛盾、总体布置中的防火方案能否达到要求、场地利用是否合理等。通常情况下,施工单位需要对一个施工场区提出不止一个总体布置方案,经过综合考虑和对比,选择最合适的一个方案。

四、施工分区布置

在进行了总体布置策划之后,就要对场区进行分区布置。

(一)主要施工分区

通常情况下,大、中型规模水利工程施工项目在进行施工总体布置时,可以将场区分为以下七部分。

(1)主体工程施工区。

(2)施工工厂设施区。

(3)当地建材开发区。

(4)储运系统,主要包括仓库、站场、码头、转运站等。

(5)金属结构、机电工程、大型施工机械设备安装场所。

(6)施工项目弃料堆放区。

(7)施工管理和劳动人员生活营区。

(二)施工分区的总体布局

施工项目工程枢纽布置和所在地地形条件的差异导致施工分区总体布局方式有所不同,大体上说,有以下六种情况。

1.一岸布置和两岸布置

一岸布置和两岸布置一般适用于施工项目较为集中且下游较为开阔的工程。如果选择设在一岸,则要考虑这一岸的电站厂房位置和对外交通线路等因素;如果选择设在两岸,则施工项目的主要场地会受到两岸电站厂房位置的影响。

2.集中布置和分散布置

集中布置一般适用于主体工程所在地地形平稳的情况,集中布置具有占地面积小、布置紧凑、便于管理等优点。但是如果施工项目所在地地形陡峻,则不适合采用集中布置的方式,而应该采用分散布置的方法,化整为零。

3."一条龙"和"一二线"布置

"一条龙"布置是指将施工项目的各工程场地布置在河流一岸或两岸的冲沟位置。这种布置方法一般适用于堤坝位置位于峡谷地区的施工项目。"一二线"布置是指将施工项目的工程场地安排在施工现场,而将生活区布置在较远位置的方式。"一二线"布置一般适用于距离工地一定距离处有较适合生活的地区的情况。

4.枢纽工程对分区布置的影响

枢纽工程组成内容的差异也会导致施工布置不同,枢纽工程中辅助设施的构成会对施工场区布置造成很大影响。如果施工项目的枢纽工程主体是混凝土坝,那么在进行施工布置时,就要以骨料开采、运输、加工以及混凝土的拌和、运输和浇筑为基本要素进行场区分区布置的安排;而对于枢纽工程主体为土石坝的施工项目,则应该重点考虑土石料开采、加工等设施的布置。

5.水文资料的研究

在进行场区分区布置时,除了考虑施工项目的主要枢纽工程及其辅助设施,施工单位还需要对施工工程所在地的水文资料进行研究。首先,施工项目主要场地和交通干线都要达到防洪标准。其次,如果施工工程位置选择在坝址上游,施工单位还要对施工期间可能会出现的上游水位变化进行估计和分析。

6.可能成为城镇的工程的建设规划

在实际操作中,一些施工项目在建成之后会发展为一定规模的城镇,对于这类工程的建设规划,在进行工程项目建设的同时,还要结合未来城市的总体规划进行施工总体布置的安排。施工单位需要在进行大量调查和研究之后慎重地进行选址和建设,虽然可能会增加项目的建设成本,但是从长远来看却值得尝试。

(三)施工分区布置的注意事项

在进行施工分区布置的过程中,施工单位应该注意以下四方面内容。

1.车站位置的选择

如果施工项目选择铁路或水路为对外交通运输途径,首先要对车站和码头的位置进行确认。车站的位置应该安排在施工场区入口的附近,方便施工车辆停靠;同时,为了满足施工场区器材仓库等设施的布置需求,车站附近应有足够的临时堆场。

2.混凝土拌合系统的位置安排

混凝土拌合系统应该被安排在施工项目主要浇筑对象的附近,并和混凝土运输路线形成相协调的位置状况。而在混凝土拌合系统的附近,应该安排如水泥仓库、钢筋加工厂等设施,形成一条完整的运输流水线。

3.骨料加工厂的位置选择

骨料加工厂应该安排在料场附近,在减少不必要的废弃料运输工作量的同时,减少施工现场的干扰。

4.其他设施的位置安排

除了上述两组设施的位置安排需要注意之外,施工单位还应注意以下建筑物位置的选择。

(1)机械修配厂尽量安排在交通干线附近,以方便重型机械的进出。

(2)中心变电站尽量安排在较安静的地方,避免发生因触碰而导致的电击事故。

(3)码头以及供水抽水站应尽量安排在枢纽的下游河边位置,但是要综合考虑枢纽下游河岸的稳定、河水流速等因素。

(4)制冷厂应该安排在混凝土建筑物和混凝土系统的附近,采取自流方式进行冷水供应。

(5)油库、炸药库等危险物品的仓库应当尽量安排在人少的位置,且应当单独布置,并设置警戒线,提醒施工人员注意。

第四节　施工组织设计的总进度计划

项目工程的施工总进度编制,要以国民经济发展需求为导向、以满足施工项目主管部门或业主需求为原则。施工总进度计划的确定对施工项目具有重要意义,如果不在认真调查后制定,很可能导致施工项目逾期完成或难以实现。

一、工程建设阶段划分

工程建设阶段可以划分为四部分。

(一)工程筹建期

工程筹建期是指在工程正式开工之前,施工项目的主管部门或业主单位进行的为承包单位进场开工所做的准备工作的时间。工程筹建期的主要工作包括对外交通、施工用电、通信、征地、招投标、签约。

(二)工程准备期

工程准备期是指从准备工程开工到主体工程正式开工之间的工期。工作准备期的工作主要包括:场内交通、保证场地平整、导流工程、临时建房等。

(三)主体工程施工期

主体工程施工期是指从主体工程正式开工(一般表现为河床基坑开挖)开始,到第一台机组开始发电或工程项目开始收益为止的工期。

(四)工程完建期

工程完建期是指从水电站第一台机组投入使用或项目工程开始获得收益开始,到工程完全竣工为止的工期。

工程建设阶段中的后三个阶段构成了工程施工总工期。并且,工程建设的四个阶段并不一定是完全独立的,有可能交错进行。

二、施工总进度的表现形式

根据项目工程具体情况的差异,一般选择以下三种方式表现项目工程的施工总进度。

(一)横道图

横道图以简便、直观的特点被广泛使用。

(二)网络图

网络图的优势是利用现代网络技术,可以处理大量工程项目中的数据,并表示出关键线路的进度控制,便于信息的反馈和进度系统的优化。

(三)斜线图

斜线图相较上述两种表示方法来说,更能表现出流水作业的进度流程。

三、主体工程施工进度编制

主体工程的施工进度编制主要包括坝基开挖与地基处理工程、混凝土工程、碾压式土石坝、地下工程、金属结构及机电安装以及施工劳动力和主要资源供应六部分内容的施工进度编制。

(一)坝基开挖与地基处理工程施工进度编制

坝基开挖与地基处理包括以下五个部分的工程活动。

1. 坝基岸坡开挖

坝基岸坡开挖一般和导流工程同时期进行,通常在河流截流之前完成。如果遇到平原地区的水利工程或河床式水电站施工条件特殊的状况,也可以进行两岸坝基和河床坝基的交叉开挖,但是要注意将开挖工期控制在进度范围内。

2. 基坑排水

通常情况下,施工单位会在围堰水下部分防渗设施基本完善之后安排进行基坑排水,并且基坑排水一般在河床地基开挖之前完成。对于土石围堰与软质地基,基坑排水应注意控制排水下降速度。

3. 不良地质地基处理

一般情况下,不良地质地基处理会在建筑物覆盖之前完成。团结灌浆和混凝土浇筑可以在同一时间进行,并且经过研究,还可以在混凝土浇筑之前进行。帷幕灌浆为了不占用施工项目的直线工期,也可以在坝基面或廊道内完成,并且应该在蓄水之前完成。

4. 有地质缺陷的坝基

对于两岸岸坡有地质缺陷的坝基的施工进度的确定,应该以其地基处理方案为基础,当存在缺陷的坝基的地基处理部位位于坝基范围之外或地下时,可以考虑安排这部分坝基的施工与坝体浇筑同时进行,并且同样在水库蓄水之前完成。

5. 地基处理工程

地基处理工程的进度安排要以地基的地质条件、处理方案、具体工程量、施工步骤、施工水平、设备生产能力等因素为依据,综合考虑之后确定。特别需要注意的是,对于处理相对复杂、对施工项目总工期具有重要影响的地基的施工进度安排要更加慎重。

(二)混凝土工程施工进度编制

在规划混凝土工程的施工进度时,应优先考虑施工所需的有效工作天数。通常,混凝土工程的有效施工天数可以基于每月的 25 天来进行估算。对于那些规模较大的项目,我们可以在冬天、夏天或雨季采纳特定的方法来提高混凝土的浇筑效率。在考虑控制直线工期工程的工作天数时,我们应该从有效天数中减去那些气候因素可能对工程施工产生影响的日子。具体来说,混凝土工程施工进度在编制和安排过程中,要注意以下问题。

1. 混凝土的平均升高速度

混凝土平均升高速度和坝型、浇筑块数量、浇筑块高度、浇筑设备能力等因素有关,通常情况下可以通过浇筑排块来确定。

对于大型工程,适合采用计算机模拟技术来进行坝体浇筑强度、升高速度以及浇筑工期的研究和计算。

2.混凝土接缝灌浆进度

对于混凝土接缝灌浆进度的确定,首先要满足施工期度汛和水库蓄水安全的需求,并综合考量温控措施和二期冷却的进度安排。

(三)碾压式土石坝施工进度编制

在编制碾压式土石坝施工进度时,应当考虑导流和安全度汛的要求,并在研究碾压式土石坝坝体结构及拦洪方案的基础上,确定上坝强度,最终进行施工进度的安排。

(四)地下工程施工进度编制

地下工程的建设进度往往会受到地质和水文地质等多种因素的制约,各个单独的工程活动之间存在相互制衡的关系。因此,在规划施工进度时,需要全面考虑包括开挖、支撑、浇筑和灌浆在内的多个步骤和单一工程项目。

地下工程的建设通常可以全年进行。在确定施工进度时,需要综合考虑各个单项工程项目的规模、地质条件、施工方案和设备条件等因素,采用关键线路法来确定施工程序和各个工序之间的衔接方式,以确定最佳的工期。

(五)金属结构及机电安装施工进度编制

在安排金属结构工程的施工进度时,施工单位应深入探讨其与土建工程施工时间的相互关系,确保金属结构工程与土建工程之间的无缝对接,并在不相互影响的前提下,为双方预留适当的空间。在安排机电设备的安装进度时,我们应当仔细研究每一项的交付条件以及预期的完成时间。

(六)施工劳动力及主要资源供应

在确定了施工项目主要工程的进度安排之后,施工单位要根据施工图纸及工程量确定和计算项目工程需要的总劳动力和主要资源数量编制劳动力、主要材料、构件和半成品、施工机械的需求量计划。

1.劳动力需求量计划

劳动力需求量计划的主要目的是调整劳动力的平衡和资源的合理分配,它也是评估劳动力使用效率和为劳动者提供生活福利的关键标准。为了编制劳动力需求量计划,我们采用了一种方法,即汇总项目工程施工进度计划表中每一个施工项目和各个施工环节每天所需的劳动力数量。

2. 主要材料需求量计划

主要材料的需求量计划为施工单位采购物料、确定仓库规格、确定堆场面积以及组织运输提供了依据。主要材料需求量计划的编制方法是将施工进度计划表中各单项工程在各个时间段所需要材料的名称、规格、数量进行汇总计算。

3. 构件和半成品需求量计划

构件和半成品主要涵盖了项目施工阶段所需的各种建筑结构元素、相关配件以及加工后的半成品等。构件和半成品的需求计划主要是为了确定需要加工的订货单位，并确保货物能够按照预定的数量和规格，在规定的时间内送达仓库。构件和半成品的需求量计划通常是通过施工图纸和施工进度计划来确定和编制的。

4. 施工机械需求量计划

施工机械需求量计划为确定施工机械的类型、数量、进场时间等提供了依据。施工机械需求量计划的编制方法是将单位工程施工进度计划表中各项单项施工工程每天所需要机械的类型、规格、数量进行统计。

第三章　水利工程混凝土工程

自从 1850 年出现钢筋混凝土以来,混凝土材料已广泛应用于工程建设,如各类建筑工程、构筑物、桥梁、港口码头、水利工程等各个领域。

混凝土是由水泥、石灰、石膏等无机胶结料与水或沥青、树脂等有机胶结料的胶状物与粗细骨料,必要时掺入矿物质混合材料和外加剂,按适当比例配合,经过均匀搅拌,密实成型及一定温湿条件下养护硬化而成的一种复合材料。

随着工程界对混凝土的特性提出更多和更高的要求,混凝土的种类更加多样化。如高强度高性能混凝土、流态自密混凝土和泵送混凝土、干贫碾压混凝土等。随着科学技术的进步,混凝土的施工方法和工艺也不断改进,薄层碾压浇筑、预制装配、喷锚支护、滑模施工等新工艺相继出现。在水利水电工程中,混凝土的应用非常广泛,而且用量特别巨大。

第一节　混凝土的质量控制要点

混凝土的质量控制,必须从原材料和配合比开始,到新拌混凝土以及硬化混凝土,进行全过程的质量检测和控制。按施工过程先后顺序考虑,混凝土施工质量检测和控制主要包括:原材料的质量检测和控制,新拌混凝土的检测与控制,浇筑过程中混凝土的检测与控制,硬化混凝土试样及芯样的检测。

一、原材料的质量检测和控制

混凝土原材料的质量应满足国家颁发或部颁发的水泥、混合材料、砂石骨料和外加剂的质量标准。必须对原材料的质量进行检测与控制,并建立一套科学的质量管理方法。对原材料进行检测的目的是检查原材料的质量是否符合标准,并根据检测结果调整混凝土配合比和改善生产工艺,评定原材料的生产控制水平。原材料的检测项目和抽样频数按有关规范确定。

二、拌合混凝土质量的检测与控制

混凝土质量检测与控制的重点是出拌合机后未凝固的新拌混凝土的质量，目的是及时发现施工中的失控因素，加以调整，避免造成质量事故。同时也成型一定数量的强度检测试件，用以评定混凝土质量是否满足设计要求和评定混凝土施工质量控制水平。

每盘混凝土各组成材料称量准确与否，是影响混凝土质量的重要因素。因此应对衡器定期进行检验。水泥、砂、石和混合材料应按重量计，水和外加剂可按重量折成体积计。为了使抽样能真实反映混凝土质量情况，在抽样时必须注意以下两点。

(1)检测人员应严格遵守操作规程，把试验误差控制在允许范围内，否则将因增大试验操作的变异而影响正确的统计评定。

(2)随机抽样是获得正确统计评价的首要一环。检测人员应完全避免有选择地抽样。在决定抽样方案时应把人为因素减至最低限度。目前一般多采用定时定点抽样。

三、浇筑过程中混凝土的检测与控制

混凝土出拌合机以后，经运输到达仓内。不同环境条件和不同运输工具对于混凝土的和易性产生不同的影响。由于水泥水化作用的进行，水分的蒸发以及砂浆损失等原因，会使混凝土坍落度降低。如果坍落度降低过多，超出了所用振捣器性能范围，则不可能获得振捣密实的混凝土。因此，仓面应进行混凝土坍落度检测，每班至少2次，并根据检测结果，调整出机口坍落度，为坍落度损失预留余地。

混凝土温度的检测也是仓面质量控制的项目，在温控要求严格的部位则尤为重要。为了与机口取样作比较，在浇筑仓面也取一定数量的试样。[①] 混凝土振捣以后，上层混凝土覆盖以前，混凝土的性能也在不断发生变化。如果混凝土已经初凝，则会影响与上层混凝土的结合。因此，检查已浇混凝土的状况，判断其是否初凝，从而决定上层混凝土是否允许继续浇筑，是仓面质量控制的重要内容。

四、硬化混凝土的检测

混凝土硬化以后，是否符合设计要求，可进行以下各项检查：用物理方法（超声

---

① 苗兴皓，高峰.水利工程施工技术[M].北京：中国环境出版社，2017.

波、γ射线、红外线等)检测裂缝、孔隙和弹模等。钻孔压水,并对芯样进行抗压、抗拉、抗渗等各种试验。大钻孔取样,1m或更大直径的钻孔不仅可把芯样加工后进行各种试验,而且人可进入孔内检查。

混凝土的施工程序多,影响混凝土质量的因素也多。因此,在混凝土施工前要充分做好准备工作,排除影响质量的隐患;在施工过程中每个环节都要严格把关;施工完成后要做好混凝土的保养和养护工作。

第二节　钢筋工程

一、钢筋的种类、规格及性能要求

(一)钢筋的种类和规格

钢筋种类繁多,按照不同的方法分类如下:

(1)按照钢筋外形分:光面钢筋(圆钢)、变形钢筋(螺纹、人字纹、月牙肋)、钢丝、钢绞线。

(2)按照钢筋的化学成分分:碳素钢(常用低碳钢)、合金钢(低合金钢)。

(3)按照钢筋的屈服强度分:235、335、400、500级钢筋。

(4)按照钢筋的作用分:受力钢筋(受拉、受压、弯起钢筋)、构造钢筋(分布筋、箍筋、架立筋、腰筋及拉筋)。

(二)钢筋的性能

水利工程钢筋混凝土常用的钢筋为热轧钢筋。从外形可分为光圆钢筋和带肋钢筋。与光圆钢筋相比,带肋钢筋与混凝土之间的握裹力大,共同工作的性能较好。

热轧光圆钢筋(hot rolled plain bars)是指经热轧成型,横截面通常为圆形,表面光滑的成品钢筋。牌号由 HPB 加屈服强度特征值构成。光圆钢筋的种类有HPB235 和 HPB300。

带肋钢筋(ribbed bars)指横截面通常为圆形,且表面带肋的混凝土结构用钢材。带肋钢筋按生产工艺分为热轧钢筋和热轧后带有控制冷却并自回火处理的钢筋。普通热轧带肋钢筋牌号由 HRB 加屈服强度特征值构成,如 HRB335、HRB400、HRB500。热轧后带有控制冷却并自回火处理的钢筋牌号由 HRB 加屈服强度特征值构成,如 HRB335、HRB400、HRB500。

二、钢筋的加工

工厂生产的钢筋应有出厂证明和试验报告单,运至工地后应根据不同等级、钢号、规格及生产厂家分批分类堆放,不得混淆,且应立牌以方便识别。应按施工规范要求,使用前做抗拉和冷弯试验,需要焊接的钢筋尚应做好焊接工艺试验。

钢筋的加工包括调直、除锈、切断、弯曲和连接等工序。

(一)钢筋调直、除锈

钢筋就其直径而言可分为两大类。直径小于等于 12mm 卷成盘条的叫轻筋,大于 12mm 呈棒状的叫重筋。调直直径 12mm 以下的钢筋,主要采用卷扬机拉直或用调直机调直。对钢筋进行强力拉伸,称为钢筋的冷拉。钢筋在调直机上调直后,其表面伤痕不得使钢筋截面面积减少 5% 以上。对于直径大于 30mm 的钢筋,可用弯筋机进行调直。

钢筋表面的鳞锈,会影响钢筋与混凝土的黏结,可用锤敲或用钢丝刷清除。对于一般浮锈可不必清除。对锈蚀严重者应用风砂枪和除锈机除锈。

(二)钢筋切断

切断钢筋可用钢筋切断机完成。对于直径 22～40mm 的钢筋,一般采用单根切断;对于直径在 22mm 以下的钢筋,则可一次切断数根。对于直径大于 40mm 的钢筋。要用氧气切割或电弧切割。

(三)钢筋连接

钢筋连接常用的方法有焊接连接、机械连接和绑扎连接。①钢筋焊接连接。钢筋的焊接质量与钢材的可焊性、焊接工艺有关。钢筋焊接分为压焊和熔焊两种形式。压焊包括闪光对焊、电阻点焊等,熔焊有电弧焊、电渣压力焊等。②钢筋机械连接。钢筋机械连接是通过连接件的机械咬合作用或钢筋端面的承压作用,将一根钢筋中的力传递至另一根钢筋的连接方法。在确保钢筋接头质量、改善施工环境、提高工作效率、保证工程进度方面具有明显优势。三峡工程永久船闸输水系统所用钢筋就是采用机械连接技术。常用的钢筋机械连接类型有挤压连接、锥螺纹连接等。

(四)钢筋弯曲成型

弯曲成型的方法分手工和机械两种。手工弯筋,可采用板柱铁板的扳手,弯制直径 25mm 以下的钢筋。对于大弧度环形钢筋的弯制,则在方木拼成的工作台上进行。弯制时,先在台面上画出标准弧线,并在弧线内侧钉上内排扒钉(其间距较密,曲率可适当加大,因考虑钢筋弯曲后的回弹变形)。然后在弧线外侧的一端钉上1~2只扒钉。再将钢筋的一端夹在内、外扒钉之间;另一端用绳索试拉,经往返回弹数次,直到钢筋与标准弧线吻合,即为合格。

大量的弯筋工作,除大弧度环形钢筋外,宜采用弯筋机弯制,以提高工效和质量。常用的弯筋机,可弯制直径6~40mm的钢筋。弯筋机上的几个插孔,可根据弯筋需要进行选择,并插入插孔。

三、钢筋的安装

钢筋的安装可采用散装和整装两种方式。散装是将加工成型的单根钢筋运到工作面,按设计图纸绑扎或电焊成型。散装对运输要求相对较低,不受设备条件限制,但功效低,高空作业安全性差,且质量不易保证。对机械化程度较高的大中型工程,已逐步为整装所代替。

整装是将加工成型的钢筋,在焊接车间用点焊焊接交叉结点,用对焊接长,形成钢筋网和钢筋骨架。整装件由运输机械成批运至现场,用起重机具吊运入仓就位,按图拼合成型。整装在运、吊过程中要采取加固措施,合理布置支撑点和吊点,以防过大的变形和破坏。

无论整装或散装,钢筋应避免油污,安装的位置、间距、保护层及各个部位的型号、规格均应符合设计要求。[①]

四、钢筋的配料与代换

(一)钢筋的配料

钢筋加工前应根据图纸按不同构件先编制配料单,然后进行备料加工。

下料长度计算是配料计算中的关键。钢筋弯曲时,其外壁伸长,内壁缩短,而中心线长度并不改变。但是设计图中注明的尺寸是根据外包尺寸计算的,且不包括端头弯钩长度。显然,外包尺寸大于中心线长度,它们之间存在一个差值,称为"量度差值"。因此,钢筋的下料长度应为:

$$钢筋下料长度=外包尺寸+端头弯钩长度-量度差值$$

$$箍筋下料长度=箍筋周长+箍筋调整值$$

---

① 王永强,苗兴皓,李杰.建设工程计量与计价实务(水利工程)[M].北京:中国建材工业出版社,2020.

1.半圆弯钩的增加长度

在实际配料时,对弯钩半圆增加长度常根据具体条件采用经验数据,见表 3-1。

表 3-1　半圆弯钩整机长度参考

钢筋直径/mm	≤6	8～10	12～18	20～28	32～36
一个弯钩长度/mm	40d	6d	5.5d	5d	4.5d

2.量度差值

常用弯曲角度的量度差值,可采用表 3-2 数值。

表 3-2　钢筋弯曲量度差值

钢筋弯曲角度	30°	45°	60°	90°	135°
量度偏差	0.35d	0.5d	0.85d	2d	2.5d

3.箍筋调整值

箍筋调整值为弯钩增加长度与弯曲量度差值两项之代数和,需根据箍筋外包尺寸或内包尺寸而定。

(二)钢筋的代换

如果在施工中供应的钢筋品种和规格与设计图纸要求不符时,允许进行代换。但代换时应征得设计单位的同意,充分了解设计意图和代换钢材的性能,严格遵守规范的各项规定。按不同的控制方法,钢筋代换有以下三种。

(1)当结构件是按强度控制时,可按强度等同原则代换,称等强代换。如设计图中所用钢筋强度为 f_{y1} 钢筋总面积为 A_{s1} 代换后钢筋强度为 f_{y2},钢筋总面积为 A_{s2} 则应满足

$$f_{y2}A_{s2} \geq f_{y1}A_{s1}$$

(2)当结构件按最小配筋率控制时,可按钢筋面积相等的原则代换,称等面积代换,即

$$A_{s1} = A_{s2}$$

式中,A_{s1}——原设计钢筋的计算面积;

A_{s2}——拟代换钢筋的计算面积。

(3)当结构件按裂缝宽度或挠度控制时,钢筋的代换需进行裂缝宽度或挠度验算。代换后,还应满足构造方面的要求(如钢筋间距、最小直径、最少根数、锚固长度、对称性等)及设计中提出的特殊要求(如冲击韧性、抗腐蚀性等)。

第三节　模板工程

模板工程是混凝土浇筑时使之成型的模具及其支撑体系的工程,模板工程量大,材料和劳动力消耗多。因此,正确选择材料组成和合理组织施工,直接关系到结构物的工程质量和造价。

模板包括接触混凝土并控制其尺寸、形状、位置的构造部分,以及支持和固定它的杆件、桁架、联结件等支撑体系。其主要作用是对新浇塑性混凝土起成型和支撑作用,同时还具有保护和改善混凝土表面质量的作用。模板及其支撑系统必须满足下列要求。

(1)保证工程结构和构件各部分形状尺寸和相互位置的正确。

(2)具有足够的承载能力、刚度和稳定性,以保证施工安全。

(3)构造简单,装拆方便,能多次周转使用。

(4)模板的接缝应严密,不漏浆。

(5)模板与混凝土的接触面应涂隔离剂脱模。

一、模板的基本类型

(1)按制作材料,模板可分为木模板、钢模板、混凝土和钢筋混凝土预制模板。按模板形状可分为平面模板和曲面模板。

(2)按受力条件,模板可分为承重模板和侧面模板。侧面模板按其支撑受力方式,又分为简支模板、悬臂模板和半悬臂模板。

(3)按架立和工作特征,模板可分为固定式、拆移式、移动式和滑动式。固定式模板多用于起伏的基础部位或特殊的异形结构,如蜗壳或扭曲面,因大小不等、形状各异,难以重复使用。拆移式、移动式和滑动式模板可重复或连续在形状一致或变化不大的结构上使用,有利于实现标准化和系列化。

(一)拆移式模板

拆移式模板适应于浇筑块表面为平面的情况,可做成定型的标准模板,其标准尺寸,大型的为 100cm×(325～525)cm,小型的为(75～100)cm×150cm。前者适用于3～5m高的浇筑块,需小型机具吊装;后者用于薄层浇筑,可人力搬运。

平面木模板由面板、加劲肋和支架三个基本部分组成。加劲肋(板样肋)把面板联结起来,并由支架安装在混凝土浇筑块上。

架立模板的支架,常用围图和桁架梁。桁架梁多用方木和钢筋制作。立模时,将桁架梁下端插入预埋在下层混凝土块内的 U 形埋件中。当浇筑块薄时,上端用钢拉条对拉;当浇筑块大时,则采用斜拉条固定,以防模板变形。钢筋拉条直径大于 8mm,间距为 1～2m,斜拉角度为 30°～45°。

悬臂钢模板由面板、支撑柱和预埋联结件组成 U 面板,采用定型组合钢模板拼装或直接用钢板焊制。支撑模板的立柱有型钢梁和钢桁架两种,视浇筑块高度而定。预埋在下层混凝土内的联结件有螺栓式和插座式(U 形铁件)两种。

悬臂钢模板结构形式的支撑柱由型钢制作,下端伸出较长,并用两个接点锚固在预埋螺栓上,可视为固结。立柱上部不用拉条,以悬臂作用支撑混凝土侧压力及面板自重。

采用悬臂钢模板,由于仓内无拉条,模板整体拼装为大体积混凝土机械化施工创造了有利条件。且模板本身的安装比较简单,重复使用次数高(可达 100 多次)。但模板重量大(每块模板重 0.5～2t),需要起重机配合吊装。由于模板顶部容易移位,故浇筑高度受到限制,一般为 1.5～2m。用钢桁架作支撑柱时,高度也不宜超过 3m。

此外,还有一种半悬臂模板,常用高度有 3.2m 和 2.2m 两种。半悬臂模板结构简单,装拆方便,但支撑柱下端固结程度不如悬臂模板,故仓内需要设置短拉条,对仓内作业有影响。

一般标准大模板的重复利用次数即周转率为 5～10 次,而钢木混合模板的周转率为 30～50 次,木材消耗减少 90% 以上。由于是大块组装和拆卸,故劳力、材料、费用大为降低。

(二)移动式模板

对定型的建筑物,根据建筑物外形轮廓特征,做一段定型模板。在支撑钢架上装上行驶轮,沿建筑物长度方向铺设轨道分段移动,分段浇筑混凝土。移动时,只需将顶推模板的花篮螺丝或千斤顶收缩,使模板与混凝土面脱开,模板即可随同钢架移动到拟浇注混凝土的部位,再用花篮螺丝或千斤顶调整模板至设计浇筑尺寸。移动式模板多用钢模板,作为浇筑混凝土墙和隧洞混凝土衬砌使用。

(三)自升式模板

这种模板的面板由组合钢模板安装而成,桁架、提升柱由型钢、钢管焊接而成。这种模板的突出优点是自重轻,自升电动装置具有力矩限制与行程控制功能,运行安全可靠,升程准确。模板采用插挂式锚钩,简单实用,定位准,拆装快。

(四)滑动式模板

滑动式模板是在混凝土浇筑过程中,随浇筑而滑移(滑升、拉升或水平滑移)的模板,简称滑模,以竖向滑升应用最广。

滑升式模板是先在地面上按照建筑物的平面轮廓组装一套1.0~1.2m高的模板,随着浇筑层的不断上升而逐渐滑升,直至完成整个建筑物计划高度内的浇筑。

滑模施工可以节约模板和支撑材料,加快施工进度,改善施工条件,保证结构的整体性,提高混凝土表面质量,降低工程造价。其缺点是滑模系统一次性投资大,耗钢量大,且保温条件差,不宜于低温季节使用。

滑模施工最适于断面形状、尺寸、沿高度基本不变的高耸建筑物,如竖井、沉井、墩墙、烟囱、水塔、筒仓、框架结构等的现场浇筑,也可用于大坝溢流面、双曲线冷却塔及水平长条形规则结构、构件施工。

滑升模板由模板系统、操作平台系统和液压支撑系统三部分组成。模板系统包括模板、围圈和提升架等。模板多用钢模或钢木混合模板,其高度取决于滑升速度和混凝土达到出模强度(0.05~0.25MPa)所需的时间,一般高1.0~1.2m。为减小滑升时与混凝土间的摩擦力,应将模板自下向上稍向内倾斜,做成单面为0.2%~0.5%模板高度的正锥度。围圈用于支撑和固定模板,上下各布置一道,它承受由模板传来的水平侧压力和由滑升摩阻力、模板与圈梁自量、操作平台自重及其上的施工荷载产生的竖向力,多用角钢或槽钢制成。如果围圈所受的水平力和竖向力很大,也可做成平面桁架或空间桁架,使其具有大的承载力和刚度,防止模板和操作平台出现超标准的变形。提升架的作用是固定围圈,把模板系统和操作平台系统连成整体,承受整个模板和操作平台系统的全部荷载,并将竖向荷载传递给液压千斤顶。提升架一般用槽钢做成由双柱和双梁组成的"开"形架,立柱有时也采用方木制作。[1]

操作平台系统包括操作平台和内外吊脚手,可承放液压控制台,临时堆存钢筋或混凝土,以及作为修饰刚刚出模的混凝土面的施工操作场所,一般为木结构或钢木混合结构。液压支撑系统包括支撑杆、穿心式液压千斤顶、输油管路和液压控制台等,是使模板向上滑升的动力和支撑装置。

支撑杆。支撑杆又称爬杆,它既是液压千斤顶爬升的轨道,又是滑模装置的承重支柱,承受施工过程中的全部荷载。

丝扣连接操作简单,使用安全可靠,但机械加工量大。榫接也有操作简单和机械

① 谢文鹏,苗兴皓,姜旭民,等.水利工程施工新技术[M].北京:中国建材工业出版社,2020.

加工量大的特点,滑升过程中易被千斤顶的卡头带起。采用剖口焊接时,接口处倘若略有偏斜或凸疤,则要用手提砂轮机处理平整,使其能通过千斤顶孔道。当采用工具式支撑杆时,应用丝扣连接。

液压千斤顶。滑模工程中所用的千斤顶为穿心液压千斤顶,支撑杆从其中心穿过。按千斤顶卡具形式的不同可分为滚珠卡具式和楔块卡具式。千斤顶的允许承载力,即工作起重量一般不应超过其额定起重量的1/2。

液压控制台。液压控制台是液压传动系统的控制中心,主要由电动机、齿轮油泵、溢流阀、换向阀、分油器和油箱等组成。

液压控制台按操作方式的不同,可分为手动和自动两种控制形式。

油路系统。油路系统是连接控制台到千斤顶的液压通路,主要由油管、管接头、分油器和截止阀等组成。

油管一般采用高压无缝钢管或高压耐油橡胶管,与千斤顶连接的支油管最好使用高压胶管,油管耐压力应大于油泵压力的1.5倍。

截止阀又称针形阀,用于调节管路及千斤顶的液体流量,以控制千斤顶的升差,一般设置于分油器上或千斤顶与油管连接处。

(五)混凝土及钢筋混凝土预制模板

混凝土及钢筋混凝土预制模板既是模板,也是建筑物的护面结构,浇筑后作为建筑物的外壳,不予拆除。素混凝土模板靠自重稳定,可作直壁式模板。

钢筋混凝土模板既可作建筑物表面的镶面板,也可作厂房、空腹坝顶拱和廊道顶拱的承重模板。这样避免了高架立模,既有利于施工安全,又有利于加快施工进度,节约材料,降低成本。

预制混凝土和钢筋混凝土模板质量较大,常需起重设备起吊,所以在模板预制时都应预埋吊环供起吊用。对于不拆除的预制模板,对模板与新浇混凝土的结合面需进行凿毛处理。

二、模板受力分析

模板及其支撑结构应具有足够的强度、刚度和稳定性,必须能承受施工中可能出现的各种荷载的最不利组合,其结构变形应在允许范围以内。模板及其支架承受的荷载分为基本荷载和特殊荷载两类。

(一)基本荷载

基本荷载包括以下几点。

(1)模板及其支架的自重。根据设计图确定。木材的密度,针叶类按 $600kg/m^3$ 计算,阔叶类按 $800kg/m^3$ 计算。

(2)新浇混凝土重量。通常可按 $24\sim25kN/m^3$ 计算。

(3)钢筋重量。对一般钢筋混凝土,可按 $1kN/m^3$ 计算。

(4)工作人员及浇筑设备、工具等荷载。计算模板及直接支撑模板的楞木时,可按均布活荷载 $2.5kN/m^2$ 及集中荷载 $2.5kN/m^3$ 验算。计算支撑楞木的构件时,可按 $1.5kN/m^2$ 计算;计算支架立柱时,可按 $1kN/m^2$ 计算。

(5)振捣混凝土产生的荷载。可按 $1kN/m^2$ 计算。

(6)新浇混凝土的侧压力。与混凝土初凝前的浇筑速度、捣实方法、凝固速度、坍落度及浇筑块的平面尺寸等因素有关,前三个因素关系最为密切。在振动影响范围内,混凝土因振动而液化,可按静水压力计算其侧压力,所不同者,只是用流态混凝土的容重取代水的容重。

(二)承重模板及支架的抗倾稳定性验算

承重模板及支架的抗倾稳定性应按下列要求核算。

倾覆力矩。应计算下列三项倾覆力矩,并采用其中的最大值,水荷载,按相关规定确定;实际可能发生的最大水平作用力;作用于承重模板边缘 $1.5kN/m$ 的水平力。稳定力矩。模板及支架的自重,折减系数为 0.8;如同时安装钢筋,应包括钢筋的重量。

抗倾稳定系数。抗倾稳定系数大于 1.4。

模板的跨度大于 $4m$ 时,其设计起拱值通常取跨度的 0.3% 左右。

三、模板的制作、安装和拆除

(一)模板的制作

大中型混凝土工程模板通常由专门的加工厂制作,采用机械化流水作业,以利于提高模板的生产率和加工质量。

(二)模板的安装

模板安装必须按设计图纸测量放样,对重要结构应多设控制点,以利检查校正。模板安装好后,要进行质量检查;检查合格后。才能进行下一道工序。应经常保持足够的固定设施,以防模板倾覆。对于大体积混凝土浇筑块,成型后的偏差不应超过木模安装允许偏差的 $50\%\sim100\%$,取值大小视结构物的重要性而定。水工建筑物混凝土木模安装的允许偏差,应根据结构物的安全、运行条件、经济和美观要求确定。

(三)模板的拆除

拆模的迟早直接影响混凝土质量和模板使用的周转率。施工规范规定,非承重侧面模板,混凝土强度应达到 2.5MPa 以上,其表面和棱角不因拆模而损坏时方可拆除。一般需 2~7d,夏天需 2~4d,冬天需 5~7d。混凝土表面质量要求高的部位,拆模时间宜晚一些。而钢筋混凝土结构的承重模板,要求达到下列规定值(按混凝土设计强度等级的百分率计算)时才能拆模。

(1)悬臂板、梁。跨度<2m,70%;跨度>2m,100%。

(2)其他梁、板、拱。跨度<2m,50%;跨度 2~8m,70%;跨度>8m,100%。

拆模的程序和方法:在同一浇筑仓的模板,按"先装的后拆,后装的先拆"的原则,按次序、有步骤地进行,不能乱撬。拆模时,应尽量减少对模板的损坏,以提高模板的周转次数。要注意防止大片模板坠落;高处拆组合钢模板,应使用绳索逐块下放,模板连接件、支撑件及时清理,收检归堆。

第四章　水利工程地基处理技术

第一节　岩基处理方法

一、基岩灌浆的分类

水工建筑物的岩基灌浆按其作用，可分为固结灌浆、帷幕灌浆和接触灌浆。灌浆技术不仅大量运用于建筑物的基岩处理，而且也是进行水工隧洞围岩固结、衬砌回填、超前支护，混凝土坝体接缝以及建(构)筑物补强、堵漏等方面的主要措施。

（一）帷幕灌浆

布置在靠近建筑物上游迎水面的基岩内，形成一道连续的平行建筑物轴线的防渗幕墙。其目的是减少基岩的渗流量，降低基岩的渗透压力，保证基础的渗透稳定。帷幕灌浆的深度主要由作用水头及地质条件等确定，较之固结灌浆要深得多，有些工程的帷幕深度超过百米。在施工中，通常采用单孔灌浆，所使用的灌浆压力比较大。

帷幕灌浆一般安排在水库蓄水前完成，这样有利于保证灌浆的质量。由于帷幕灌浆的工程量较大，与坝体施工在时间安排上有矛盾，所以通常安排在坝体基础灌浆廊道内进行。这样既可实现坝体上升与基岩灌浆同步进行，也为灌浆施工具备了一定厚度的混凝土压重，有利于提高灌浆压力、保证灌浆质量。

（二）固结灌浆

其目的是提高基岩的整体性与强度，并降低基础的透水性。当基岩地质条件较好时，一般可在坝基上、下游应力较大的部位布置固结灌浆孔；在地质条件较差而坝体较高的情况下，则需要对坝基进行全面的固结灌浆，甚至在坝基以外上、下游一定范围内也要进行固结灌浆。灌浆孔的深度一般为5～8m，也有深达15～40m的，各孔在平面上呈网格交错布置。通常采用群孔冲洗和群孔灌浆。

固结灌浆宜在一定厚度的坝体基层混凝土上进行，这样可以防止基岩表面冒浆，并采用较大的灌浆压力,提高灌浆效果,同时也兼顾坝体与基岩的接触灌浆。[①] 如果基岩比较坚硬、完整,为了加快施工速度,也可直接在基岩表面进行无混凝土压重的固结灌浆。在基层混凝土上进行钻孔灌浆,必须在相应部位混凝土的强度达到50%设计强度后,方可开始。或者先在岩基上钻孔,预埋灌浆管,待混凝土浇筑到一定厚度后再灌浆。同一地段的基岩灌浆必须按先固结灌浆后帷幕灌浆的顺序进行。

(三)接触灌浆

其目的是加强坝体混凝土与坝基或岸肩之间的结合能力,提高坝体的抗滑稳定性。一般是通过混凝土钻孔压浆或预先在接触面上埋设灌浆盒及相应的管道系统。也可结合固结灌浆进行。

接触灌浆应安排在坝体混凝土达到稳定温度以后进行,以利于防止混凝土收缩产生拉裂。

二、灌浆的材料

岩基灌浆的浆液,一般应该满足如下要求。

(1)浆液在受灌的岩层中应具有良好的可灌性,即在一定的压力下,能灌入裂隙、空隙或孔洞中,充填密实。

(2)浆液硬化成结石后,应具有良好的防渗性能、必要的强度和黏结力。

(3)为便于施工和扩大浆液的扩散范围,浆液应具有良好的流动性。

(4)浆液应具有较好的稳定性,吸水率低。

基岩灌浆以水泥灌浆最普遍。灌入基岩的水泥浆液,由水泥与水按一定配比制成,水泥浆液呈悬浮状态。水泥灌浆具有灌浆效果可靠,灌浆设备与工艺比较简单,材料成本低廉等优点。

水泥浆液所采用的水泥品种,应根据灌浆目的和环境水的侵蚀作用等因素确定。一般情况下,可采用标号不低于 C45 的普通硅酸盐水泥或硅酸盐大坝水泥,如有耐酸等要求时,选用抗硫酸盐水泥。矿渣水泥与火山灰质硅酸盐水泥由于其吸水快、稳定性差、早期强度低等缺点,一般不宜使用。

水泥颗粒的细度对于灌浆的效果有较大影响。水泥颗粒越细,越能够灌入细微的裂隙中,水泥的水化作用也越完全。帷幕灌浆对水泥细度的要求为通过 $80\mu m$ 方

---

① 罗晓锐,李时鸿,李友明. 利水电工程施工新技术应用研究[M]. 长春:吉林科学技术出版社,2022.

孔筛的筛余量不大于 5%。灌浆用的水泥要符合质量标准,不得使用过期、结块或细度不合要求的水泥。

对于岩体裂隙宽度小于 $200\mu m$ 的地层,普通水泥制成的浆液一般难以灌入。为了提高水泥浆液的可灌性,自 20 世纪 80 年代以来,许多国家陆续研制出各类超细水泥,并在工程中得到广泛采用。超细水泥颗粒的平均粒径约 $4\mu m$,比表面积 $8000 cm^2/g$,它不仅具有良好的可灌性,同时在结石体强度、环保及价格等方面都具有很大优势,特别适合细微裂隙基岩的灌浆。

在水泥浆液中掺入一些外加剂(如速凝剂、减水剂、早强剂及稳定剂等),可以调节或改善水泥浆液的一些性能,满足工程对浆液的特定要求,提高灌浆效果。外加剂的种类及掺入量应通过试验确定。

在水泥浆液里掺入黏土、砂、粉煤灰,制成水泥黏土浆、水泥砂浆、水泥粉煤灰浆等,可用于注入量大、对结石强度要求不高的基岩灌浆。这主要是为了节省水泥、降低材料成本。砂砾石地基的灌浆主要是采用此类浆液。

当遇到一些特殊的地质条件如断层、破碎带、细微裂隙等,采用普通水泥浆液难以达到工程要求时,也可采用化学灌浆,即灌注以环氧树脂、聚氨酯、甲凝等高分子材料为基材制成的浆液。其材料成本比较高,灌浆工艺比较复杂。在基岩处理中,化学灌浆仅起辅助作用,一般是先进行水泥灌浆,再在其基础上进行化学灌浆,这样既可提高灌浆质量,也比较经济。

三、水泥灌浆的施工

在基岩处理施工前一般需进行现场灌浆试验。通过试验,可以了解基岩的可灌性、确定合理的施工程序与工艺、提供科学的灌浆参数等,为进行灌浆设计与施工准备提供主要依据。

基岩灌浆施工中的主要工序包括钻孔、钻孔(裂隙)冲洗、压水试验、灌浆、回填封孔等工作。

(一)钻孔

钻孔质量要求如下:

(1)确保孔位、孔深、孔向符合设计要求。钻孔的方向与深度是保证帷幕灌浆质量的关键。如果钻孔方向有偏斜,钻孔深度达不到要求,则通过各钻孔所灌注的浆液,不能连成一体,将形成漏水通路。

(2)力求孔径上下均一、孔壁平顺。孔径均一、孔壁平顺,则灌浆栓塞能够卡紧卡牢,灌浆时不致于产生绕塞返浆。

(3)钻进过程中产生的岩粉细屑较少。钻进过程中如果产生过多的岩粉细屑,容易堵塞孔壁的缝隙,影响灌浆质量,同时也影响工人的作业环境。

根据岩石的硬度完整性和可钻性的不同,分别采用硬质合金钻头、钻粒钻头和金刚钻头。6～7级以下的岩石多用硬质合金钻头;7级以上用钻粒钻头;石质坚硬且较完整的用金刚石钻头。

帷幕灌浆的钻孔宜采用回转式钻机和金刚石钻头或硬质合金钻头,其钻进效率较高,不受孔深、孔向、孔径和岩石硬度的限制,还可钻取岩芯。钻孔的孔径一般在75～91mm。固结灌浆则可采用各式合适的钻机与钻头。

孔向的控制相对较困难,特别是钻设斜孔,掌握钻孔方向更加困难。在工程实践中,按钻孔深度不同规定了钻孔偏斜的允许值。当深度大于60m时,则允许的偏差不应超过钻孔的间距。钻孔结束后,应对孔深、孔斜和孔底残留物等进行检查,不符合要求的应采取补救处理措施。

(二)钻孔顺序

为了有利于浆液的扩散和提高浆液结合的密实性,在确定钻孔顺序时应和灌浆次序密切配合。一般是当一批钻孔钻进完毕后,随即进行灌浆。钻孔次序则以逐渐加密钻孔数和缩小孔距为原则。对排孔的钻孔顺序,先下游排孔,后上游排孔,最后中间排孔。对统一排孔而言,一般2～4次序孔施工,逐渐加密。

(三)钻孔冲洗

钻孔后,要进行钻孔及岩石裂隙的冲洗。冲洗工作通常分为:①钻孔冲洗,将残存在钻孔底和黏滞在孔壁的岩粉铁屑等冲洗出来;②岩层裂隙冲洗,将岩层裂隙中的充填物冲洗出孔外,以便浆液进入腾出的空间,使浆液结石与基岩胶结成整体。在断层、破碎带和细微裂隙等复杂地层中灌浆,冲洗的质量对灌浆效果影响极大。

一般采用灌浆泵将水压入孔内循环管路进行冲洗。将冲洗管插入孔内,用阻塞器将孔口堵紧,用压力水冲洗。也可采用压力水和压缩空气轮换冲洗或压力水和压缩空气混合冲洗的方法。

岩层裂隙冲洗方法分为单孔冲洗和群孔冲洗两种。在岩层比较完整,裂隙比较少的地方,可采用单孔冲洗。冲洗方法有高压压水冲洗、高压脉动冲洗和扬水冲洗等。

当节理裂隙比较发育且在钻孔之间互相串通的地层中,可采用群孔冲洗。将两个或两个以上的钻孔组成一个孔组,轮换地向一个孔或几个孔压进压力水或压力水混合压缩空气,从另外的孔排出污水,这样反复交替冲洗,直到各个孔出水洁净为止。

群孔冲洗时,沿孔深方向冲洗段的划分不宜过长,否则冲洗段内钻孔通过的裂隙条数增多,这样不仅分散冲洗压力和冲洗水量,并且一旦有部分裂隙冲通以后,水量将相对集中在这几条裂隙中流动,使其他裂隙得不到有效的冲洗。

为了提高冲洗效果,有时可在冲洗液中加入适量的化学剂,如碳酸钠(Na_2CO_3),氢氧化钠($NaOH$)或碳酸氢钠($NaHCO_3$)等,以利于促进泥质充填物的溶解。加入化学剂的品种和掺量,宜通过试验确定:

采用高压水或高压水气冲洗时,要注意观测,防止冲洗范围内岩层的抬动和变形。

(四)压水试验

在冲洗完成并开始灌浆施工前,一般要对灌浆地层进行压水试验。压水试验的主要目的是:测定地层的渗透特性,为基岩的灌浆施工提供基本技术资料。压水试验也是检查地层灌浆实际效果的主要方法。

压水试验的原理:在一定的水头压力下,通过钻孔将水压入孔壁四周的缝隙中,根据压入的水量和压水的时间,计算出代表岩层渗透特性的技术参数。一般可采用透水率 q 来表示岩层的渗透特性。所谓透水率,是指在单位时间内,通过单位长度试验孔段,在单位压力作用下所压入的水量。试验成果可用下式计算:

$$q = \frac{Q}{PL}$$

式中,q——地层的透水率,Lu(吕容);

Q——单位时间内试验段的注水总量,L/min;

P——作用于试验段内的全压力,MPa;

L——压水试验段的长度,m。

灌浆施工时的压水试验,使用的压力通常为同段灌浆压力的 80%,但一般不大于 1MPa。

(五)灌浆的方法与工艺

为了确保岩基灌浆的质量,必须注意以下问题。

1.钻孔灌浆的次序

基岩的钻孔与灌浆应遵循分序加密的原则进行。一方面,可以提高浆液结石的密实性;另一方面,通过后灌序孔透水率和单位吸浆量的分析,可推断先灌序孔的灌浆效果,同时还有利于减少相邻孔串浆现象。

2.注浆方式

按照灌浆时浆液灌注和流动的特点,灌浆方式有纯压式和循环式两种。对于帷幕灌浆,应优先采用循环式。

(1)纯压式灌浆,就是一次将浆液压入钻孔,并扩散到岩层裂隙中。灌注过程中,浆液从灌浆机向钻孔流动,不再返回;这种灌注方式设备简单,操作方便,但浆液流动速度较慢,容易沉淀,造成管路与岩层缝隙的堵塞,影响浆液扩散。纯压式灌浆多用于吸浆量大,有大裂隙存在,孔深不超过 12～15m 的情况。

(2)循环式灌浆,灌浆机把浆液压入钻孔后,浆液一部分被压入岩层缝隙中,另一部分由回浆管返回拌浆筒中。这种方法一方面可使浆液保持流动状态,减少浆液沉淀;另一方面可根据进浆和回浆浆液比重的差别,来了解岩层吸收情况,并作为判定灌浆结束的一个条件。

3.钻灌方法

按照同一钻孔内的钻灌顺序,有全孔一次钻灌和全孔分段钻灌两种方法。全孔一次钻灌系将灌浆孔一次钻到全深,并沿全孔进行灌浆。这种方法施工简便,多用于孔深不超过 6m,地质条件良好,基岩比较完整的情况。

一般情况下,灌浆孔段的长度多控制在 5～6m。如果地质条件好,岩层比较完整,段长可适当放长,但也不宜超过 10m;在岩层破碎,裂隙发育的部位,段长应适当缩短,可取 3～4m;而在破碎带、大裂隙等漏水严重的地段以及坝体与基岩的接触面,应单独分段进行处理。

4.灌浆压力

灌浆压力通常是指作用在灌浆段中部的压力,可由下式来确定:

$$p = p_1 + p_2 \pm p_f$$

式中,p——灌浆压力,MPa;

p_1——灌浆管路中压力表的指示压力,MPa;

p_2——计入地下水水位影响以后的浆液自重压力,浆液的密度按最大值计算,MPa;

p_f——浆液在管路中流动时的压力损失,MPa。

计算时,如压力表安设在孔口进浆管上(纯压式灌浆),则按浆液在孔内进浆管中流动时的压力损失进行计算,在公式中取负号;当压力表安设在孔口回浆管上(循环式灌浆),则按浆液在孔内环形截面回浆管中流动时的压力损失进行计算,在公式中取正号。

灌浆压力是控制灌浆质量、提高灌浆经济效益的重要因素。确定灌浆压力的原则是:在不致于破坏基础和建筑物的前提下,尽可能采用比较高的压力。高压灌浆可以使浆液更好地压入细小缝隙内,增大浆液扩散半径,析出多余的水分,提高灌注材料的密实度。灌浆压力的大小,与孔深、岩层性质、有无压重以及灌浆质量要求等有关,可参考类似工程的灌浆资料,特别是现场灌浆试验成果确定,并且在具体的灌浆施工中结合现场条件进行调整。

5.灌浆压力的控制

在灌浆过程中,合理地控制灌浆压力和浆液稠度,是提高灌浆质量的重要保证。灌浆过程中灌浆压力的控制基本上有两种类型,即一次升压法和分级升压法。

(1)一次升压法

灌浆开始后,一次将压力升高到预定的压力,并在这个压力作用下,灌注由稀到浓的浆液。当每一级浓度的浆液注入量和灌注时间达到一定限度以后,就变换浆液配比,逐级加浓。随着浆液浓度的增加,裂隙将被逐渐充填,浆液注入率将逐渐减少,当达到结束标准时,就结束灌浆。这种方法适用于透水性不大,裂隙不甚发育,岩层比较坚硬完整的地方。

(2)分级升压法

分级升压法是将整个灌浆压力分为几个阶段,逐级升压直到预定的压力。开始时,从最低一级压力起灌,当浆液注入率减少到规定的下限时,将压力升高一级,如此逐级升压,直到预定的灌浆压力。

6.浆液稠度的控制

灌浆过程中,必须根据灌浆压力或吸浆率的变化情况,适时调整浆液的稠度,使岩层的大小缝隙既能灌饱,又不浪费。浆液稠度的变换按先稀后浓的原则控制,这是由于稀浆的流动性较好,宽细裂隙都能进浆,使细小裂隙先灌饱,而后随着浆液稠度逐渐变浓,其他较宽的裂隙也能逐步得到良好的充填。

7.灌浆的结束条件与封孔

灌浆的结束条件,一般用两个指标来控制,一个是残余吸浆量,又称最终吸浆量,即灌到最后的限定吸浆量;另一个是闭浆时间,即在残余吸浆量不变的情况下保持设计规定压力的延续时间。

帷幕灌浆时,在设计规定的压力之下,灌浆孔段的浆液注入率小于 0.4L/min 时,再延续灌注 60min(自上而下法)或 30min(自下而上法);或浆液注入率不大于 1.0L/min 时,继续灌注 90min 或 60min,就可结束灌浆。

对于固结灌浆,其结束标准是浆液注入率不大于 0.4L/min,延续时间 30min,灌浆可以结束。

灌浆结束以后,应随即将灌浆孔清理干净。对于帷幕灌浆孔,宜采用浓浆灌浆法填实,再用水泥砂浆封孔;对于固结灌浆,孔深小于 10m 时,可采用机械压浆法进行回填封孔,即通过深入孔底的灌浆管压入浓水泥浆或砂浆,顶出孔内积水,随浆面的上升,缓慢提升灌浆管。当孔深大于 10m 时,其封孔与帷幕孔相同。

(六)灌浆的质量检查

基岩灌浆属于隐蔽性工程,必须加强灌浆质量的控制与检查。为此,一方面,要认真做好灌浆施工的原始记录,严格灌浆施工的工艺控制,防止违规操作;另一方面,要在一个灌浆区灌浆结束以后,进行专门性的质量检查,做出科学的灌浆质量评定。基岩灌浆的质量检查结果,是整个工程验收的重要依据。

灌浆质量检查的方法很多,常用的有:在已灌地区钻设检查孔,通过压水试验和浆液注入率试验进行检查;通过检查孔,钻取岩芯进行检查,或进行钻孔照相和孔内电视,观察孔壁的灌浆质量;开挖平洞、竖井或钻设大口径钻孔,检查人员直接进去观察检查,并在其中进行抗剪强度、弹性模量等方面的试验;利用地球物理勘探技术,测定基岩的弹性模量、弹性波速等,对比这些参数在灌浆前后的变化,借以判断灌浆的质量和效果。

四、化学灌浆

化学灌浆是在水泥灌浆基础上发展起来的新型灌浆方法。它是将有机高分子材料配制成的浆液灌入地基或建筑物的裂缝中经胶凝固化后,达到防渗、堵漏、补强、加固的目的。

它主要用于裂隙与空隙细小(0.1mm 以下),颗粒材料不能灌入;对基础的防渗或强度有较高要求;渗透水流的速度较大,其他灌浆材料不能封堵等情况。

(一)化学灌浆的特性

化学灌浆材料有很多品种,每种材料都有其特殊的性能,按灌浆的目的可分为防渗堵漏和补强加固两大类。属于防渗堵漏的有水玻璃、丙凝类、聚氨酯类等,属于补强加固的有环氧树脂类、甲凝类等。化学浆液有以下特性。

(1)化学浆液的黏度低,有的接近于水,有的比水还小。其流动性好,可灌性高,可以灌入水泥浆液灌不进去的细微裂隙中。

(2)化学浆液的聚合时间可以比较准确地控制,从几秒到几十分钟,有利于机动灵活地进行施工控制。

(3)化学浆液聚合后的聚合体,渗透系数很小,一般为 $10^{-6} \sim 10^{-5}$ cm/s,防渗效果好。

(4)有些化学浆液聚合体本身的强度及粘结强度比较高,可承受高水头。

(5)化学灌浆材料聚合体的稳定性和耐久性均较好,能抗酸、碱及微生物的侵蚀。

(6)化学灌浆材料具有一定毒性,在配制、施工过程中要十分注意防护,并切实防止对环境的污染。

(二)化学灌浆的施工

由于化学材料配制的浆液为真溶液,不存在粒状灌浆材料所存在的沉淀问题,故化学灌浆都采用纯压式灌浆。

化学灌浆的钻孔和清洗工艺及技术要求,与水泥灌浆基本相同,也遵循分序加密的原则进行钻孔灌浆。

化学灌浆的方法,按浆液的混合方式区分,有单液法灌浆和双液法灌浆。一次配制成的浆液或两种浆液组分在泵送灌注前先行混合的灌浆方法称为单液法。两种浆液组分在泵送后才混合的灌浆方法称为双液法。前者施工相对简单,在工程中使用较多。为了保持连续供浆,现在多采用电动式比例泵提供压送浆液的动力。比例泵是专用的化学灌浆设备,由两个出浆量能够任意调整,可实现按设计比例压浆的活塞泵所构成。对于小型工程和个别补强加固的部位,也可采用手压泵。

第二节　防渗墙

一、防渗墙特点

(1)适用范围较广:适用于多种地质条件,如沙土、砂壤土、粉土以及直径小于10mm 的卵砾石土层,都可以做连续墙,对于岩石地层可以使用冲击钻成槽。

(2)实用性较强:广泛应用于水利水电、工业民用建筑、市政建设等各个领域。塑性混凝土防渗墙可以在江河、湖泊、水库堤坝中起到防渗加固作用;刚性混凝土连续墙可以在工业民用建筑、市政建设中起到挡土、承重作用。混凝土连续墙深度可达一百多米。

(3)施工条件要求较宽:地下连续墙施工时噪声低、振动小,可在较复杂条件下施工,可昼夜施工,加快施工速度。

（4）安全、可靠：地下连续墙技术自诞生以来有了较大发展，在接头的连接技术上也有了很大进步，较好地完成了段与段之间的连接，其渗透系数可达到 10^{-7}cm/s 以下。作为承重和挡土墙，可以做成刚度较大的钢筋混凝土连续墙。

（5）工程造价较低。

二、防渗墙的分类及适用条件

（一）按结构形式分类

防渗墙可分为桩柱型、槽板型和板桩灌注型等。

1. 桩柱型

（1）搭接

搭接的特点为单孔钻进后浇筑混凝土建成桩柱，桩柱间搭接一定厚度成墙，不易塌孔。造孔精度要求高，搭接厚度不易保证，难以形成等厚度的墙体。

搭接的适用条件为各种地层，特别是深度较浅、成层复杂、容易塌孔的地层。多用于低水头工程。

（2）连接

连接的特点为单号孔先钻进建成桩柱，双号孔用异形钻头和双反弧钻头钻进，可连接建成等厚度墙体，施工工艺机具较复杂，不易塌孔，单接缝多。

连接的适用条件为各种地层，特殊条件下，多用于地层深度较大的工程。

2. 槽板型

槽板型的特点为将防渗墙沿轴线方向分成一定长度的槽段，各槽段分期施工，槽段间卸料用不同连接形式连接成墙。接缝少，工效高，墙厚均匀，防渗效果好。措施不当易发生塌孔现象和不易保证墙体质量。

槽板型的适用条件为采用不同机具，适用各种不同深度的地层。

3. 板桩灌注型

板桩灌注型的特点为打入特制钢板桩，提桩注浆成墙，工效高，墙厚小，造价低。

板桩灌注型的适用条件为深度较浅的松软地层，低水头堤、闸、坝防渗处理。

（二）按墙体材料分类

防渗墙可分为混凝土、黏土混凝土、钢筋混凝土、自凝灰浆、固化灰浆和少灰混凝土等。

1. 混凝土

混凝土的特点为普通混凝土，抗压强度和弹性模量较高，抗渗性能好。

混凝土的适用条件为一般工程。

2.黏土混凝土

黏土混凝土的特点为抗渗性能好。

黏土混凝土的适用条件为一般工程。

3.钢筋混凝土

钢筋混凝土的特点为能承受较大的弯矩和应力。

钢筋混凝土的适用条件为结构有特殊要求。

4.自凝灰浆和固化灰浆

自凝灰浆和固化灰浆的特点为灰浆固壁、自凝成墙,或泥浆周壁然后向泥浆内掺加凝结材料成墙,强度低,弹模低,塑性好。

自凝灰浆和固化灰浆的适用条件为多用于低水头或临时建筑物。

5.少灰混凝土

少灰混凝土的特点为利用开挖渣料,掺加黏土和少量水泥,采用岸坡倾灌法浇筑成墙。

少灰混凝土的适用条件为临时性工程,或有特殊要求的工程。

三、防渗墙的作用与结构特点

(一)防渗墙的作用

防渗墙是一种防渗结构,但其实际的应用已远远超出了防渗的范围,可用来解决防渗、防冲、加固、承重及地下截流等工程问题。具体的运用主要有如下几个方面。

(1)控制闸、坝基础的渗流。

(2)控制土石围堰及其基础的渗流。

(3)防止泄水建筑物下游基础的冲刷。

(4)加固一些有病害的土石坝及堤防工程。

(5)作为一般水工建筑物基础的承重结构。

(6)拦截地下潜流,抬高地下水位,形成地下水库。

(二)防渗墙的构造特点

防渗墙的类型较多,但从其构造特点来说,主要是两类:槽孔(板)型防渗墙和桩柱型防渗墙。前者是我国水利水电工程中混凝土防渗墙的主要形式。防渗墙系垂直防渗措施,其立面布置有两种形式:封闭式与悬挂式。封闭式防渗墙是指墙体插入基岩或相对不透水层一定深度,以实现全面截断渗流的目的。而悬挂式防渗墙,墙体只深入地层一定深度,仅能加长渗径,无法完全封闭渗流。对于高水头的坝体或重要的围堰,有时设置两道防渗墙,共同作用,按一定比例分担水头。这时应注意水头的合理分配,避免造成单道墙承受水头过大而破坏,这对另一道墙也是很危险的。

防渗墙的厚度主要由防渗要求、抗渗耐久性、墙体的应力与强度及施工设备等因素确定。其中,防渗墙的耐久性是指抵抗渗流侵蚀和化学溶蚀的性能,这两种破坏作用均与水力梯度有关。

不同的墙体材料具有不同的抗渗耐久性,其允许水力梯度值也就不同。如普通混凝土防渗墙的允许水力梯度值一般在80～100,而塑性混凝土因其抗化学溶蚀性能较好,可达300,水力梯度值一般在50～60。

(三)防渗性能

根据混凝土防渗墙深度、水头压力及地质条件的不同,混凝土防渗墙可以采用不同的厚度,从1.5～0.20m不等。目前,塑性混凝土防渗墙越来越受到重视,它是在普通混凝土中加入黏土、膨润土等掺合材料,大幅度降低水泥掺量而形成的一种新型塑性防渗墙体材料。塑性混凝土防渗墙因其弹性模量低,极限应变大,使得塑性混凝土防渗墙在荷载作用下,墙内应力和应变都很低,可提高墙体的安全性和耐久性,而且施工方便,节约水泥,降低工程成本,具有良好的变形和防渗性能。

四、防渗墙的墙体材料

防渗墙的墙体材料,按其抗压强度和弹性模量,一般分为刚性材料和柔性材料。可在工程性质与技术经济比较后,选择合适的墙体材料。

刚性材料包括普通混凝土、黏土混凝土和掺粉煤灰混凝土等,其抗压强度大于5MPa,弹性模量大于10000MPa。柔性材料的抗压强度则小于5MPa,弹性模量小于10000MPa,包括塑性混凝土、自凝灰浆和固化灰浆等。另外,现在有些工程开始使用强度大于25MPa的高强混凝土,以适应高坝深基础对防渗墙的技术要求。

(一)普通混凝土

是指其强度在7.5～20MPa,不加其他掺合料的高流动性混凝土。由于防渗墙的混凝土是在泥浆下浇筑,故要求混凝土能在自重下自行流动,并有抗离析与保持水分的性能。其坍落度一般为18～22cm,扩散度为34～38cm。

(二)黏土混凝土

在混凝土中掺入一定量的黏土(一般为总量的12%～20%),不仅可以节省水泥,还可以降低混凝土的弹性模量,改变其变形性能,增加其和易性,改善其易堵性。

(三)粉煤灰混凝土

在混凝土中掺加一定比例的粉煤灰,能改善混凝土的和易性,降低混凝土发热量,提高混凝土密实性和抗侵蚀性,并具有较高的后期强度。

(四)塑性混凝土

以黏土和(或)膨润土取代普通混凝土中的大部分水泥所形成的一种柔性墙体材料。塑性混凝土与黏土混凝土有本质区别,因为后者的水泥用量降低并不多,掺黏土的主要目的是改善和易性,并未过多改变弹性模量。塑性混凝土的水泥用量仅为 $80\sim100\mathrm{kg/m^3}$,使得其强度低,特别是弹性模量值低到与周围介质(基础)相接近,这时,墙体适应变形的能力大大提高,几乎不产生拉应力,减少了墙体出现开裂现象的可能性。

(五)自凝灰浆

是在固壁浆液(以膨润土为主)中加入水泥和缓凝剂所制成的一种灰浆。凝固前作为造孔用的固壁泥浆,槽孔造成后则自行凝固成墙。

(六)固化灰浆

在槽锻造孔完成后,向固壁的泥浆中加入水泥等固化材料,沙子、粉煤灰等掺合料,水玻璃等外加剂,经机械搅拌或压缩空气搅拌后,凝固成墙体。

五、防渗墙的施工工艺

槽孔(板)型的防渗墙,是由一段段槽孔套接而成的地下墙。尽管在应用范围、构造形式和墙体材料等方面存在各种类型的防渗墙,但其施工程序与工艺是类似的,主要包括:①造孔前的准备工作;②泥浆固壁与造孔成槽;③终孔验收与清孔换浆;④槽孔浇筑;⑤全墙质量验收等过程。

(一)造孔准备

造孔前准备工作是防渗墙施工的一个重要环节。

必须根据防渗墙的设计要求和槽孔长度的划分,做好槽孔的测量定位工作,并在此基础上设置导向槽。

导向槽的作用是:导墙是控制防渗墙各项指标的基准,导墙和防渗墙的中心线必须一致,导墙宽度一般比防渗墙的宽度多 3~5cm,它指示挖槽位置,为挖槽起导向作用;导墙竖向面的垂直度是决定防渗墙垂直度的首要条件,导墙顶部应平整,保证导向钢轨的架设和定位;导墙可防止槽壁顶部坍塌,保持泥浆压力,防止坍塌和阻止废浆脏水倒流入槽,保证地面土体稳定,在导墙之间每隔 1～3m 加设临时木支撑;导墙经常承受灌注混凝土的导管、钻机等静、动荷载,可以起到重物支承台的作用;维持稳定液面的作用,特别是地下水位很高的地段,为维持稳定液面,至少要高出地下水位 lm;导墙内的空间有时可作为稳定液的贮藏槽。

导向槽可用木料、条石、灰拌土或混凝土制成。导向槽沿防渗墙轴线设在槽孔上方,导向槽的净宽一般等于或略大于防渗墙的设计厚度,高度以 1.5～2.0m 为宜。为了维持槽孔的稳定,要求导向槽底部高出地下水位 0.5m 以上。为了防止地表积水倒流和便于自流排浆,其顶部高程应比两侧地面略高。

钢筋混凝土导墙常用现场浇筑法。其施工顺序是:平整场地、测量位置、挖槽与处理弃土、绑扎钢筋、支模板、灌注混凝土、拆模板并设横撑、回填导墙外侧空隙并碾压密实。

导墙的施工接头位置,应与防渗墙的施工接头位置错开。另外还可设置插铁以保持导墙的连续性。

导向槽安设好后,在槽侧铺设造孔钻机的轨道,安装钻机,修筑运输道路,架设动力和照明路线以及供水供浆管路,做好排水排浆系统,并向槽内充灌泥浆,保持泥浆液面在槽顶以下 30～50cm。做好这些准备工作以后,就可开始造孔。

(二)固壁泥浆和泥浆系统

在松散透水的地层和坝(堰)体内进行造孔成墙,如何维持槽孔孔壁的稳定是防渗墙施工的关键技术之一。工程实践表明,泥浆固壁是解决这类问题的主要方法。泥浆固壁的原理是:由于槽孔内的泥浆压力要高于地层的水压力,使泥浆渗入槽壁介质中,其中较细的颗粒进入空隙,较粗的颗粒附在孔壁上,形成泥皮。泥皮对地下水的流动形成阻力,使槽孔内的泥浆与地层被泥皮隔开。泥浆一般具有较大的密度,所产生的侧压力通过泥皮作用在孔壁上,就保证了槽壁的稳定。

孔壁任一点土体侧向稳定的极限平衡条件为:

$$p_1 = p_2$$

即

$$\gamma_e H = \gamma h + [\gamma_0 a + (\gamma_w - \gamma)h]K$$

其中:

$$K = tg^2(45° - \frac{\varphi}{2})$$

式中,p_1——泥浆压力,kN/m^2;

p_2——地下水压力和土压力之和,kN/m^2;

γ_e——泥浆的容重,kN/m^3;

γ——水的容重,kN/m^3;

γ_0——土的干容重,kN/m^3;

γ_w——土的饱和容重,kN/m^3;

K——土的侧压力系数;

φ——土的内摩擦角,一般可取 $K=0.5$。

泥浆除了固壁作用外,在造孔过程中,还有悬浮和携带岩屑、冷却润滑钻头的作用;成墙以后,渗入孔壁的泥浆和胶结在孔壁的泥皮,还对防渗起辅助作用。由于泥浆的特殊重要性,在防渗墙施工中,国内外工程对于泥浆的制浆土料、配比以及质量控制等方面均有严格的要求。

泥浆的制浆材料主要有膨润土、黏土、水以及改善泥浆性能的掺合料,如加重剂、增黏剂、分散剂和堵漏剂等。制浆材料通过搅拌机进行拌制,经筛网过滤后,放入专用储浆池备用。

制浆土料的基本要求是黏粒含量大于 50%,塑性指数大于 20,含砂量小于 5%,氧化硅与三氧化二铝含量的比值以 $3\sim4$ 为宜。配制而成的泥浆,其性能指标,应根据地层特性、造孔方法和泥浆用途等,通过试验选定。

(三)造孔成槽

造孔成槽工序约占防渗墙整个施工工期的一半。[1] 槽孔的精度直接影响防渗墙的质量。选择合适的造孔机具与挖槽方法对于提高施工质量、加快施工速度至关重要。混凝土防渗墙的发展和广泛应用,也是与造孔机具的发展和造孔挖槽技术的改进密切相关的。

用于防渗墙开挖槽孔的机具,主要有冲击钻机、回转钻机、钢绳抓斗及液压铣槽机等。它们的工作原理、适用的地层条件及工作效率有一定差别。对于复杂多样的地层,一般要多种机具配套使用。

进行造孔挖槽时,为了提高工效,通常要先划分槽段,然后在一个槽段内,划分主孔和副孔,采用钻劈法、钻抓法或分层钻进等方法成槽。

各种造孔挖槽的方法,都采用泥浆固壁,在泥浆液面下钻挖成槽的。在造孔过程中,要严格按操作规程施工,防止掉钻、卡钻、埋钻等事故发生;必须经常注意泥浆液

---

① 姬志军,邓世顺.利工程与施工管理[M].长春:吉林科学技术出版社,2020.

面的稳定,发现严重漏浆,要及时补充泥浆,采取有效的止漏措施;要定时测定泥浆的性能指标,并控制在允许范围以内;应及时排除废水、废浆、废渣,不允许在槽口两侧堆放重物,以免影响工作,甚至造成孔壁坍塌;要保持槽壁平直,保证孔位、孔斜、孔深、孔宽以及槽孔搭接厚度、嵌入基岩的深度等满足规定的要求,防止漏钻漏挖和欠钻欠挖。

(四)终孔验收和清孔换浆

终孔验收的项目和要求,见表 4-1。验收合格方准进行清孔换浆,清孔换浆的目的是在混凝土浇筑前,对留在孔底的沉渣进行清除,换上新鲜泥浆,以保证混凝土和不透水地层连接的质量。清孔换浆应该达到的标准是:经过 1h 后,孔底淤积厚度不大于 10cm,孔内泥浆密度不大于 1.3,黏度不大于 30s,含砂量不大于 10%。一般要求清孔换浆以后 4h 内开始浇筑混凝土。如果不能按时浇筑,应采取措施,防止落淤,否则,在浇筑前要重新清孔换浆。

表 4-1　防渗墙终孔验收项目及要求

终孔验收项目	终孔验收要求	终孔验收项目	终孔验收要求
槽位允许偏差	±3cm	一、二期槽孔搭接孔位中心偏差	≤1/3 设计墙厚
槽宽要求	≥设计墙厚槽孔	水平断面上	没有梅花孔、小墙
槽孔孔斜	≤4‰	槽孔嵌入基岩深度	满足设计要求

(五)墙体浇筑

防渗墙的混凝土浇筑和一般混凝土浇筑不同,是在泥浆液面下进行的。泥浆下浇筑混凝土的主要特点如下:

(1)不允许泥浆与混凝土掺混形成泥浆夹层。

(2)确保混凝土与基础以及一、二期混凝土之间的结合。

(3)连续浇筑,一气呵成。

泥浆下浇筑混凝土常用直升导管法。清孔合格后,立即下设钢筋笼、预埋管、导管和观测仪器。导管由若干节管径 20～25cm 的钢管连接而成,沿槽孔轴线布置,相邻导管的间距不宜大于 3.5m,一期槽孔两端的导管距端面以 1.0～1.5m 为宜,开浇时导管口距孔底 10～25cm,把导管固定在槽孔口。当孔底高差大于 25cm 时,导管中心应布置在该导管控制范围的最低处。这样布置导管,有利于全槽混凝土面的均衡上升,有利于一、二期混凝土的结合,并可防止混凝土与泥浆掺混。槽孔浇筑应严格遵循先深后浅的顺序,即从最深的导管开始,由深到浅一个一个导管依次开浇,待全槽混凝土面浇平以后,再全槽均衡上升。

每个导管开浇时,先下入导注塞,并在导管中灌入适量的水泥砂浆,准备好足够数量的混凝土,将导注塞压到导管底部,使管内泥浆挤出管外。然后将导管稍微上提,使导注塞浮出,一举将导管底端被泻出的砂浆和混凝土埋住,保证后续浇筑的混凝土不致于泥浆掺混。

在浇筑过程中,应保证连续供料,一气呵成;保持导管埋入混凝土的深度不小于1m;维持全槽混凝土面均衡上升,上升速度不应小于 2m/h,高差控制在 0.5m 范围内。

混凝土上升到距孔口 10m 左右,常因沉淀砂浆含砂量大,稠度增浓,压差减小,增加浇筑困难。这时可用空气吸泥器,砂泵等抽排浓浆,以便浇筑顺利进行。浇筑过程中应注意观测,做好混凝土面上升的记录,防止堵管、埋管、导管漏浆和泥浆掺混等事故的发生。

六、防渗墙的质量检查

对混凝土防渗墙的质量检查应按规范及设计要求进行,主要有如下几个方面。

(1)槽孔的检查,包括几何尺寸和位置、钻孔偏斜、入岩深度等。

(2)清孔检查,包括槽段接头、孔底淤积厚度、清孔质量等。

(3)混凝土质量的检查,包括原材料、新拌料的性能、硬化后的物理力学性能等。

(4)墙体的质量检测,主要通过钻孔取芯、超声波及地震透射层析成像(CT)技术等方法全面检查墙体的质量。

第三节 砂砾石地基处理

一、砂砾石地基灌浆

(一)砂砾石地基的可灌性

砂砾石地基的可灌性是指砂砾石地基能否接受灌浆材料灌入的一种特性。是决定灌浆效果的先决条件。其主要取决于地层的颗粒级配、灌浆材料的细度、灌浆压力和灌浆工艺等。

可灌比

$$M = \frac{D_{15}}{d_{85}}$$

式中，M——可灌比；

D$_{15}$——砂砾石地层颗粒级配曲线上含量为 15% 的粒径，mm；

d$_{85}$——灌浆材料颗粒级配曲线上含量为 85% 的粒径，mm。

可灌比 M 越大，接受颗粒灌浆材料的可灌性越好。当 M＝10～15 时，可以灌注水泥黏土浆；当 M≥15 时，可以灌水泥浆。

(二)灌浆材料

多用水泥黏土浆液。一般水泥和黏土的比例为 1∶1～1∶4，水和干料的比例为 1∶1～1∶6。

(三)钻灌方法

砂砾石地基的钻孔灌浆方法有：①打管灌浆；②套管灌浆；③循环钻灌；④预埋花管灌浆等。

1. 打管灌浆

打管灌浆就是将带有灌浆花管的厚壁无缝钢管，直接打入受灌地层中，并利用它进行灌浆。其程序是：先将钢管打入设计深度，再用压力水将管内冲洗干净，然后用灌浆泵灌浆，或利用浆液自重进行自流灌浆。灌完一段以后，将钢管起拔一个灌浆段高度，再进行冲洗和灌浆，如此自下而上，拔一段灌一段，直到结束。

这种方法设备简单，操作方便，适用于砂砾石层较浅、结构松散、颗粒不大、容易打管和起拔的场合。用这种方法所灌成的帷幕，防渗性能较差，多用于临时性工程（如围堰）。

2. 套管灌浆

套管灌浆的施工程序是一边钻孔，一边跟着下护壁套管。或者，一边打设护壁套管，一边冲掏管内的砂砾石，直到套管下到设计深度。然后将钻孔冲洗干净，下入灌浆管，起拔套管到第一灌浆段顶部，安好止浆塞，对第一段进行灌浆。如此自下而上，逐段提升灌浆管和套管，逐段灌浆，直到结束。

采用这种方法灌浆，由于有套管护壁，不会产生第二段灌浆坍孔埋钻等事故。但是，在灌浆过程中，浆液容易沿着套管外壁向上流动，甚至产生地表冒浆。如果灌浆时间较长，则又会胶结套管，造成起拔的困难。

3.循环钻灌

循环钻灌是一种自上而下,钻一段灌一段,钻孔与灌浆循环进行的施工方法。钻孔时用黏土浆或最稀一级水泥黏土浆固壁。钻孔长度,也就是灌浆段的长度,视孔壁稳定和砂砾石层渗漏程度而定,容易坍孔和渗漏严重的地层,分段短一些,反之则长一些,一般为1~2m。灌浆时可利用钻杆作灌浆管。

用这种方法灌浆,做好孔口封闭,是防止地面抬动和地表冒浆提高灌浆质量的有效措施。

4.预埋花管灌浆

预埋花管灌浆的施工程序如下:

(1)用回转式钻机或冲击钻钻孔,跟着下护壁套管,一次直达孔的全深。

(2)钻孔结束后,立即进行清孔,清除孔壁残留的石渣。

(3)在套管内安设花管,花管的直径一般为73~108mm,沿管长每隔33~50cm钻一排3~4个射浆孔,孔径1cm,射浆孔外面用橡皮箍紧。花管底部要封闭严密牢固,按设花管要垂直对中,不能偏在套管的一侧。

(4)在花管与套管之间灌注填料,边下填料边起拔套管,连续灌注,直到全孔填满套管拔出为止。

(5)填料待凝10d左右,达到一定强度,严密牢固地将花管与孔壁之间的环形圈封闭起来。

(6)在花管中下入双栓灌浆塞,灌浆塞的出浆孔要对准花管上准备灌浆的射浆孔。然后用清水或稀浆逐渐升压,压开花管上的橡皮圈,压穿填料,形成通路,为浆液进入砂砾石层创造条件,称为开环。开环以后,继续用稀浆或清水灌注5~10min,再开始灌浆。每排射浆孔就是一个灌浆段。灌完一段,移动双栓灌浆塞,使其出浆孔对准另一排射浆孔,进行另一灌浆段的开环灌浆。由于双栓灌浆塞的构造特点,可以在任一灌浆段进行开环灌浆,必要时还可以进行复灌,比较机动灵活。

用预埋花管法灌浆,由于有填料阻止浆液沿孔壁和管壁上升,很少发生冒浆、串浆现象,灌浆压力可相对提高,灌浆比较机动,可以重复灌浆,对灌浆质量较有保证。[①]国内外比较重要的砂砾石层灌浆,多采用这种方法,其缺点是花管被填料胶结以后,不能起拔,耗用管材较多。

---

① 谢文鹏,苗兴皓,姜旭民,等.水利工程施工新技术[M].北京:中国建材工业出版社,2020.

二、水泥土搅拌桩

近几年,在处理淤泥、淤泥质土、粉土、粉质黏土等软弱地基时,经常采用深层搅拌桩进行复合地基加固处理。深层搅拌是利用水泥类浆液与原土通过叶片强制搅拌形成墙体的技术。

(一)技术特点

多头小直径深层搅拌桩机的问世,使防渗墙的施工厚度变为 8～45cm,在江苏、湖北、江西、山东、福建等省广泛应用并已取得很好的社会效益。该技术使各幅钻孔搭接形成墙体,使排柱式水泥土地下墙的连续性、均匀性都有大幅度的提高。从现场检测结果看:墙体搭接均匀、连续整齐、美观、墙体垂直偏差小,满足搭接要求。该工法适用于黏土、粉质黏土、淤泥质土以及密实度中等以下的砂层,且施工进度和质量不受地下水位的影响。从浆液搅拌混合后形成"复合土"的物理性质分析,这种复合土属于"柔性"物质,从防渗墙的开挖过程中还可以看到,防渗墙与原地基土无明显的分界面,即"复合土"与周边土胶结良好。因而,目前防洪堤的垂直防渗处理,在墙身不大于 18m 的条件下优先选用深层搅拌桩水泥土防渗墙。

(二)防渗性能

防渗墙的功能是截渗或增加渗径,防止堤身和堤基的渗透破坏。影响水泥搅拌桩渗透性的因素主要有流体本身的性质、水泥搅拌土的密度、封闭气泡和孔隙的大小及分布。因此,从施工工艺上看,防渗墙的完整性和连续性是关键,当墙厚不小于 20cm 时,成墙 28d 后渗透系数 $K<10^{-6}$ cm/s,抗压强度 $R \geqslant 0.5MPa$。

(三)复合地基

当水泥土搅拌桩用来加固地基,形成复合地基用以提高地基承载力时,应符合以下规定。

(1)竖向承载搅拌桩的长度应根据上部结构对承载力和变形的要求确定,并应穿透软弱土层到达承载力相对较高的土层;设置的搅拌桩同时为提高抗滑稳定性时,其桩长应超过危险滑弧 2.0m 以上。干法的加固深度不宜大于 15m;湿法及型钢水泥土搅拌墙(桩)的加固深度应考虑机械性能的限制。单头、双头加固深度不宜大于 20m,多头及型钢水泥土搅拌墙(桩)的深度不宜超过 35m。

(2)竖向承载力水泥土搅拌桩复合地基的承载力特征值应通过现场单桩或多桩复合地基荷载试验确定。

（3）竖向承载搅拌桩复合地基中的桩长超过 10m 时，可采用变掺量设计。在全桩水泥总掺量不变的前提下，桩身上部 1/3 桩长范围内可适当增加水泥掺量及搅拌次数；桩身下部 1/3 桩长范围内可适当减少水泥掺量。

（4）竖向承载搅拌桩的平面布置可根据上部结构特点及对地基承载力和变形的要求，采用柱状、壁状、格栅状或块状等加固形式。桩可只在刚性基础平面范围内布置，独立基础下的桩数不宜少于 3 根。柔性基础应通过验算在基础内、外布桩。柱状加固可采用正方形、等边三角形等布桩形式。

三、高压喷射灌浆

将高压水射流技术应用于软弱地层的灌浆处理，成为一种新的地基处理方法，即高压喷射灌浆法。它是利用钻机造孔，然后将带有特制合金喷嘴的灌浆管下到地层预定位置，以高压把浆液或水、气高速喷射到周围地层，对地层介质产生冲切、搅拌和挤压等作用，同时被浆液置换、充填和混合，待浆液凝固后，就在地层中形成一定形状的凝结体。该技术既可用于低水头土坝坝基防渗，也可用于松散地层的防渗堵漏、截潜流和临时性围堰等工程，还可进行混凝土防渗墙断裂以及漏洞、隐患的修补。

高压喷射灌浆是利用旋喷机具造成旋喷桩以提高地基的承载能力，也可以作联锁桩施工或定向喷射成连续墙用于防渗。可适用于砂土、黏性土、淤泥等地基的加固，对砂卵石（最大粒径小于 20cm）的防渗也有较好的效果。

通过各孔凝结体的连接，形成板式或墙式的结构，不仅可以提高基础的承载力，而且成为一种有效的防渗体。由于高压喷射灌浆具有对地层条件适用性广、浆液可控性好、施工简单等优点，近年来在国内外都得到了广泛应用。

（一）技术特点

高压喷射灌浆防渗加固技术适用于软弱土层，包括第四纪冲积层、洪积层、残积层以及人工填土等。实践证明，对砂类土、黏性土、黄土和淤泥等土层，效果较好。对粒径过大和含量过多的砾卵石以及有大量纤维质的腐殖土地层，一般应通过现场试验确定施工方法，对含有粒径 2～20cm 的砂砾石地层，在强力的升扬置换作用下，仍可实现浆液包裹作用。

高压喷射灌浆不仅在黏性土层、砂层中可用，在砂砾卵石层中也可用。经过多年的研究和工程试验证明，只要控制措施和工艺参数选择得当，在各种松散地层均可采用，以烟台市夹河地下水库工程为例，采用高喷灌浆技术的半圆相向对喷和双排摆喷菱形结构的新的施工方案，成功地在夹河卵砾石层中构筑了地下水库截渗坝工程。

该技术可灌性、可控性好,接头连接可靠,平面布置灵活,适应地层广,深度较大,对施工场地要求不高等特点。

(二)高压喷射灌浆作用

高压喷射灌浆的浆液以水泥浆为主,其压力一般在 10～30MPa,它对地层的作用和机理有如下几个方面。

1. 冲切掺搅作用

高压喷射流通过对原地层介质的冲击、切割和强烈扰动,使浆液扩散充填地层,并与土石颗粒掺混搅和,硬化后形成凝结体,从而改变原地层结构和组分,达到防渗加固的目的。

2. 升扬置换作用

随高压喷射流喷出的压缩空气,不仅对射流的能量有维持作用,而且造成孔内空气扬水的效果,使冲击切割下来的地层细颗粒和碎屑升扬至孔口,空余部分由浆液代替,起到了置换作用。

3. 挤压渗透作用

高压喷射流的强度随射流距离的增加而衰减,至末端虽不能冲切地层,但对地层仍能产生挤压作用;同时,喷射后的静压浆液对地层还产生渗透凝结层,有利于进一步提高抗渗性能。

4. 位移握裹作用

对于地层中的小块石,由于喷射能量大,以及升扬置换作用,浆液可填满块石四周空隙,并将其包裹;对大块石或块石集中区,如降低提升速度,提高喷射能量,可以使块石产生位移,浆液便深入空(孔)隙中去。

总之,在高压喷射、挤压、余压渗透以及浆气升串的综合作用下,产生握裹凝结作用,从而形成连续和密实的凝结体。

(三)防渗性能

在高压喷射流的作用下切割土层,被切割下来的土体与浆液搅拌混合,进而固结,形成防渗板墙。不同地层及施工方式形成的防渗体结构体的渗透系数稍有差别,一般说来其渗透系数小于 10^{-7}cm/s。

(四)高压喷射凝结体

1. 凝结体的形式

凝结体的形式与高压喷射方式有关。常见有三种。

(1)喷嘴喷射时,边旋转边垂直提升,简称旋喷,可形成圆柱形凝结体。

(2)喷嘴的喷射方向固定,则称定喷,可形成板状凝结体。

(3)喷嘴喷射时,边提升边摆动,简称摆喷,形成哑铃状或扇形凝结体。

为了保证高压喷射防渗板(墙)的连续性与完整性,必须使各单孔凝结体在其有效范围内相互可靠连接,这与设计的结构布置形式及孔距有很大关系。

2.高压喷射灌浆的施工方法

目前,高压喷射灌浆的基本方法有单管法、二管法、三管法及多管法等几种,它们各有特点,应根据工程要求和地层条件选用。

(1)单管法

采用高压灌浆泵以大于 2.0MPa 的高压将浆液从喷嘴喷出,冲击、切割周围地层,并产生搅和、充填作用,硬化后形成凝结体。该方法施工简易,但有效范围小。

(2)双管法

有两个管道,分别将浆液和压缩空气直接射入地层,浆压达 45~50MPa,气压 1~1.5MPa。由于射浆具有足够的射流强度和比能,易于将地层加压密实。这种方法工效高,效果好,尤其适合处理地下水丰富、含大粒径块石及孔隙率大的地层。

(3)三管法

用水管、气管和浆管组成喷射杆,水、气的喷嘴在上,浆液的喷嘴在下。随着喷射杆的旋转和提升,先有高压水和气的射流冲击扰动地层,再以低压注入浓浆进行掺混搅拌。常用参数为:水压 38~40MPa,气压 0.6~0.8MPa,浆压 0.3~0.5MPa。

如果将浆液也改为高压(浆压达 20~30MPa)喷射,浆液可对地层进行二次切割、充填,其作用范围就更大。这种方法称为新三管法。

(4)多管法

其喷管包含输送水、气、浆管、泥浆排出管和探头导向管。采用超高压水射流(40MPa)切削地层,所形成的泥浆由管道排出,用探头测出地层中形成的空间,最后由浆液、砂浆、砾石等置换充填。多管法可在地层中形成直径较大的柱状凝结体。

(五)施工程序与工艺

高压喷射灌浆的施工程序主要有造孔、下喷射管、喷射提升(旋转或摆动)、最后成桩或墙。

1.造孔

在软弱透水的地层进行造孔,应采用泥浆固壁或跟管(套管法)的方法确保成孔。造孔机具有回转式钻机、冲击式钻机等。目前用得较多的是立轴式液压回转钻机。

为保证钻孔质量,孔位偏差应不大于 1～2cm,孔斜率小于 1%。

2.下喷射管

用泥浆固壁的钻孔,可以将喷射管直接下入孔内,直到孔底。用跟管钻进的孔,可在拔管前向套管内注入密度大的塑性泥浆,边拔边注,并保持液面与孔口齐平,直至套管拔出,再将喷射管下到孔底。

将喷嘴对准设计的喷射方向,不偏斜,是确保喷射灌浆成墙的关键。

3.喷射灌浆

根据设计的喷射方法与技术要求,将水、气、浆送入喷射管,喷射 1～3min 待注入的浆液冒出后,按预定的速度自上而下边喷射边转动、摆动,逐渐提升到设计高度。

进行高压喷射灌浆的设备由造孔、供水、供气、供浆和喷灌等五大系统组成。

4.施工要点

(1)管路、旋转活接头和喷嘴必须拧紧,达到安全密封;高压水泥浆液、高压水和压缩空气各管路系统均应不堵不漏不串。设备系统安装后,必须经过运行试验,试验压力达到工作压力的 1.5～2.0 倍。

(2)旋喷管进入预定深度后,应先进行试喷,待达到预定压力、流量后,再提升旋喷。中途发生故障,应立即停止提升和旋喷,以防止桩体中断。同时进行检查,排除故障。若发现浆液喷射不足,影响桩体质量时,应进行复喷。施工中应做好详细记录。旋喷水泥浆应严格过滤,防止水泥结块和杂物堵塞喷嘴及管路。

(3)旋喷结束后要进行压力注浆,以补填桩柱凝结收缩后产生的顶部空穴。每次施工完毕后,必须立即用清水冲洗旋喷机具和管路,检查磨损情况,如有损坏零部件应及时更换。

(六)旋喷桩的质量检查

旋喷桩的质量检查通常采取钻孔取样、贯入试验、荷载试验或开挖检查等方法。对于防渗的联锁桩、定喷桩,应进行渗透试验。

第四节　灌注桩工程

一、灌注桩的适应地层

(1)冲击成孔灌注桩:适用于黄土、黏性土或粉质黏土和人工杂填土层中应用,特别适合于有孤石的砂砾石层、漂石层、坚硬土层、岩层中使用,对流砂层亦可克服,但对淤泥及淤泥质土,则应慎重使用。

(2)冲抓成孔灌注桩:适用于一般较松软黏土、粉质黏土、沙土、砂砾层以及软质岩层应用。

(3)回转钻成孔灌注桩:适用于地下水位较高的软、硬土层,如淤泥、黏性土、沙土、软质岩层。

(4)潜水钻成孔灌注桩:适用于地下水位较高的软、硬土层,如淤泥、淤泥质土、黏土、粉质黏土、沙土、砂夹卵石及风化页岩层中使用,不得用于漂石。

(5)人工扩挖成孔灌注桩:适用于地下水位较低的软、硬土层,如淤泥、淤泥质土、黏土、粉质黏土、沙土、砂夹卵石及风化页岩层中使用。

二、桩型的选择

桩型与工艺选择应根据建筑结构类型、荷载性质、桩的使用功能、穿越土层、桩端持力层土类、地下水位、施工设备、施工环境、施工经验、制桩材料供应条件等,选择经济合理、安全适用的桩型和成桩工艺。排列基桩时,宜使桩群承载力合力点与长期荷载重心重合,并使桩基受水平力和力矩较大方向有较大的截面模量。

三、设计原则

桩基采用以概率理论为基础的极限状态设计法,以可靠指标度量桩基的可靠度,采用以分项系数表达的极限状态设计表达式进行计算。按两类极限状态进行设计:承载能力极限状态和正常使用极限状态。

(一)设计等级

根据建筑规模、功能特征、对差异变形的适应性、场地地基和建筑物体型的复杂性以及由于桩基问题可能造成建筑破坏或影响正常使用的程度,应将桩基设计分为三个设计等级。

(1)甲级:重要的建筑;30层以上或高度超过100m的高层建筑;体型复杂且层数相差超过10层的高低层(含纯地下室)连体建筑;20层以上框架——核心筒结构及其他对差异沉降有特殊要求的建筑;场地和地基条件复杂的7层以上的一般建筑及坡地、岸边建筑;对相邻既有工程影响较大的建筑。

(2)乙级:除甲级、丙级以外的建筑。

(3)丙级:场地和地基条件简单、荷载分布均匀的7层及7层以下的一般建筑。

（二）桩基承载能力计算

应根据桩基的使用功能和受力特征分别进行桩基的竖向承载力计算和水平承载力计算；应对桩身和承台结构承载力进行计算；对于桩侧土不排水抗剪强度小于10kPa，且长径比大于50的桩应进行桩身压屈验算；对于混凝土预制桩应按吊装、运输和锤击作用进行桩身承载力验算；对于钢管桩应进行局部压屈验算；当桩端平面以下存在软弱下卧层时，应进行软弱下卧层承载力验算；对位于坡地、岸边的桩基应进行整体稳定性验算；对于抗浮、抗拔桩基，应进行基桩和群桩的抗拔承载力计算；对于抗震设防区的桩基应进行抗震承载力验算。

（三）桩基沉降计算

设计等级为甲级的非嵌岩桩和非深厚坚硬持力层的建筑桩基；设计等级为乙级的体型复杂、荷载分布显得不均匀或桩端平面以下存在软弱土层的建筑桩基；软土地基多层建筑减沉复合疏桩基础。

四、灌注桩设计

（一）桩体

（1）配筋率：当桩身直径为300～2000mm时，正截面配筋率可取0.65%～0.2%（小直径桩取高值）；对受荷载特别大的桩、抗拔桩和嵌岩端承桩应根据计算确定配筋率，并不应小于上述规定值；

（2）配筋长度。

①端承型桩和位于坡地岸边的基桩应沿桩身等截面或变截面通长配筋。

②桩径大于600mm的摩擦型桩配筋长度不应小于2/3桩长；当受水平荷载时，配筋长度不宜小于$4.0/\alpha$（α为桩的水平变形系数）。

③对于受地震作用的基桩，桩身配筋长度应穿过可液化土层和软弱土层，进入稳定土层的深度不应小于相关规定的深度。

④受负摩阻力的桩、因先成桩后开挖基坑而随地基土回弹的桩，其配筋长度应穿过软弱土层并进入稳定土层，进入的深度不应小于2～3倍桩身直径。

⑤专用抗拔桩及因地震作用、冻胀或膨胀力作用而受拔力的桩，应等截面或变截面通长配筋。

（3）对于受水平荷载的桩，主筋不应小于8φ12；对于抗压桩和抗拔桩，主筋不少于6φ10；纵向主筋应沿桩身周边均匀布置，其净距不应小于60mm。

(4)箍筋应采用螺旋式,直径不应小于 6mm,间距宜为 200～300mm;受水平荷载较大的桩基、承受水平地震作用的桩基以及考虑主筋作用计算桩身受压承载力时,桩顶以下 5d 范围内的箍筋应加密,间距不应大于 100mm;当桩身位于液化土层范围内时箍筋应加密;当钢筋笼长度超过 4m 时,应每隔 2m 设一道直径不小于 12mm 的焊接加劲箍筋。

(5)桩身混凝土及混凝土保护层厚度应符合下列要求。

①桩身混凝土强度等级不得小于 C25,混凝土预制桩尖强度等级不得小于 C30。

②灌注桩主筋的混凝土保护层厚度不应小于 35mm,水下灌注桩的主筋混凝土保护层厚度不得小于 50mm。

(二)承台

(1)桩基承台的构造,应满足抗冲切、抗剪切、抗弯承载力和上部结构要求,尚应符合:独立柱下桩基承台的最小宽度不应小于 500mm,边桩中心至承台边缘的距离不应小于桩的直径或边长,且桩的外边缘至承台边缘的距离不应小于 150mm。对于墙下条形承台梁,桩的外边缘至承台梁边缘的距离不应小于 75mm。承台的最小厚度不应小于 300mm。

(2)桩与承台的连接构造应符合下列规定。

①桩嵌入承台内的长度对中等直径桩不宜小于 50mm;对大直径桩不宜小于 100mm。

②混凝土桩的桩顶纵向主筋应锚入承台内,其锚入长度不宜小于 35 倍纵向主筋直径。

③对于抗拔桩,桩顶纵向主筋的锚固长度应按现行国家相关标准确定。

④对于大直径灌注桩,当采用一柱一桩时可设置承台或将桩与柱直接连接。

(3)承台与承台之间的连接构造应符合下列规定。

①一柱一桩时,应在桩顶两个主轴方向上设置联系梁。当桩与柱的截面直径之比大于 2 时,可不设联系梁。

②两桩桩基的承台,应在其短向设置联系梁。

③有抗震设防要求的柱下桩基承台,宜沿两个主轴方向设置联系梁。

④连系梁顶面宜与承台顶面位于同一标高。联系梁宽度不宜小于 250mm,其高度可取承台中心距的 1/10～1/15,且不宜小于 400mm。

⑤联系梁配筋应按计算确定,梁上下部配筋不宜小于 2 根直径 12mm 钢筋;位于同一轴线上的联系梁纵筋宜通长配置。

(4)柱与承台的连接构造应符合下列规定。

①对于一柱一桩基础,柱与桩直接连接时,柱纵向主筋锚入桩身内长度不应小于35倍纵向主筋直径。

②对于多桩承台,柱纵向主筋应锚入承台不应小于35倍纵向主筋直径;当承台高度不满足锚固要求时,竖向锚固长度不应小于20倍纵向主筋直径,并向柱轴线方向呈90°弯折。

③当有抗震设防要求时,对于一、二级抗震等级的柱,纵向主筋锚固长度应乘以1.15的系数;对于三级抗震等级的柱,纵向主筋锚固长度应乘以1.05的系数。

五、施工前的准备工

(一)施工现场

施工前应根据施工地点的水文、工程地质条件及机具、设备、动力、材料、运输等情况,布置施工现场。

(1)场地为旱地时,应平整场地、清除杂物、换除软土、夯打密实。钻机底座应布置在坚实的填土上。

(2)场地为陡坡时,可用木排架或枕木搭设工作平台。平台应牢固可靠,保证施工顺利进行。

(3)场地为浅水时,可采用筑岛法,岛顶平面应高出水面1~2m。

(4)场地为深水时,根据水深、流速、水位涨落、水底地层等情况,采用固定式平台或浮动式钻探船。

(二)灌注桩的试验(试桩)

灌注桩正式施工前,应先打试桩。试验内容包括:荷载试验和工艺试验。

1.试验目的

选择合理的施工方法、施工工艺和机具设备;验证明桩的设计参数,如桩径和桩长等;鉴定或确定桩的承载能力和成桩质量能否满足设计要求。

2.试桩施工方法

试桩所用的设备与方法,应与实际成孔成桩所用者相同;一般可用基桩做试验或选择有代表性的地层或预计钻进困难的地层进行成孔、成桩等工序的试验、着重查明地质情况,判定成孔、成桩工艺方法是否适宜;试桩的材料与截面、长度必须与设计相同。

3.试桩数目

工艺性试桩的数目根据施工具体情况决定;力学性试桩的数目,一般不少于实际基桩总数的 3%,且不少于 2 根。

4.荷载试验

灌注桩的荷载试验,一般应作垂直静载试验和水平静载试验。

垂直静载试验的目的是测定桩的垂直极限承载力,测定各土层的桩侧极摩擦阻力和桩底反力,并查明桩的沉降情况。试验加载装置,一般采用油压千斤顶。千斤顶的加载反力装置可根据现场实际条件而定。一般均采用锚桩横梁反力装置。加载与沉降的测量与试验资料整理,可参照有关规定。

水平静载试验的目的是确定桩的允许水平荷载作用下的桩头变位(水平位移和转角),一般只有在设计要求时才进行。

加载方式、方法、设备、试验资料的观测、记录整理等,参照有关规定。

(三)测量放样

根据建设单位提供的测量基线和水准点,由专业测量人员制作施工平面控制网。采用极坐标法对每根桩孔进行放样。为保证放样准确无误,对每根桩必须进行三次定位,即第一次定位挖、埋设护筒;第二次校正护筒;第三次在护筒上用十字交叉法定出桩位。

(四)埋设护筒

埋设护筒应准确稳定。护筒内径一般应比钻头直径稍大;用冲击或冲抓方法时,大约 20cm,用回转法者,大约 10cm。护筒一般有木质、钢质与钢筋混凝土三种材质。

护筒周围用黏土回填并夯实。当地基回填土松散、孔口易坍塌时,应扩大护筒坑的挖埋直径或在护筒周围填砂浆混凝土。护筒埋设深度一般为 1~1.5m;对于坍塌较深的桩孔,应增加护筒埋设深度。

(五)制备泥浆

制浆用黏土的质量要求、泥浆搅拌和泥浆性能指标等,均应符合有关规定。泥浆主要性能指标:比重 1.1~1.15,黏度 10~25s,含砂率小于 6%,胶体率大于 95%,失水量小于 30mL/min,pH 值 7~9。

泥浆的循环系统主要包括:制浆池、泥浆池、沉淀池和循环槽等。开动钻机较多时,一般采用集中制浆与供浆。用抽浆泵通过主浆管和软管向各孔桩供浆。

泥浆的排浆系统由主排浆沟、支排浆沟和泥浆沉淀池组成。沉淀池内的泥浆采用泥浆净化机净化后,由泥浆泵抽回泥浆池,以便再次利用。

废弃的泥浆与渣应按环境保护的有关规定进行处理。[①]

六、造孔

(一)造孔方法

钻孔灌注桩造孔常用的方法有:冲击钻进法、冲抓钻进法、冲击反循环钻进法、泵吸反循环钻进法、正循环回转钻进法等,可根据具体的情况进行选用。

(二)造孔施工

施工平台应铺设枕木和台板,安装钻机应保持稳固、周正、水平。开钻前提钻具,校正孔位。造孔时,钻具对准测放的中心开孔钻进。施工中应经常检测孔径、孔形和孔斜,严格控制钻孔质量。出渣时,及时补给泥浆,保证钻孔内浆液面的泥浆稳定,防止塌孔。

根据地质勘探资料、钻进速度、钻具磨损程度及抽筒排出的钻渣等情况,判断换层孔深。如钻孔进入基岩,立即用样管取样。经现场地质人员鉴定,确定终孔深度。终孔验收时,桩位孔口偏差不得大于 5cm,桩身垂直度偏斜应小于 1%。当上述指标达到规定要求时,才能进入下道工序施工。

(三)清孔

1.清孔的目的

清孔的目的是抽、换孔内泥浆,清除孔内钻渣,尽量减少孔底沉淀层厚度,防止桩底存留过厚沉淀砂土而降低桩的承载力,确保灌注混凝土的质量。

终孔检查后,应立即清孔。清孔时应不断置换泥浆,直至灌注水下混凝土。

2.清孔的质量要求

清孔的质量要求是应清除孔底所有的沉淀沙土。当技术上确有困难时,允许残留少量不成浆状的松土,其数量应按合同文件的规定。清孔后灌注混凝土前,孔底 500mm 以内的泥浆性能指标:含砂率为 8%。比重应小于 1.25,漏斗黏度不大于 28s。

3.清孔方法

根据设计要求、钻进方法、钻具和土质条件决定清孔方法。常用的清孔方法有正循环清孔、泵吸反循环清孔、空压机清孔和掏渣清孔等。

---

① 宋春发,费成效.水闸设计与施工(第 2 版)[M].北京:中国水利水电出版社,2015.

正循环清孔,适用于淤泥层、沙土层和基岩施工的桩孔。孔径一般小于 800mm。其方法是在终孔后,将钻头提离孔底 10～20cm 空转,并保持泥浆正常循环。输入比重为 1.10～1.25 的较纯的新泥浆循环,把钻孔内悬浮钻渣较多的泥浆换出。根据孔内情况,清孔时间一般为 4～6h。

泵吸反循环清孔,适用于孔径 600～1500mm 及更大的桩孔。清孔时,在终孔后停止回转,将钻具提离孔底 10～20cm,反循环持续到满足清孔要求为止。清孔时间一般为 8～15min。

空压机清孔,其原理与空压机抽水洗井的原理相同,适用于各种孔径、深度大于 10m 各种钻进方法的桩孔。一般是在钢筋笼下入孔内后,将安有进气管的导管吊入孔中。导管下入深度距沉渣面 30～40cm。由于桩孔不深,混合器可以下到接近孔底以增加沉没深度。清孔开始时,应向孔内补水。清孔停止时,应先关风后断水,防止水头损失而造成塌孔。送风量由小到大,风压一般为 0.5～0.7MPa。

掏渣清孔,干钻施工的桩孔,不得用循环液清除孔内虚土,应采用掏渣等或加碎石夯实的办法。

七、钢筋笼制作与安装

(一)一般要求

(1)钢筋的种类、钢号、直径应符合设计要求。钢筋的材质应进行物理力学性能或化学成分的分析试验。

(2)制作前应除锈、调直(螺旋筋除外)。主筋应尽量用整根钢筋。焊接的钢材,应作可焊性和焊接质量的试验。

(3)当钢筋笼全长超过 10m 时,宜分段制作。分段后的主筋接头应互相错开,同一截面内的接头数目不多于主筋总根数的 50%,两个接头的间距应大于 50cm。接头可采用搭接、绑条或坡口焊接。加强筋与主筋间采用点焊连接,箍筋与主筋间采用绑扎方法。

(二)钢筋笼的制作

制作钢筋笼的设备与工具有:电焊机、钢筋切割机、钢筋圈制作台和钢筋笼成型支架等。钢筋笼的制作程序如下:

(1)根据设计,确定箍筋用料长度。将钢筋成批切割好备用。

(2)钢筋笼主筋保护层厚度一般为 6～8cm。绑扎或焊接钢筋混凝土预制块,焊接环筋。环的直径不小于 10mm,焊在主筋外侧。

（3）制作好的钢筋笼在平整的地面上放置，应防止变形。

（4）按图纸尺寸和焊接质量要求检查钢筋笼（内径应比导管接头外径大 100mm 以上）。不合格者不得使用。

(三)钢筋笼的安装

钢筋笼安装用大型吊车起吊，对准桩孔中心放入孔内。如桩孔较深，钢筋笼应分段加工，在孔口处进行对接。采用单面焊缝焊接，焊缝应饱满，不得咬边夹渣。焊缝长度不小于 10d。为了保证钢筋笼的垂直度，钢筋笼在孔口按桩位中心定位，使其悬吊在孔内。

下放钢筋笼应防止碰撞孔壁。如下放受阻，应查明原因，不得强行下插。一般采用正反旋转，缓慢逐步下放。安装完毕后，经有关人员对钢筋笼的位置、垂直度、焊缝质量、箍筋点焊质量等全面进行检查验收，合格后才能下导管灌注混凝土。

第五章 水利工程堤防施工技术

第一节 堤防施工概述

一、堤防名称

堤也称"堤防"。沿江,河、湖、海,排灌渠道或分洪区、行洪区界修筑用以约束水流的挡水建筑物。其断面形状为梯形或复式梯形。按其所处地位及作用,又分为河堤,湖堤、渠堤,水库围堤等。黄河下游堤防起自战国时代,到汉代已具相当规模。明代潘季驯治河,更创筑遥堤、缕堤,格堤、月堤。因地制宜加以布设,进一步发挥了防洪作用。

二、堤防分类

(一)按抵抗水体性质分类

按抵抗水体性质的不同分为河堤,湖堤,水库堤防和海堤。

(二)按筑堤材料分类

按筑堤材料不同分为土堤、石堤、土石混合堤及混凝土,浆砌石,钢筋混凝土防洪墙。

一般将土堤、石堤、土石混合堤称为防洪堤;由于混凝土、浆砌石混凝土或钢筋混凝土的堤体较薄,习惯上称为防洪墙。

(三)按堤身断面分类

按堤身断面形式不同,分为斜坡式堤、直墙式堤或直斜复合式堤。

(四)按防渗体分类

按防渗体不同,分为均质土堤、斜墙式土堤、心墙式土堤,混凝土防渗墙式土堤。

堤防工程的形式应根据因地制宜、就地取材的原则,结合堤段所在的地理位置、重要程度、堤址地质、筑堤材料、水流及风浪特性,施工条件、运行和管理要求、环境景观、工程造价等技术经济比较来综合确定。[①] 如土石堤与混凝土堤相比,边坡较缓,占用面积空间大,防渗防冲及抗御超额洪水与漫顶的能力弱,需合理和科学设计。混凝土堤则坚固耐冲,但对软基适应性差、造价高。

我国堤防根据所处的地理位置和堤内地形切割情况,堤基水文地质结构特征按透水层的情况分为透水层封闭模式和渗透模式两大类。堤防施工主要包括堤料选择、堤基(清理)施工、堤身填筑(防渗)等内容。

第二节　堤防级别与堤防设计

一、堤防级别、防洪标准与防护对象

对于堤防工程本身来说,并没有特殊的防洪要求,只是其级别划分和设计标准依赖于防护对象的要求,堤防工程的设计管理和对其安全也就有不同的相应要求。堤防工程的级别是依据堤防的防洪标准判断的。

堤防工程的设计应以所在河流、湖泊、海岸带的综合规划或防洪、防潮专业规划为依据。城市堤防工程的设计,还应以城市总体规划为依据。堤防工程的设计,应具备可靠的气象水文、地形地貌、水系水域、地质及社会经济等基本资料;堤防加固、扩建设计,还应具备堤防工程现状及运用情况等资料。堤防工程设计应满足稳定、渗流、变形等方面要求。堤防工程设计,应贯彻因地制宜、就地取材的原则,积极慎重地采用新技术,新工艺,新材料。位于地震烈度 7 度及其以上地区的 1 级堤防工程,经主管部门批准,应进行抗震设计。堤防工程设计除符合本规范外,还应符合国家现行有关标准的规定。

对于遭受洪灾或失事后损失巨大,影响十分严重的堤防工程,其级别可适当提高;遭受洪灾或失事后损失及影响较小或使用期限较短的临时堤防工程,其级别可适当降低。

对于海堤的乡村防护区,当人口密集、乡镇企业较发达,农作物高产或水产养殖产值较高时,其防洪标准可适当提高;海堤的级别亦相应提高。蓄、滞洪区堤防工程的防洪标准,应根据批准的流域防洪规划或区域防洪规划的要求专门确定。堤防工程上的闸,涵、泵站等建筑物及其他构筑物的设计防洪标准,不应低于堤防工程的防

---

① 王海雷,王力,李忠才. 水利工程管理与施工技术[M]. 北京:九州出版社,2018.

洪标准,并应留有适当的安全裕度。

堤防工程级别和防洪标准,都是根据防护对象的重要性和防护区范围大小而确定的。堤防工程的防洪标准应根据防护区内防护标准较高防护对象的防护标准确定。但是,防护对象有时是多样的,所以不同类型的防护对象,会在防洪标准和堤防级别的认识上有一定的差别。

防护对象的防洪标准应以防御的洪水或潮水的重现期表示;对特别重要的防护对象,可采用可能最大洪水表示。根据防护对象的不同需要,其防洪标准可采用设计一级或设计、校核两级。各类防护对象的防洪标准,应根据防洪安全的要求,并考虑经济,政治,社会、环境等因素,综合论证确定。有条件时,应进行不同防洪标准所可能减免的洪灾经济损失与所需的防洪费用的对比分析,合理确定。

对于以下防护对象,其防洪标准应按照规定确定:①当防护区内有两种以上的防护对象,又不能分别进行防护时,该防护区的防洪标准,应按防护区和主要防护对象二者要求的防洪标准中较高者确定;②对于影响公共防洪安全的防护对象,应按自身和公共防洪安全二者要求的防洪标准中较高者确定;③兼有防洪作用的路基、围墙等建筑物、构筑物,其防洪标准应按防护区和该建筑物、构筑物的防洪标准中较高者确定。

对于以下的防护对象,经论证,其防洪标准可适当提高或降低:①遭受洪灾或失事后损失巨大、影响十分严重的防护对象,可采用高于国家标准规定的防洪标准;②遭受洪灾或失事后损失及影响均较小或使用期限较短及临时性的防护对象,可采用低于国家标准规定的防洪标准;③采用高于或低于国家标准规定的防洪标准时,不影响公共防洪安全的,应报行业主管部门批准;影响公共防洪安全的,尚应同时报水行政主管部门批准。

二、堤防设计

(一)工程管护范围

1.工程管理范围划分

(1)工程主体建筑物

堤身、堤内外戗台,淤区,险工、控导(护滩),高岸防护等工程建筑物。

(2)穿、跨堤交叉建筑物

各类穿堤水闸和管线的覆盖范围及保护用地等,其中水闸工程应包括上游引水渠,闸室、下游消能防冲工程和两岸连接建筑物等。

（3）附属工程设施

附属工程设施包括观测、交通，通信设施、标志标牌、排水沟及其他维修管理设施。

（4）管理单位生产、生活区建筑或设施

管理单位生产、生活区建筑或设施包括动力配电房、机修车间、设备材料仓库、办公室、宿舍、食堂及文化娱乐设施等。

（5）工程管护范围

工程管护范围包括堤防工程护堤地、河道整治工程护坝地及水闸工程的保护用地等，应按照有关法规、规范依法划定，在工程新建、续建，加固时征购。

2．工程安全保护范围

与工程管护范围相连的地域，应依据有关法规划定一定的区域，作为工程安全保护范围，在工程新建，续建、加固等设计时，应在设计时依法划定。

堤顶和堤防临、背坡采用集中排水和分散排水两种方案，主要要求如下：

设置横向排水沟的堤防可在堤肩两侧设置挡水小埝或其他排水设施集中排泄堤顶雨水，小埝顶宽 0.2m，高 0.15m，内边坡为 1∶1，外边坡为 1∶3。临、背侧堤坡每隔 100m 左右设置 1 条横向排水沟，临、背侧交错布置，并与纵向排水沟、淤区排水沟连通。

堤坡、堤肩排水设施采用混凝土或浆砌石结构，尺寸根据汇流面积、降雨情况计算确定。

堤坡不设排水沟的堤防应在堤肩两侧各植 0.5m 宽的草皮带。

堤防管理范围内应建设生物防护工程，包括防浪林带、护堤林带、适生林带及草皮护坡等，应按照临河防浪、背河取材、乔灌结合的原则，合理种植。

淤区顶部排水设施由围堤、格堤和排水沟组成，主要要求如下：

（1）应在淤区顶部的外边缘修筑纵向围堤，每间隔 100m 修一条横向围堤。围堤顶宽 1.0m，高度 0.5m，外坡 1∶3，内坡 1∶1.5；格堤顶宽 1.0m，高度 0.5m，内、外坡均为 1∶1。

（2）应在淤区顶部与背河堤坡接合部修一条纵向排水沟，并与堤坡横向排水沟连通，直通淤区坡脚；若堤坡采用散排水，淤区纵、横排水沟需相互连通，排水至淤区坡脚。

工程管护基地宜修建在堤防背河侧，按每公里 120m^2 标准集中进行建设。

应按照减少堤身土体流失和易于防汛抢险的原则建设堤顶道路和上堤辅道，主要要求如下：

（1）未硬化的堤顶采用粘性土盖顶；堤顶硬化路面有碎石路面、柏油路面和水泥路面三种。临黄大堤堤顶一般采用柏油路面硬化，路面结构参照国家三级公路标准设计；其他设防大堤堤顶道路宜按照砂石路面处理。

（2）沿堤线每隔 8～10km 应硬化不少于 1 条的上堤辅道，并尽量与地方公路网相连接；上堤辅道不应削弱堤身设计断面和堤肩，坡度宜按 7%～8% 控制。

应在堤防合理位置埋设千米桩、边界桩和界碑等标志，主要要求如下：

（1）应从起点到终点，依序进行计程编码，在背河堤肩埋设千米桩。

（2）沿堤防护堤地或防浪林带边界埋设边界桩，边界桩以县局为单位从起点到终点依序进行编码，直线段每 200m 埋设 1 根，弯曲段适当加密。

（3）沿堤省、地（市）、县（市、区）等行政区的交界处，应统一设置界碑。

（4）沿堤线主要上堤辅道与大堤交叉处应设置禁行路杆，禁止雨、雪天气行车，并设立超吨位（3 吨以上）车辆禁行警示牌。

（5）通往控导，护滩（岸）工程及沿黄乡镇的道口应设置路标。

（6）大型跨（穿）堤建筑物上、下游 100m 处应分别设置警示牌。

（二）设计洪水位的确定

设计洪水位是指堤防工程设计防洪水位或历史上防御过的最高洪水位，是设计堤顶高程的计算依据。接近或达到该水位，防汛进入全面紧急状态，堤防工程临水时间已长，堤身土体可能达到饱和状态，随时都有可能出现重大险情。这时要密切巡查，全力以赴，保护堤防工程安全，并根据"有限保证，无限负责"的原则，对于可能超过设计洪水位的抢护工作也要做好积极准备。

（三）堤顶高程的确定

当设计洪峰流量及洪水位确定之后，就可以据此设计堤距和堤顶高程。堤距与堤顶高程是相互联系的。同一设计流量下，如果堤距窄，则被保护的土地面积大，但堤顶高，筑堤土方量大，投资多，且河道水流集中，可能发生强烈冲刷，汛期防守困难；如果堤距宽，则堤身矮，筑堤土方量小，投资少，汛期易于防守，但河道水流不集中，河槽有可能发生淤积，同时放弃耕地面积大，经济损失大。因此，堤距与堤顶高程的选择存在着经济、技术最佳组合问题。

1. 堤距

堤距与洪水位关系可用水力学中推算非均匀流水面线的方法确定，也可按均匀流计算得到设计洪峰流量下堤距与洪水位的关系。[①]堤距的确定,需按照堤线选择原则,并从当地的实际情况出发,考虑上下游的要求,进行综合考虑。除进行投资与效益比较外,还要考虑河床演变及泥沙淤积等因素。例如,黄河下游大堤堤距最大达15～23km,远远超出计算所需堤距,其原因不只是容、泄洪水,还有滞洪滞沙的作用。最后,选定各计算断面的堤距作为推算水面线的初步依据。

2.堤顶高程

堤顶高程应按设计洪水位或设计高潮位加堤顶超高确定。

堤顶超高应考虑波浪爬高,风壅增水、安全加高等因素。为了防止风浪漫越堤顶,需加上波浪爬高,此外还需加上安全超高,堤顶超高按下式计算确定。1、2级堤防工程的堤顶超高值不应小于2.0m。

$$Y=R+E+A$$

式中,Y——堤顶超高,m;

R——设计波浪爬高,m;

E——设计风壅增水高度,m;

A——安全加高,m。

波浪爬高与地区风速、风向、堤外水面宽度和水深,以及堤外有无阻浪的建筑物、树林、大片的芦苇、堤坡的坡度与护面材料等因素都有关系。

(四)堤身断面尺寸

堤身横断面一般为梯形,其顶宽和内外边坡的确定,往往是根据经验或参照已建的类似堤防工程,首先初步拟定断面尺寸,然后对重点堤段进行渗流计算和稳定校核,使堤身有足够的质量和边坡,以抵抗横向水压力,并在渗水达到饱和后不发生坍滑。

堤防宽度的确定,应考虑洪水的渗径和汛期抢险交通运输以及防汛备用器材堆放的需要。汛期高水位,若堤身过窄,渗径短,渗透流速大,渗水容易从大堤背水坡腰溢出,发生险情。对此,须按土坝渗流稳定分析方法计算大堤浸润线位置检验堤身断面。

边坡设计应视筑堤土质、水位涨落强度和洪水持续历时、风浪、渗透情况等因素而定。一般是临水坡较背水坡陡一些。在实际工程中,常根据经验确定。如果采用壤土或砂壤土筑堤,且洪水持续时间不太长,当堤高不超过5m时,堤防临水坡和背

① 廖颖娟,占安安.河道生态堤防工程设计研究[M].昆明:云南科技出版社,2017.

水坡边坡系数可采用 2.5～3.0；当堤高超过 5m 时，边坡应更平缓些。

(五)渗流计算与渗控措施设计

一般土质堤防工程，在靠水、着溜时间较长时，均存在渗流问题。同时，平原地区的堤防工程，堤基表层多为透水性较弱的黏土或砂壤土，而下层则为透水性较强的砂层、砂砾石层。当汛期堤外水位较高时，堤基透水层内出现水力坡降，形成向堤防工程背河的渗流。在一定条件下，该渗流会在堤防工程背河表土层非均质的地方突然涌出，形成翻砂鼓水，引起堤防工程险情，甚至出现决口。因此，在堤防工程设计中，必须进行渗流稳定分析计算和相应的渗控措施设计。

1.渗流计算

水流由堤防工程临河慢慢渗入堤身，沿堤的横断面方向连接其所行经路线的最高点形成的曲线，称为浸润线。渗流计算的主要内容包括确定堤身内浸润线的位置、渗透比降、渗透流速以及形成稳定浸润线的最短因数等。

2.渗透变形的基本形式

堤身及堤基在渗流作用下，土体产生的局部破坏，称为渗透变形。渗透变形的形式及其发展过程，与土料的性质及水流条件、防渗排渗等因素有关，一般可归纳为管涌、流土，接触冲刷、接触流土或接触管涌等类型。管涌为非粘性土中，填充在土层中的细颗粒被渗透水流移动和带出，形成渗流通道的现象；流土为局部范围内成块的土体被渗流水掀起浮动的现象；接触冲刷为渗流沿不同材料或土层接触面流动时引起的冲刷现象；当渗流方向垂直于不同土壤的接触面时，可能把其中一层中的细颗粒带到另一层由较粗颗粒组成的土层孔隙中的管涌现象，称为接触管涌。如果接触管涌继续发展，形成成块土体移动，甚至形成剥蚀区时，便形成接触流土。接触流土和接触管涌变形，常出现在选料不当的反滤层接触面上。渗透变形是汛期堤防工程常见的严重险情。

一般认为，粘性土不会产生管涌变形和破坏，沙土和砂砾石，其渗透变形形式与颗粒级配有关。颗粒不均匀系数，$\eta = d60/d10 < 10$ 的土壤易产生流土变形；$\eta > 20$ 的土壤会产生管涌变形；$10 < \eta < 20$ 的土壤，可能产生流土变形，也可能产生管涌变形。

3.产生管涌与流土的临界坡降

使土体开始产生渗透变形的水力坡降为临界坡降。当有较多的土料开始移动时，产生渗流通道或较大范围破坏的水力坡降，称为破坏坡降。临界坡降可用试验方法或计算方法加以确定。

4.渗控措施设计

堤防工程渗透变形产生管漏涌沙,往往是引起堤身蛰陷溃决的致命伤。为此,必须采取措施,降低渗透坡降或增加渗流出口处土体的抗渗透变形能力。目前工程中常用的方法,除在堤防工程施工中选择合适的土料和严格控制施工质量外,主要采用"外截内导"的方法治理。

(1)临河面不透水铺盖

在堤防工程临水面堤脚外滩地上,修筑连续的黏土铺盖,以增加渗径长度,减小渗流的水力坡降和渗透流速,是目前工程中经常使用的一种防渗技术。铺盖的防渗效果,取决于所用土料的不透水性及其厚度。根据经验,铺盖宽度约为临河水深的15~20倍,厚度视土料的透水性和干容重而定,一般不小于1.0m。

(2)堤背防渗盖重

当背河堤基透水层的扬压力大于其上部不(弱)透水层的有效压重时,为防止发生渗透破坏,可采取填土加压,增加覆盖层厚度的办法来抵抗向上的渗透压力,并增加渗径长度,消除产生管涌、流土险情的条件。盖重的厚度和宽度,可依盖重末端的扬压力降至允许值的要求设计。近些年来,在黄河和长江一些重要堤段,采用堤背放淤或吹填办法增加盖重,同时起到了加固堤防和改良农田的作用。

(3)堤背脚滤水设施

对于洪水持续时间较长的堤防工程,堤背脚渗流出逸坡降达不到安全容许坡降的要求时,可在渗水溢出处修筑滤水戗台或反滤层、导渗沟,减压井等工程。

滤水戗台通常由砂、砾石滤料和集水系统构成,修筑在堤背后的表层土上,增加了堤底宽度,并使堤坡渗出的清水在戗台汇集排出。反滤层设置在堤背面下方和堤脚下,其通过拦截堤身和从透水性底层土中渗出的水流挟带的泥沙,防止堤脚土层侵蚀,保证堤坡稳定。堤背后导渗沟的作用与反滤层相同。当透水地基深厚或为层状的透水地基时,可在堤坡脚处修建减压井,为渗流提供出路,减小渗压,防止管涌发生。

第三节　堤基施工

一、堤基清理

(1)在进行坝基清理前,监理工程师根据设计文件、图纸要求,技术规范指标,堤基情况等,审查施工单位提交的基础处理方案。

(2)对于施工单位进行的堤基开挖或处理过程中的详细记录,监理工程师均应按照有关规定审核签字。

(3)堤基清理范围包括堤身、铺盖和压载的基面。堤基清理边线应比设计基面边线宽出 300～500mm。老堤加高培厚,其清理范围包括堤顶和堤坡。

(4)堤基清理时,应将堤基范围内表层的砖石,淤泥、腐殖土,杂填土、泥炭、杂草、树根以及其他杂物等清除干净,并应按指定的位置堆放。

(5)堤基清理完毕后,应在第一层土料填筑前,将堤基内的井窖、树坑,坑塘等按堤身要求进行分层回填,平整、压实处理,压实后土体干密度应符合设计要求。

(6)堤基处理完毕后应立即报监理工程师,由业主、设计、监理和监督等部门共同验收,分部工程检测的数量按堤基处理面积的平均数每 $200m^2$ 为一个计算单元,并做好记录和共同签字认可,方能进行堤身的填筑。

(7)如果堤基的地质比较复杂、施工难度较大或无相关规范可遵循时,应进行必要的技术论证,然后通过现场试验取得有关技术参数并经监理工程师批准。

(8)堤基处理后要避免产生冻结,当堤基出现冻结,有明显夹层和冻胀现象时,未经处理不得在堤基上进行施工。

(9)基坑积水应及时将其排除,对泉眼应在分析其成因和对堤防的影响后,予以封堵或引导。在开挖较深的堤基时,应时刻注意防止滑坡。

二、清理方法

(1)堤基表层的不合格土、杂物等必须彻底清除,堤基范围内的坑槽、沟等,应按堤身填筑要求进行回填处理。

(2)堤基内的井窖、墓穴,树根,腐烂木料、动物巢穴等是最易塌陷的地方,必须按照堤身填筑要求回填,并进行重点认真质量检验。

(3)对于新旧堤身的结合部位清理、接搓、刨光和压实,应符合国家相关规定的要求。

(4)基面清理平整后,应及时要求施工单位报验。基面验收合格后应抓紧堤身的施工,若不能立即施工,应通知施工单位做好基面保护工作,并在复工前再报监理检验,必要时应当重新清理。

(5)堤基清理单元工程的质量检查项目与标准,主要有以下几个方面:基面清理标准,堤基表层不合格土、杂物等全部清除;一般堤基清理,堤基上的坑塘,洞穴均按要求处理;堤基平整压实,表面无显著凸凹,无松土和弹簧土。

三、软弱堤基处理

(1)浅埋的薄层采用挖除软弱层换填砂、土时,应按设计要求用中粗砂或砂砾,铺填后及时予以压实。厚度较大难以挖除或挖除不经济时,可采用铺垫透水材料加速排水和扩散应力、在堤脚外设置压载、打排水井或塑料排水带、放缓堤坡、控制加荷速率等方法处理。

(2)流塑态淤质软黏土地基上采用堤身自重挤淤法施工时,应放缓堤坡、减慢堤身填筑速度、分期加高,直至堤基流塑变形与堤身沉降平衡,稳定。

(3)软塑态淤质软黏土地基上在堤身两侧坡脚外设置压载体处理时,压载体应与堤身同步、分级、分期加载,保持施工中的堤基与堤身受力平衡。

(4)抛石挤淤应使用块径不小于 30cm 的坚硬石块,当抛石露出土面或水面时,改用较小石块填平压实,再在上面铺设反滤层并填筑堤身。

(5)修筑重要堤防时,可采用振冲法或搅拌桩等方法加固堤基。

四、透水堤基处理

(1)浅层透水堤基宜采用粘性土截水槽或其他垂直防渗措施截渗。粘性土截水槽施工时,宜采用明沟排水或井点抽排,回填粘性土应在无水基底上,并按设计要求施工。

(2)深厚透水堤基上的重要堤段,可设置黏土、土工膜、固化灰浆、混凝土、塑性混凝土、沥青混凝土等地下截渗墙。

(3)用粘性土做铺盖或用土工合成材料进行防渗,应按相关规定施工。铺盖分片施工时,应加强接缝处的碾压和检验。

(4)采用槽形孔浇筑混凝土或高压喷射连续防渗墙等方法对透水堤基进行防渗处理时,应符合防渗墙施工的规定。

(5)砂性堤基采用振冲法处理时,应符合相关标准的规定。

五、多层堤基处理

(1)多层堤基如无渗流稳定安全问题,施工时仅需将经清基的表层土夯实后即可填筑堤身。

(2)盖重压渗、排水减压沟及减压井等措施可单独使用,也可结合使用。表层弱透水覆盖层较薄的堤基如下卧的透水层均匀且厚度足够时,宜采用排水减压沟,其平面位置宜靠近堤防背水侧坡脚。排水减压沟可采用明沟或暗沟。暗沟可采用砂石、土工织物、开孔管等。

(3)堤基下有承压水的相对隔水层,施工时应保留设计要求厚度的相对隔水层。

(4)堤基面层为软弱或透水层时,应按软弱堤基施工、透水堤基施工处理。

六、岩石堤基处理

(1)强风化岩层堤基,除按设计要求清除松动岩石外,筑砌石堤或混凝土堤时基面应铺层厚大于 30mm 的水泥砂浆;筑土堤时基面应涂层厚为 3mm 的黏土浆,然后进行堤身填筑。

(2)裂缝或裂隙比较密集的基岩,可采用水泥固结灌浆或帷幕灌浆进行处理。

第四节　堤身施工

一、土坝填筑与碾压施工作业

(一)影响因素

土料压实的程度主要取决于机具能量、碾压遍数、铺土的厚度和土料的含水量等。

土料是由土料、水和空气三相体所组成。通常固相的土粒和液相的水是不会被压缩的。土料压实就是将被水包围的细土颗粒挤压填充到粗土粒间孔隙中去,从而排走空气,使土料的空隙率减小,密实度提高。一般来说,碾压遍数越多,则土料越紧实。当碾压到接近土料极限密度时,再进行碾压起的作用就不明显了。

在同一碾压条件下,土的含水量对碾压质量有直接的影响。当土具有一定含水量时,水的润滑作用使土颗粒间的摩擦阻力减小,从而使土易于密实。但当含水量超过某一限度时,土中的孔隙全由水来填充而呈饱和状态,反而使土难以压实。

(二)压实机具及其选择

在碾压式的小型土坝施工中,常用的碾压机具有平碾、肋条碾,也有用重型履带式拖拉机作为碾压机具使用的。碾压机具主要靠沿土面滚动时碾本身的自重,在短时间内对土体产生静荷重作用,使土粒互相移动而达到密实。

根据压实作用力来划分,通常有碾压、夯击、振动压实三种机具。随着工程机械的发展,又有振动和碾压同时作用的振动碾,产生振动和夯击作用的振动夯等。常用的压实机具有以下几种。

1. 平碾及肋条碾

平碾的滚筒可用钢板卷制而成,滚筒一端有小孔,从小孔中可加入铁粒等,以增加其重量。[1] 平碾的滚筒也可用石料或混凝土制成。一般平碾的质量(包括填料重)为 5～12t,沿滚筒宽度的单宽压力为 200～500N/cm,铺土厚度一般不超过 20～25cm。

肋条碾可就地用钢筋混凝土制作,它与平碾不同之处在于作用地土层上的单位压力比平碾大,压实效果较好,可减少土层的光面现象。

羊脚碾是用钢板制成滚筒,表面上镶有钢制的短柱,形似羊脚,筒端开有小孔,可以加入填料,以调节碾重。羊脚碾工作时,羊脚插入铺土层后,使土料受到挤压及揉搓的联合作用而压实。羊脚碾碾压粘性土的效果好,但不适宜于碾压非粘性土。

2. 振动碾

这是一种振动和碾压相结合的压实机械。它是由柴油机带动与机身相连的附有偏心块的轴旋转,迫使碾滚产生高频振动。振动功能以压力波的形式传到土体内。非粘性土料在振动作用下,土粒间的内摩擦力迅速降低,同时由于颗粒大小不均匀,质量有差异,导致惯性力存在差异,从而产生相对位移,使细颗粒填入粗颗粒间的空隙而达到密实。然而,粘性土颗粒间的粘结力是主要的,且土粒相对比较均匀,在振动作用下,不能取得像非粘性土那样的压实效果。

由于振动作用,振动碾的压实影响深度比一般碾压机械大 1～3 倍,可达 1m 以上。它的碾压面积比振动夯、振动器压实面积大,生产率很高。国产 SD－80－13.5 型振动碾全机质量为 13.5t,振动频率为 1500～1800 次/min,小时生产率高达 600m³/台时。振动压实效果好,使非粘性土料的相对密度大为提高,坝体的沉陷量大幅度降低,稳定性明显增强,使土工建筑物的抗振性能大为改善。故抗振规范明确规定,对有防振要求的土工建筑物必须用振动碾压实。振动碾结构简单,制作方便,成本低廉,生产率高,是压实非粘性土石料的高效压实机械。

3. 气胎碾

气胎碾有单轴和双轴之分。单轴的主要构造是由装载荷重的金属车厢和装在轴上的 4～6 个气胎组成。碾压时在金属车厢内加载,并同时将气胎充气至设计压力。

---

[1]　李宗权,苗勇,陈忠. 水利工程施工与项目管理[M]. 长春:吉林科学技术出版社,2022.

为防止气胎损坏,停工时用千斤顶将金属厢支托起来,并把胎内的气放掉。

气胎碾可根据压实土料的特性调整其内压力,使气胎对土体的压力始终保持在土料的极限强度内。通常气胎的内压力,对粘性土以$(5\sim6)\times10^5$Pa,非粘性土以$(2\sim4)\times10^5$Pa最好。平碾碾滚是刚性的,不能适应土体的变形,荷载过大就会使碾滚的接触应力超过土体的极限强度,这就限制了这类碾朝重型方向发展。气胎碾却不然,随着荷载的增加,气胎与土体的接触面增大,接触应力仍不致超过土体的极限强度。所以只要牵引力能满足要求,就不妨碍气胎碾朝重型高效方向发展。由于气胎碾既适宜于压实粘性土料,又适宜于压实非粘性土料,能做到一机多用,有利于防渗土料与坝壳土料平起同时上升,用途广泛,很有发展前途。

4.夯实机具

水利工程中常用的夯实机具有木夯、石硪、蛤蟆夯(即蛙式打夯机)等。夯实机具夯实土层时,冲击加压的作用时间短,单位压力大,但不如碾压机械压实均匀,一般用于狭窄的施工场地或碾压机具难以施工的部位。

夯板可以吊装在去掉土斗的挖掘机的臂杆上,借助卷扬机操纵绳索系统使夯板上升。夯击土料时将索具放松,使夯板自由下落,夯实土料,其压实铺土厚度可达1m,生产效率较高。对于大颗粒填料可用夯板夯实,其破碎率比用碾压机械压实大得多。为了提高夯实效果,适应夯实土料特性,在夯击粘性土料或略受冰冻的土料时,还可将夯板装上羊脚,即成羊脚夯。

夯板的尺寸与铺土厚度 h 密切相关。在夯击作用下,土层沿垂直方向应力的分布随夯板短边 b 的尺寸而变化。当 b=h 时,底层应力与表层应力之比为 0.965;当 b=0.5h 时,底层应力与表层应力比为 0.473。若夯板尺寸不变,表层和底层的应力差值随铺土厚度增加而增加。差值越大,压实后的土层竖向密度越不均匀。故选择夯板尺寸时,尽可能使夯板的短边尺寸接近或略大于铺土厚度。夯板工作时,机身在压实地段中部后退移动,随夯板臂杆的回转,土料被夯实的夯迹呈扇形。为避免漏夯,夯迹与夯迹之间要套夯,其重叠宽度为 10~15cm,夯迹排与排之间也要搭接相同的宽度。为充分发挥夯板的工作效率,避免前后排套压过多,夯板的工作转角以不大于 80°~90°为宜。

选择压实机具时,主要依据土石料性质(粘性或非粘性、颗粒级配、含水量等)、压实指标、工程量、施工强度、工作面大小以及施工强度等。在不超过土石料极限强度的条件下,宜选用较重型的压实机具,以获得较高的生产率和较好的压实效果。

二、堤身填筑与砌筑

(一)填筑作业要求

(1)地面起伏不平时按水平分层由低处开始逐层填筑,不得顺坡铺填。堤防横断面上的地面坡度陡于 1∶5 时,应将地面坡度削至缓于 1∶5。

(2)分段作业面的最小长度不应小于100m,人工施工时作业面段长可适当减短。相邻施工段作业面宜均衡上升,若段与段之间不可避免出现高差时,应以斜坡面相接。分段填筑应设立标志,上下层的分段接缝位置应错开。

(3)在软土堤基上筑堤或采用较高含水量土料填筑堤身时,应严格控制施工速度,必要时在堤基,坡面设置沉降和位移观测点进行控制。如堤身两侧设计有压载平台时,堤身与压载平台应按设计断面同步分层填筑。

(4)采用光面碾压实粘性土时,在新层铺料前应对压光层面做刨毛处理;在填筑层检验合格后因故未及时碾压或经过雨淋、暴晒使表面出现疏松层时,复工前应采取复压等措施进行处理。

(5)施工中若发现局部"弹簧土",层间光面、层间中空,松土层或剪切破坏等现象时应及时处理,并经检验合格后方准铺填新土。

(6)施工中应协调好观测设备安装埋设和测量工作的实施;已埋设的观测设备和测量标志应保护完好。

(7)对占压堤身断面的上堤临时坡道做补缺口处理时,应将已板结的老土刨松,并与新铺土一起按填筑要求分层压实。

(8)堤身全断面填筑完成后,应做整坡压实及削坡处理,并对堤身两侧护堤地面的坑洼进行铺填和整平。

(9)对老堤进行加高培厚处理时,必须清除结合部位的各种杂物,并将老堤坡挖成台阶状,再分层填筑。

(10)粘性土填筑面在下雨时不宜行走践踏,不允许车辆通行。雨后恢复施工,填筑面应经晾晒、复压处理,必要时应对表层再次进行清理。

(11)土堤不宜在负温下施工。如施工现场具备可靠保温措施,允许在气温不低于−10℃的情况下施工。施工时应取正温土料,土料压实时的气温必须在−1℃以上,装土、铺土、碾压、取样等工序快速连续作业。要求粘性土含水量不得大于塑限的90%,砂料含水量不得大于 4%,铺土厚度应比常规要求适当减薄,或采用重型机械碾压。

(二)铺料作业要求

(1)应按设计要求将土料铺至规定部位,严禁将砂(砾)料或其他透水料与粘性土料混杂,上堤土料中的杂质应予以清除;如设计无特别规定,铺筑应平行堤轴线顺次进行。

(2)土料或砾质土可采用进占法或后退法卸料;砂砾料宜用后退法卸料;砂砾料或砾质土卸料如发生颗粒分离现象时,应采取措施将其拌和均匀。

(3)铺料厚度和土块直径的限制尺寸,宜通过碾压试验确定。

(4)铺料至堤边时,应比设计边线超填出一定余量:人工铺料宜为 10cm,机械铺料宜为 30cm。

(三)压实作业要求

施工前应先做现场碾压试验,验证碾压质量能否达到设计压实度值。若已有相似施工条件的碾压经验时,也可参考使用。

(1)碾压施工应符合下列规定:碾压机械行走方向应平行于堤轴线;分段、分片碾压时,相邻作业面的碾压搭接宽度:平行堤轴线方向的宽度不应小于 0.5m;垂直堤轴线方向的宽度不应小于 2m;拖拉机带碾或振动碾压实作业时,宜采用进退错距法,碾迹搭压宽度应大于 10cm;铲运机兼作压实机械时,宜采用轨迹排压法,轨迹应搭压轮宽的 1/3;机械碾压应控制行车速度,以不超过下列规定为宜:平碾为 2km/h,振动碾为 2km/h,铲运机为 2 挡。

(2)机械碾压不到的部位,应辅以夯具夯实,夯实时应采用连环套打法,夯迹双向套压,夯压夯 1/3,行压行 1/3;分段、分片夯实时,夯迹搭压宽度应不小于 1/3 夯径。

(3)砂砾料压实时,洒水量宜为填筑方量的 20%～40%;中细砂压实的洒水量,宜按最优含水量控制;压实作业宜用履带式拖拉机带平碾、振动碾或气胎碾施工。

(4)当已铺土料表面在压实前被晒干时,应采用铲除或洒水湿润等方法进行处理;雨前应将堤面做成中间稍高两侧微倾的状态并及时压实。

(5)在土堤斜坡结合面上铺筑施工时,要控制好结合面土料的含水量,边刨毛,边铺土,边压实。进行垂直堤轴线的堤身接缝碾压时,须跨缝搭接碾压,其搭压宽度不小于 2.0cm。

(四)堤身与建筑物接合部施工

土堤与刚性建筑物如涵闸、堤内埋管、混凝土防渗墙等相接时,施工应符合下列要求。

（1）建筑物周边回填土方,宜在建筑物强度分别达到设计强度的 50%～70%情况下施工。

（2）填土前,应清除建筑物表面的乳皮,粉尘及油污等;对表面的外露铁件(如模板对销螺栓等)宜割除,必要时对铁件残余露头需用水泥砂浆覆盖保护。

（3）填筑时,须先将建筑物表面湿润,边涂泥浆、边铺土、边夯实;涂浆高度应与铺土厚度一致,涂层厚宜为 3～5mm,并应与下部涂层衔接;不允许泥浆干涸后再铺土和夯实。

（4）制备泥浆应采用塑性指数 I＞17 的黏土,泥浆的浓度可用 1∶2.5～1∶3.0（土水重量比）。

（5）建筑物两侧填土,应保持均衡上升;贴边填筑宜用夯具夯实,铺土层厚度宜为 15～20cm。

（五）土工合成材料填筑要求

工程中常用到土工合成材料,如编织型土工织物、土工网、土工格栅等,施工时按以下要求控制。

（1）筋材铺放基面应平整,筋材垂直堤轴线方向铺展,长度按设计要求裁制。

（2）筋材一般不宜有拼接缝。如筋材必须拼接时,应按不同情况区别对待:编织型筋材接头的搭接长度,不宜小于 15cm,以细尼龙线双道缝合,并满足抗拉要求;土工网、土工格栅接头的搭接长度,不宜小于 5cm(土工格栅至少搭接一个方格),并以细尼龙绳在连接处绑扎牢固。

（3）铺放筋材不允许有褶皱,并尽量用人工拉紧,以 U 形钉定位于填筑土面上,填土时不得发生移动。填土前如发现筋材有破损、裂纹等质量问题,应及时修补或做更换处理。

（4）筋材上面可按规定层厚铺土,但施工机械与筋材间的填土厚度不应小于 15cm。

（5）加筋土堤压实,宜用平碾或气胎碾,但在极软地基上筑加筋土堤时,开始填筑的二、三层宜用推土机或装载机铺土压实,当填筑层厚度大于 0.6m 后,方可按常规方法碾压。

（6）加筋土堤施工时,最初二、三层填筑应遵照以下原则:在极软地基上作业时,宜先由堤脚两侧开始填筑,然后逐渐向堤中心扩展,在平面上呈"凹"字形向前推进;在一般地基上作业时,宜先从堤中心开始填筑,然后逐渐向两侧堤脚对称扩展,在平面上呈"凸"字形向前推进;随后逐层填筑时,可按常规方法进行。

第六章　爆破工程施工技术

第一节　工程爆破基本理论

一、爆破的基本理论

(一)爆炸与爆破

1.基本定义

炸药爆炸属于化学反应,它是指炸药在一定起爆能(撞击、点火、高温等)的作用下,在瞬时发生化学分解,产生高温、高压气体,对相邻的介质产生极大的冲击压力,并以波的形式向四周传播。若在空气中传播,称为空气冲击波;若在岩土中传播,则称为地震波。

爆破是一种有目的的爆炸。它主要利用炸药爆炸瞬时释放的能量,使介质压缩、松动、破碎或抛掷等,以达到开挖或拆毁的目的。冲击波通过介质产生应力波,如果介质为岩土,当产生的压应力大于岩土的抗压极限强度时,岩土被粉碎或压缩,当产生的拉应力大于岩土的抗拉极限强度时,岩土产生裂缝,爆炸气体的气刃效应则产生扩缝作用。

2.炸药爆炸的基本条件

炸药爆炸必须满足三个基本条件,即变化过程释放大量的热、反应过程的高速度和生成大量气体产物。这是构成炸药爆炸的必要条件,缺一不可,亦称为炸药爆炸的三要素。

(1)变化过程释放大量的热

爆炸变化过程释放出大量的热能是产生炸药爆炸的首要条件。[①] 热量是炸药做功的能源,同时,如果没有足够的热量放出,化学变化本身不能供给继续变化所需的能量,化学变化就不可能自行传播,爆炸也就不能产生。例如硝酸铵的分解反应,在

---

① 汪旭光,于亚伦.台阶爆破[M]. 北京:冶金工业出版社,2017.

常温下的分解是吸热反应,不能发生爆炸;但加热到 200℃ 左右时,分解为放热反应,如果放出的热量不能及时散发,温度就会不断上升,促使反应速度不断加快和放出更多的热量,最终就会引起硝酸铵的燃烧和爆炸。

(2)变化过程必须是高速的

爆炸反应过程与通常化学反应过程的一个突出区别就是它的高速度只有高速的化学反应,才能在极短的时间内,形成大量的高温高压气体,且使高温高压气体迅速向四周膨胀做功,产生爆炸现象。

(3)变化过程生成大量气体产物

爆炸产生的气体,在爆炸瞬间处于强烈的压缩状态,因而形成很高的势能该势能在气体膨胀过程中对周围介质做功,迅速转变为机械能,使得周围介质(如岩石)破碎并运动。如果反应产物不是气体而是液体或固体,即使是放热反应,也不会形成爆炸现象。

3.炸药化学变化的基本形式

在外界能量的作用下,炸药化学变化可能以不同速度进行传播,同时在其变化性质上也有很大的区别。按照其传播性质和速度的不同,可将炸药化学变化的基本形式分为四种,即热分解、燃烧、爆炸和爆轰。

(1)热分解

炸药和其他物质一样,在常温下也会进行分解作用,但它是一种缓慢的化学变化,不会形成爆炸。其特点是化学变化的反应速度与环境温度有关:当温度升高时,分解速度加快,温度继续升高到某一定值(爆发点)时,热分解就能转化为爆炸心。

(2)燃烧

燃烧是伴随有发光、发热的一种剧烈氧化反应。与其他可燃物一样,炸药在一定条件下也会燃烧,不同的是炸药的燃烧不需要外界提供氧,炸药可以在无氧环境中正常燃烧与缓慢分解不同,炸药的燃烧过程只是在炸药局部区域内进行并在炸药内传播在一定条件下,绝大多数炸药能够稳定地燃烧而不爆炸。若燃烧速度保持定值,不发生波动,称为稳定燃烧,否则称为不稳定燃烧。不稳定燃烧可导致燃烧的熄灭、振荡或转变为爆炸。

(3)爆炸

与燃烧相比较,爆炸在传播形态上有着本质区别。燃烧通过热传导来传递能量和激起化学反应,受环境条件影响较大。爆炸则是借助于压缩冲击波的作用来传递能量和激起化学反应,受环境影响较小。一般来说,爆炸过程很不稳定,不是过渡到更大爆速的爆轰,就是衰减到很小爆速的爆燃直至熄灭。爆炸是炸药化学反应过程中的一种过渡形式。

(4)爆轰

炸药以最大稳定的爆速进行传播的过程叫作爆轰。它是炸药所特有的化学变化形式,与外界的压力、温度等条件无关。爆轰是炸药爆炸的最高形式,在给定的条件下,爆轰速度为常数。在爆轰条件下,炸药具有最大的破坏作用。

爆炸与爆轰并无本质的区别,只是传播速度不同而已。爆轰的传播速度是恒定的,爆炸的传播速度是可变的。

炸药化学变化的四种基本形式在性质上虽有不同之处,但它们之间却有着密切的联系,在一定条件下可以互相转化。

炸药的热分解在一定条件下可以转变为燃烧,而炸药的燃烧随温度和压力的增加又可能转变为爆炸,直至过渡到稳定的爆轰。这种转变所需的外界条件是至关重要的,因此分析了解炸药化学变化的不同形式,针对各种不同的实际情况,有目的地控制外界条件,充分利用炸药能量,使其发挥最大作用。

(二)炸药的起爆与感度

1. 炸药的起爆与起爆能

炸药是一种相对稳定的平衡系统,要使其发生爆炸变化必须由外界施加一定的能量。通常将外界施加给炸药某一局部而引起炸药爆炸的能量称为起爆能,而引起炸药发生爆炸的过程称为起爆。

引起炸药爆炸的原因可以归纳为两个方面——内因与外因。从内因看,是由于炸药分子结构的不同所引起的,也就是说,炸药本身的化学性质和物理性质决定着该炸药对外界作用的选择能力。吸收外界作用能量比较强、分子结构比较脆弱的炸药就容易起爆,否则起爆就比较困难。例如,碘化氮只要用羽毛轻轻触及就可以引起爆炸,而硝酸铵要用几十克甚至数百克梯恩梯才能引爆。

所谓外因系指起爆能。由于外部作用的形式不同,其起爆能通常有以下三种形式。

(1)热能

利用加热的形式使炸药形成爆炸。能够引起炸药爆炸的加热温度,称为起爆温度。热能是最基本的一种起爆能,在以往的爆破作业中,利用导火索引爆火雷管,就是热能引爆的一个例子。

（2）机械能

通过机械作用使炸药爆炸,其机械作用的方式一般有撞击、摩擦、针刺、枪击等。机械作用引起爆炸的实质是在瞬间将机械能转化为热能,从而使局部炸药达到起爆温度而爆炸。

在工程爆破中,很少利用机械能进行起爆,但是在炸药生产、储存、运输和使用过程中,应该注意防止因机械能引起意外的爆炸事故。

（3）爆炸能

这是工程爆破中最广泛应用的一种起爆能。顾名思义,它是利用某些炸药的爆炸能来起爆另外一些炸药。例如:在爆破作业中,利用雷管爆炸、导爆索爆炸和中继起爆药包爆炸来起爆炸药包等。

2.炸药的感度

炸药在外界能量作用下,发生爆炸反应的难易程度称为炸药感度。炸药感度与所需的起爆能成反比,即炸药爆炸所需的起爆能愈小,该炸药的感度愈大,按照外部作用形式,炸药的感度有热感度、机械感度和爆轰感度之分。

（1）炸药的热感度

炸药在热能的作用下发生爆炸的难易程度称为热感度,通常以爆发点和火焰感度等表示。

①炸药的爆发点。炸药的爆发点是指使炸药在一定的受热条件下,经过一定的延滞期（5min）,发生爆炸时加热介质的最低温度。这一温度并不是炸药爆炸时炸药本身的温度,也不是炸药开始分解时本身的温度,而是指炸药分解自行加速开始时的环境温度。爆发点越高,则表示炸药的热感度越低。通常采用爆发点测定器来测定炸药的爆发点。

②炸药的火焰感度。炸药在明火（火焰、火星）作用下,发生爆炸变化的能力称为炸药的火焰感度。实践表明,在非密闭状态下,黑火药与猛炸药用火焰点燃时通常只能发生不同程度的燃烧变化,而起爆药却往往表现为爆炸。根据火焰感度的不同,使人们据此选择使用不同炸药,以满足不同的需要。

（2）炸药的机械感度

炸药的机械感度是指炸药在撞击、摩擦等机械作用下发生爆炸的难易程度,包括撞击感度和摩擦感度。它通常用爆炸概率法来测定。

①炸药的撞击感度。是指炸药在机械撞击作用下发生爆炸的难易程度,它是炸药最重要的感度指标之一。测定撞击感度最常用的仪器是立式落锤仪。

②炸药的摩擦感度。炸药的摩擦感度系指在机械摩擦作用下炸药发生爆炸的难易程度。测定炸药摩擦感度常用的仪器是摆式摩擦仪。

（3）炸药的爆轰感度

炸药的爆轰感度系用来表示一种炸药在其他炸药的爆炸作用下发生爆炸的难易程度。它一般用极限起爆药量表示。所谓极限起爆药量，系指引起炸药完全爆炸的最小起爆药量。

毋庸置疑，炸药的感度是一个很重要的问题，在炸药的生产、运输、储存和使用过程中要给予足够的重视。对于敏感度高的炸药，要有针对性地采取预防措施；而对于敏感度低的炸药，特别是起爆感度低的炸药，在工程爆破使用中要注意选用合适的起爆药包。

（三）炸药的氧平衡

从元素组成来说，炸药通常是由碳（C）、氢（H）、氧（O）、氮（N）四种元素组成的。其中碳、氢是可燃元素，氧是助燃元素，炸药是一种载氧体。炸药的爆炸过程实质上是可燃元素与助燃元素发生极其迅速和猛烈的氧化还原反应的过程。反应结果是氧和碳化合生成二氧化碳（CO_2）或一氧化碳（CO），氢和氧化合生成水（H_2O），这两种反应都放出了大量的热。每种炸药里都含有一定数量的碳、氢原子，也含有一定数量的氧原子，发生反应时就会出现碳、氢、氧的数量不完全匹配的情况。氧平衡就是衡量炸药中所含的氧与将可燃元素完全氧化所需要的氧两者是否平衡。所谓完全氧化，即碳原子完全氧化生成二氧化碳，氢原子完全氧化生成水。根据所含氧的多少，可以将炸药的氧平衡分为下列三种不同的情况。

1. 零氧平衡
零氧平衡指炸药中所含的氧刚好够将可燃元素完全氧化。

2. 正氧平衡
正氧平衡指炸药中所含的氧将可燃元素完全氧化后还有剩余。

3. 负氧平衡
负氧平衡指炸药中所含的氧不足以将可燃元素完全氧化。实践表明，只有当炸药中的碳和氢都被氧化成 CO_2 和 H_2O 时，其放出的热量才最大。零氧平衡一般接近于这种情况。负氧平衡的炸药，爆炸产物中就会有 CO、H_2，甚至会出现固体碳；而正氧平衡炸药的爆炸产物，则会出现 NO、NO_2 等气体。后两种情况都不利于发挥炸药的最大威力，同时会生成有毒气体。如果把它们用于地下工程爆破作业，特别是含有矿尘和瓦斯爆炸危险的矿井，就更应引起注意。因为 CO、NO、N_xO_y 不仅都是有毒气体,而且能对瓦斯爆炸反应起催化作用,因此这样的炸药就不应用于地下矿井的爆破作业。

炸药的氧平衡不仅具有理论意义,而且是设计混合炸药配方、确定炸药使用范围和条件的重要依据。

(四)炸药的爆炸性能

有关炸药爆炸性能方面的内容是很多的,这里只讨论与工程爆破关系密切的一些性能,如炸药的爆速、做功能力、猛度、殉爆距离以及与其有关的沟槽效应、聚能效应等。

1.爆速

爆轰波在炸药药柱中的传播速度称为爆轰速度,简称为爆速,通常以 m/s 或 km/s 表示。

炸药的爆速与炸药爆炸化学反应速度是本质不同的两个概念。爆速是爆轰波阵面一层一层地沿炸药药柱传播的速度,而爆炸化学反应速度是指单位时间内反应完的物质的质量,其度量单位是 g/s。

2.猛度

炸药的猛度系指爆炸瞬间爆轰波和爆炸气体产物直接对与之接触的固体介质局部产生破碎的能力。猛度的大小主要取决于爆速,爆速愈高,猛度愈大,岩石被粉碎得越厉害。炸药猛度的实测方法一般采用铅柱压缩法。

3.殉爆距离

一个药包(卷)爆炸后,引起与它不相接触的邻近药包(卷)爆炸的现象,称为殉爆。殉爆在一定程度上反映了炸药对冲击波的敏感度。通常将先爆炸的药包称为主发药包,被引爆的后一个药包称为被发药包。前者引爆后者的最大距离叫作殉爆距离,它表示一种炸药的殉爆能力。在工程爆破中,殉爆距离对于检验炸药质量和合理布置孔网参数等都具有指导意义。在炸药厂和危险品库房的设计中,它又是确定安全距离的重要依据。

4.沟槽效应

沟槽效应,也称管道效应、间隙效应,即当药卷与炮孔壁间存有月牙形间隙时,炸药药柱所出现的自抑制—能量逐渐衰减直至拒爆的现象。实践表明,在小直径炮孔爆破作业中尤其是地下爆破中,这种效应普遍存在,是影响爆破质量的重要因素之一。

采用下列技术措施可以减小或消除沟槽效应,改善爆破效果。

(1)采用耦合散装炸药消除径向间隙,可以从根本上克服沟槽效应。

(2)沿药卷全长布设导爆索,可以有效地起爆炮眼内的细长排列的所有药卷。

(3)每装数个药包后,装一个能填实炮孔的大直径药包,以阻止空气冲击波或等离子体的超前传播。

(4)给药卷套上由硬纸板或其他材料做成的隔环,将间隙隔断,以阻止间隙内空气冲击波的传播或削弱其强度。

(5)采用化学技术,选用不同的药卷包装涂覆物,如柏油沥青、石蜡、蜂蜡等,可以削弱或消除沟槽效应。

(6)采用散装技术,使炸药全部充填炮孔不留间隙,或采用临界值小的炸药。

5.聚能效应

炸药爆炸后其爆轰产物运动方向具有与药包外表面垂直或大致垂直这一基本规律,利用这一规律将药包制成特殊形状(如半球面空穴状、锥形空穴状等),炸药爆炸后,爆轰产物向空穴的轴线方向上汇集,并产生增强破坏作用的效应称为聚能效应。能产生聚能效应的装药称为聚能装药。

二、炸药在岩石中的爆炸作用范围

装药中心距固体介质自由表面的最短距离称为最小抵抗线,通常用来表示。对一定量的装药来说,若其 W 超过某一临界值 W_c,即 $W > W_c$,则当装药爆炸后,在自由表面上不会看到爆破的迹象,也就是说,装药的破坏作用仅限于固体介质内部,未能到达自由面此种情况可视为装药在无限介质中爆炸。

假设岩石为均匀介质,当爆破在无限均匀的理想介质中进行时,冲击波以药包中心为球心,呈同心球向四周传播。由于各向同性介质的阻尼作用,随着距球心距离的增大,冲击压力波逐渐衰退,直至全部消逝。

(一)压碎圈(粉碎圈)

爆炸冲击波产生的压应力大于岩土的压限时,紧邻药包的介质若为塑性体(土体),将受到压缩,形成一空腔;若为脆性体(岩体),将遭粉碎,形成粉碎圈,相应半径为压缩半径或粉碎半径在压碎区内,岩石被强烈粉碎并产生较大的塑性变形。

(二)破坏圈(裂隙圈)

当冲击波通过压碎区后,继续向外层岩石中传播。由于冲击波逐渐衰减,该圈爆炸冲击波产生的压应力小于岩土的压限,但爆炸冲击波产生的环向拉应力和在波阵面上产生的切向拉应力大于岩土的拉限时,将分别引起径向裂缝和弧状裂缝,紧随其后的爆炸气体产生扩缝作用,岩土被破坏。裂隙圈半径为治,破坏圈包括抛掷圈和松动圈。

(三)震动圈

震动圈内的岩石介质没有任何破坏,只发生震动,其强度随距爆炸中心的距离增大而逐渐减弱,以致完全消失。

以上各圈只是为说明爆破作用而划分的,并无明显界限,其作用半径的大小与炸药特性、炸药用量、药包结构、爆炸方式以及介质特性等密切相关。

第二节　爆破器材与起爆方法

一、爆破器材

我们通常所讲的爆破器材是指民用爆破器材——用于非军事目的的各种炸药及其制品和火工品的总称,包括炸药、雷管、导爆索、导爆管和辅助器材(如起爆器、导通器等)。

(一)工业炸药

在一定条件下,能够发生快速化学反应,放出能量,生成大量气体产物,显示爆炸效应的化合物或混合物称为炸药。它不仅用于军事目的,而且广泛应用于国民经济的各个部门,通常将前者称为军用炸药,后者称为工业炸药,也称为民用炸药:它是由氧化剂、可燃剂和其他添加剂等组分按照氧平衡的原理配制,并均匀混合制成的爆炸物。

1.工业炸药的分类

炸药分类的方法很多,没有一个完全统一的标准,一般按照炸药的组成、用途等分类。

(1)按炸药的组成分类

①单质炸药。单质炸药指化学成分为单一化合物的炸药,如 TNT、黑索金、泰安、雷汞、硝化甘油等。单质炸药常用作雷管的加强药、导爆索和导爆管药芯以及混合炸药的组成等。

②混合炸药。由两种或两种以上独立的化学成分组成的爆炸性混合物。通常由硝酸铵作为主要成分与可燃物混合而成。混合炸药是目前水利水电工程开挖爆破中

应用最广、品种最多的一类炸药。

（2）按炸药的用途分类

①起爆药。主要用于制造雷管和导爆索，用以起爆其他工业炸药。起爆药的特点是极其敏感，受外界较小能量作用即发生爆炸。常用的起爆药有叠氮化铅、雷汞、二硝基重氮酚等。

②猛炸药。具有较大的稳定性，其机械感度较低，需要足够的能量才能将其引爆。工程爆破中多用雷管、导爆索等起爆器材将其引爆。常用的猛炸药有混合型工业炸药、TNT、黑索金、奥克托金等。

③发射药。又称为火药，发射药的特点是对火焰极其敏感，常用的发射药有黑火药等。

④烟火剂。基本上也是由氧化剂与可燃剂组成的混合物，其主要变化过程是燃烧。一般用来装填照明弹、信号弹、燃烧弹等。

2.常用工业炸药

常用工业炸药有铵油炸药、乳化炸药、水胶炸药、膨化硝铵炸药和其他工业炸药等。

（1）铵油炸药

铵油炸药是由硝酸铵和轻柴油等组成的混合炸药。它分为粉状铵油炸药、多孔粒状铵油炸药和改性铵油炸药等。粉状铵油炸药是由硝酸铵、柴油、木粉按照炸药爆炸零氧平衡原则配制。多孔粒状铵油炸药中，多孔粒状硝铵和轻柴油的配比为94.5%：5.5%。改性铵油炸药与铵油炸药配方基本相同，主要区别在于组分中的硝酸铵、燃料油和木粉进行了改性，使炸药的爆炸性能和储存性能明显提高。铵油炸药的主要特点有：①成分简单，原料来源充足，成本低，制造使用安全。②感度低，起爆较困难。③铵油炸药吸潮及固结的趋势较为强烈。

（2）乳化炸药

乳化炸药指采用乳化技术制备的油包水乳胶型抗水工业炸药。乳化炸药的主要特点：①密度可调范围较宽（$0.8\sim1.45\text{g/cm}^3$），可根据工程实际需要制成不同密度的品种。②爆速和猛度较高，爆速可达 $4000\sim5200\text{m/s}$，猛度可达 $17\sim20\text{mm}$。③抗水性能强。④起爆感度高，乳化炸药通常可用 8 号雷管起爆。

（3）水胶炸药

水胶炸药是一种凝胶状含水炸药。它的优点是：爆破反应较安全；能量释放系数高，威力大；抗水性好；爆炸后有毒气体生成量少；储存稳定性好；规格品种多。缺点是：不耐压、不耐冻；易受外界条件影响而失水解体，影响炸药性能；原材料成本较高，炸药价格较贵。

（4）膨化硝铵炸药

膨化硝铵炸药是指用膨化硝酸铵作为炸药氧化剂的一系列粉状硝铵炸药。[①] 它的关键技术是硝酸铵的膨化、敏化改性。它有岩石膨化硝酸铵炸药、露天膨化硝酸铵炸药、煤矿膨化硝酸铵炸药、抗水膨化硝酸铵炸药等。

（5）其他工业炸药

单质炸药：梯恩梯、黑索金、泰安、奥克托金。

低爆速炸药：爆速在 1500～2000m/s，用于爆炸加工等。

（二）起爆器材

工程爆破所使用的炸药均是由起爆器材引爆的，合理选择起爆器材，才能获得满意的爆破效果。随着科学技术的不断进步和从劳动保护、安全等要求考虑，我国已经淘汰导火索和火雷管，这里只介绍水利水电工程中常用的起爆器材。

1.工业雷管

工业雷管按其每发装药量多少分为 10 个等级，号数越大，其雷管内装药越多，雷管的起爆能力越强。工程爆破中常采用 8 号雷管，其装药量为 0.8g。

工程爆破中常用的工业雷管有电雷管、导爆管雷管等。电雷管又有普通电雷管、磁电雷管、数码电雷管。在普通电雷管中又有瞬发电雷管、秒与半秒延期电雷管、毫秒延期电雷管等品种数码电子雷管和磁电雷管是新近发展起来的新品种，代表着工业雷管的发展方向。

（1）电雷管

电雷管是指利用电能发火引爆的一种工业雷管。电雷管按通电后起爆时间不同以及是否允许用于有瓦斯或煤尘爆炸危险的作业面分为好多种类，电雷管结构主要由管壳、电点火系统、加强帽、起爆药和猛炸药五部分组成延期电雷管还有延期体原件。

（2）导爆管雷管

导爆管雷管是指利用塑料导爆管传递的冲击波能直接起爆的雷管——由导爆管和雷管组装而成。导爆管雷管具有抗静电、抗雷电、抗射频、抗水、抗杂散电流的能

---

① 谢旭阳，王云海，梅国栋，等.地下矿山炮烟中毒窒息防治技术［M］.北京：煤炭工业出版社，2015.

力,使用安全可靠,简单易行,在水利水电工程中广泛应用。一般按延期时间分为毫秒延期导爆管、1/4 秒延期导爆管、半秒延期导爆管、秒延期导爆管等,工程中应用最广的是毫秒延期导爆管。

（3）数码电子雷管

数码电子雷管是指在原有雷管装药的基础上,采用具有电子延时功能的专用集成电路芯片实现延时的电子雷管。利用电子延期精准可靠、可校准的特点,使雷管延期精度和可靠性极大提高,数码电子雷管的延期误差可控制到±1ms,且延期时间可在爆破现场由爆破技术人员对爆破系统实施编程设定和检测。

2.导爆索

导爆索又称传爆线,是指用单质炸药黑索金或泰安炸药作为药芯,用棉麻、纤维及防潮材料包缠成索装的起爆及传爆材料,工业导爆索外观颜色一般为红色。经雷管引爆后,导爆索可直接引爆炸药、塑料导爆管及其他导爆索,也可作为单独的爆破能源。水利水电工程中的预裂及光面爆破均采用导爆索来传爆炸药。

二、起爆方法

在工程爆破施工中,引爆药包中的工业炸药有两种方法:一种是通过雷管的爆炸起爆工业炸药;一种是用导爆索爆炸产生的能量去引爆工业炸药,而导爆索本身需要先用雷管将其引爆。

按雷管的点燃方法不同,起爆方法包括火雷管起爆法、电雷管起爆法、导爆管雷管起爆法。

火雷管起爆法由导火索传递火焰点燃火雷管,是工程爆破中最早使用的起爆方法。火雷管起爆法由于需要在工作面点火,安全性差,一次起爆能力小,不能精确控制起爆时间,因此我国已决定停止生产民用导火索及火雷管。

导爆管雷管起爆法利用导爆管传递爆轰波点燃雷管,也称导爆管起爆法;电雷管起爆法采用电引火装置点燃雷管,故也称电力起爆法;与雷管起爆法相对应,导爆索起爆炸药称为导爆索起爆法;与电力起爆法相对应,将导爆管起爆法和导爆索起爆法又统称为非电起爆法。

根据起爆方法的不同,起爆网路分为电力起爆网路、导爆管起爆网路、导爆索起爆网路三种,后两种又称为非电起爆网路。工程实践中,有时根据施工条件和要求采用由上述不同起爆网路组成的混合起爆网路。

(一)电力起爆法与电爆网路

电力起爆法(俗称电起爆法)是利用电能引爆电雷管进而直接起爆工业炸药的起爆方法。构成电起爆法的器材有电雷管、导线、起爆电源和测量仪表。

1.电雷管的主要参数

(1)电雷管电阻

电雷管电阻是指桥丝电阻和导线电阻之和。电雷管在使用前,应该测定每发电雷管的电阻值。同一电爆网路中应使用同厂、同批、同型号的电雷管,电雷管的电阻值差不得大于说明书的规定。

电雷管电阻值测量和电爆网路导通,只能使用专用爆破电桥或导通器,电阻测量仪的测量电流不得大于 30mA。

(2)安全电流

安全电流指给单发电雷管通以恒定直流电,通电时间 5min,受试电雷管均不会起爆的电流值当直流电值超过安全电流时,雷管就可能爆炸,故安全电流也称最高安全电流。

(3)最小发火电流

试验中按通电时间为 30ms 时发火概率为 99.99％的电流值作为最小发火电流,也称为最低准爆电流,它反映了电雷管在引爆时的敏感度指标。国产电雷管的最小发火电流不大于 0.45A。

2.电力起爆网路

电爆网路设计时,要根据需要起爆的电雷管数目和爆破作用类型,选择正确的电爆网路形式,确定所需起爆电源的电压或功率,使得流经每个电雷管的电流值不得小于爆破安全规程规定的准爆电流值。在工程实践中,规定电爆网路中通过每发电雷管的电流值,对一般爆破,直流电不小于 2A,交流电不小于 2.5A;对洞室爆破,直流电不小于 2.5A,交流电不小于 4A。

电爆网路包括串联、并联和混合联三种基本形式。一般来讲,串联网路用于电雷管数目少的小规模爆破;并联网路仅用于某些特殊情况;混合联网路适用于雷管数目很大的爆破。

(1)串联电爆网路

串联电爆网路与串联电路一样,它是将所有要起爆的电雷管脚线依次连接。串联网路的总电阻等于所有电雷管电阻值之和加上母线和连接线的电阻,即

$$R = R_1 + R_2 + nr$$

式中,R——总电阻,Ω;

R_1、R_2——母线和连接线电阻值,Ω;

n——电雷管个数;

r——单个电雷管的电阻值,Ω。

利用欧姆定律,确定所需最小起爆电压:

$$U = i_{准} R$$

式中,U——最小起爆电压,V;

$i_{准}$——准爆电流,A。

串联电爆网路操作简便,用仪表检查也很方便,很容易检测网路故障,整个网路所需总电流小,在小规模爆破中被广泛应用。但在串联网路中,一旦其中任何一个雷管发生故障,则整个网路拒爆;受电源电压的限制,一次起爆的雷管数不多。

(2)并联起爆网路

并联起爆网路连接简单,不易造成混乱。并联电爆网路的最大优点是网路中每个雷管都能获得较大的电流,起爆可靠性较高。但并联起爆网路所需的电流强度较大,雷管数量多时,往往超过电源的容许能量。此外,并联网路用仪表检查漏接比较困难。

(3)混合联电爆网路

混合联电爆网路有串并联和并串联两种基本形式。串并联就是将若干电雷管先串联成组,再将各串联组并联的网路;并串联是将若干电雷管并联成组,然后串联的网路。混合联网路常常在规模较大的爆破中使用。

(二)导爆索起爆法

导爆索起爆法是利用导爆索爆炸产生的能量引爆炸药的起爆方法。用导爆索组成的起爆网路可以起爆群药包,但导爆索本身需要雷管先将其引爆。

1.导爆索的连接方法

导爆索起爆网路的形式比较简单,无须计算,只要合理安排起爆顺序即可。导爆索传递爆轰波的能力具有方向性,因此在连接网路时必须使每一支线的接头迎着主线的传播方向,支线与主线传播方向的夹角应小于90°。支线与主干线的连接一般采用搭接法。搭接时,两根导爆索的长度不得小于15cm,中间不得加有异物和炸药卷,绑扎应牢固;导爆索本身的接长,可采用扭结或顺手结;为使支线导爆索可同时接受两个方向传来的爆轰波,支线与主线间采用三角形接法。

2.导爆索起爆网路

导爆索起爆网路由主干线、支线和继爆管(或导爆管雷管)等组成。常用的导爆索起爆网路可分为齐发起爆网路和微差起爆网路。

(1)齐发起爆网路

齐发起爆网路是指采用一条主干线同时起爆的网路。一般在规模较小、不存在爆破振动要求及一些地质结构不适用微差爆破的情况下,选择齐发起爆网路。

(2)微差起爆网路

微差起爆网路包括"继爆管—导爆索微差起爆网路"和"导爆管雷管—导爆索微差起爆网路"就是将继爆管或导爆管雷管直接接在按预定时间间隔实行顺序起爆的各个炮孔或各组炮孔之间的支线上,形成微差起爆网路。

导爆索起爆网路的优点是安全性好,传播可靠,操作简单,使用方便,可以实现成组深孔或药室同时起爆,并能实现总延时时间不长的微差爆破。其主要缺点是成本高,网路不能用仪表检查,在露天爆破时噪声大。导爆索起爆网路适用于深孔、洞室、预裂和光面爆破中。

(3)导爆索的起爆

导爆索本身的起爆需要先用雷管将其起爆,为了起爆可靠,一般采用两个雷管。雷管与导爆索连接时,应将两个雷管顺着导爆索并排放置,且雷管的聚能穴端必须朝向导爆索的传播方向,然后用电工胶布将它们牢固地捆绑在一起,确保雷管与导爆索之间紧密接触。

(三)导爆管雷管起爆法

导爆管雷管起爆法是利用导爆管传递冲击波点燃雷管,进而直接或通过导爆索起爆工业炸药的方法。

1.导爆管雷管起爆法的特点

导爆管起爆法可以在有电干扰的环境下进行操作,联网时不会因通信电网、高压电网、静电等杂散电流的干扰引起早爆、误爆事故,安全性较高;一般情况下导爆管起爆网路起爆的药包数量不受限制。网路也不必要进行复杂的计算;导爆管起爆方法灵活、形式多样,可以实现多段延时起爆。导爆管网路连接操作简单,检查方便;导爆管传播过程中声音小,没有破坏作用。而导爆管网路的缺点是没有检查网路是否通顺的有效手段,而导爆管本身的缺陷、操作中的失误和对其轻微的损伤都有可能引起网路的拒爆。因而在工程爆破中采用导爆管起爆网路,除必须采用合格的导爆管、连接件、雷管等组件外,还应注重网路的布置,提高网路的可靠性,重视网路的操作和检查,在有瓦斯或矿尘爆炸危险的场所不能使用导爆管起爆。

2.导爆管起爆法的连接方式

(1)簇联法

簇联法是将炮孔内引出的导爆管分成若干束,每束导爆管捆联在一个(或多个)导爆管传播雷管上,再将导爆管传播雷管集束捆联到上一级传播雷管上,直至用一发或一组起爆雷管击发即可将整个网路起爆。

(2)并串联连接法

并串联连接法是从击发点出来的爆轰波通过导爆管、传播元件或分流式连接元件逐级传递下去引爆装在药包中的导爆管雷管,使网路中的药包起爆的方法。

3.导爆管起爆网路的基本形式

以分段方法来区分导爆管起爆网路,可分为孔内延时起爆网路与接力起爆网路两类。

(1)孔内延时起爆网路

所谓孔内延时起爆网路,是指网络中各个炮孔内的起爆雷管采用不同段别的延时雷管,依序起爆的微差起爆网路。该网路中,炮孔间的微差爆破作用由孔内延期起爆雷管的段别所决定,而在网路中炮孔外的传播元件仅起传播作用,不起延时作用。

(2)接力起爆网路

接力起爆网路包括孔外延时、孔内孔外同时延时两种网路。

与孔内延时起爆网路相反,接力式起爆网路中所有的传播元件均采用毫秒延期雷管进行微差延时,炮孔内采用相同段别或不同段别的延期雷管以及导爆索作为起爆元件。该网路中的传播元件不只是单一传播作用,更重要的是进行微差延时积累,达到微差起爆目的。在工程爆破施工实践中,要根据实际情况进行爆破网路设计。

第三节　爆破基本方法

工程爆破的基本方法有露天台阶爆破、洞室爆破和药壶爆破等。露天台阶爆破又分为深孔台阶爆破和浅孔台阶爆破,也是工程实践中最常用的爆破方法。实际施工中采取何种爆破方法取决于工程规模、地形地质条件、开挖强度和施工条件等。

一、露天深孔台阶爆破

露天台阶爆破是在地面上以台阶形式推进的爆破方法。台阶爆破按照孔深、孔径的不同,分为深孔台阶爆破和浅孔台阶爆破,通常将炮孔直径大于 50mm、孔深大于 5m 的台阶爆破统称为深孔台阶爆破。露天深孔爆破的钻孔形式一般分为垂直钻孔和倾斜钻孔两种露天深孔台阶爆破广泛地应用于矿山、铁路、公路和水利水电等工程。

(一)布孔形式

布孔形式有单排布孔和多排布孔。多排布孔又分为方形、矩形及三角形(梅花形)布孔三种。方形布孔具有相等的孔间距和抵抗线(排距),矩形布孔的抵抗线比孔间距小,即排距小于孔间距,梅花形布孔可取抵抗线和孔间距相等,也可以取抵抗线小于孔间距,后者更为常用。

(二)露天深孔台阶爆破参数

露天深孔台阶爆破参数包括:孔径、孔深、超钻孔深、底盘抵抗线、孔距、排距、堵塞长度和单位炸药耗量、每孔装药量等。

1.孔径

孔径主要取决于钻机类型、台阶高度及岩石性质,一般用 D 表示。国内常用的深孔直径有 76～80mm、100mm、150mm、170mm、200mm、250mm、310mm 等几种。

2.孔深 L 与超深 h

孔深是由台阶高度和超深确定的。水利水电工程中,一般部位的爆破开挖台阶高度 H 为 8～15m。

垂直孔孔深

$$L = H + h$$

超钻孔深

$$h = (0.15 \sim 0.35) W_1$$

或

$$h = (8 \sim 12) D$$

3.孔距和排距

孔距 a 是指同一排钻孔相邻两孔中心线的距离。一般按下式计算:

$$a = m W_1$$

式中字母意义同前。

排距 b 是指多排孔爆破时,相邻两排钻孔间的距离。它与孔网布置和起爆顺序等因素有关。多排孔爆破时,孔距和排距是一个相关的参数,在给定孔径条件下,每个孔都有一个合理的负担面积(S),即

$$S = ab$$

4. 堵塞长度上

合理的堵塞长度和堵塞质量,对改善爆破效果和提高炸药的利用率具有重要作用,堵塞长度一般按以下公式计算:

$$l_2 = (0.7 \sim 1.0)W_1$$

或

$$l_2 = (20 \sim 30)D$$

5. 单位炸药消耗量 q

影响单位炸药耗量的因素主要有岩石的可爆性、炸药特性、自由面条件、起爆方法和块度要求等。因此,选取合理的单位炸药耗量往往需要通过多次试验或长期生产实践来验证。

6. 每孔装药量 Q

单排孔或多排孔爆破的第一排孔的每孔装药量按下式计算:

$$Q = qaW_1 H$$

式中,q——单位炸药耗量,kg/m^3;

a——孔距,m;

H——台阶高度,m;

W_1——单排抵抗线,m。

多排孔爆破时,从第二排起,以后各排的每孔装药量按下式计算:

$$Q = kqabH$$

式中,k——考虑受前面排孔的岩石阻力作用的增加系数,$k = 1.1 \sim 1.2$;

b——排距,m;

其余符号意义同前。

二、露天浅孔台阶爆破

浅孔爆破是指孔深不超过 5m、孔径在 50mm 以下的爆破。浅孔爆破设备简单,方便灵活,工艺简单。浅孔爆破在露天小台阶采矿、沟槽基础开挖、二次破碎、边坡危石处理、石材开采、井巷掘进等工程中广泛应用。

露天浅孔台阶爆破与露天深孔台阶爆破,两者基本原理是相同的,工作面都是以台阶的形式向前推进,不同点仅仅是孔径、孔深、爆破规模等比较小。

(一)炮孔布置

浅孔爆破一般采用垂直孔,炮孔布置方式和爆破设计与深孔台阶爆破类似,只不过相应的孔网参数较小。

(二)浅孔台阶爆破参数

爆破参数应根据施工现场的具体条件和类似工程的成功经验选取,并通过实践检验修正,以取得最佳参数值。

1.炮孔直径 d

由于采用浅孔凿岩设备,孔径多为 36～42mm,药卷直径一般为 33～35mm。

2.炮孔深度 L 和超深 h

$$L=H+h$$

式中,L——孔深度,m;

H——台阶高度,m;

h——超钻孔深,m。

浅孔台阶爆破的台阶高度 H 一般不超过 5m,超深入一般取台阶高度的 10%～15%,即

$$h=(0.10～0.15)H$$

3.炮孔间距 a

一般

$$a=(1.0～2.0)W_2$$

或

$$a=(0.5～1.0)L$$

4.单位炸药耗量 q

与深孔台阶爆破相比,浅孔爆破的单位炸药耗量值应稍大些,一般取 q＝0.5～1.2kg/m³。

三、洞室爆破

洞室爆破是将大量炸药装入洞室或导洞(巷道)中,按设计完成开挖或抛掷要求的爆破技术。根据地形条件,一般洞室爆破的药室常用平洞或竖井相连,装药后须按要求将平洞或竖井堵塞,以确保爆破施工质量和效果。

(一)洞室爆破的类型

洞室爆破按爆破作用特征分为标准抛掷爆破、加强抛掷爆破、减弱抛掷爆破(又称加强松动爆破)和松动爆破;按爆破药室结构形状(装药形式)可分为集中药包洞室爆破、条形药包洞室爆破、分集药包洞室爆破和混合药包洞室爆破。

(二)导洞与药室布置

导洞可以是平洞或竖井。当开挖工程量相近时,平洞比竖井投资少、施工方便,具体应根据地形条件选择。平洞截面一般取 1.2m×1.8m,竖井取 1.5m×1.5m,以满足最小工作面需要。对于集中药包,为了减少开挖量,连接药室的导洞宜布置成 T 形或倒 T 形。对条形布药,可利用与自由面平行的平洞作为药室。集中装药的药室以接近立方体为好。

(三)爆破参数的选择

1.最小抵抗线 W

确定最小抵抗线是洞室爆破设计的核心。最小抵抗线的方向和大小,对洞室爆破的爆破效果、爆破安全和爆破成本等影响显著。确定最小抵抗线应首先针对爆区周围环境特点,在确保周围建筑物安全的前提下,根据爆破强度要求和挖运设备能力综合考虑一般在 10～25m 范围内选取。水利水电工程洞室爆破最小抵抗线一般以 20m 左右为宜,最小抵抗线 W 与药包埋设深度 H 的比值一般应控制在 W/H=0.6～0.8。

2.爆破作用指数 n

前面讲过,爆破作用指数是爆破漏斗半径 r 和最小抵抗线 W 的比值,即 n=r/W。它是洞室爆破的重要参数之一,应根据工程目的、爆破要求及地形条件等因素合理选取。

(1)标准抛掷爆破时,n=1.0。

(2)加强抛掷爆破时,n>1.0。

(3)减弱抛掷爆破(加强松动爆破)时,0.75<n<1.0。

(4)松动爆破时,n≤0.75。

3.标准抛掷爆破单位用药量系数 k

标准抛掷爆破单位用药量系数 k 可根据工程类比法和爆破漏斗试验获得。

4.装药量计算

对于水利水电工程,洞室爆破可按下述公式计算装药量:集中药包

$$Q=kW^3(0.4+0.6n^3)e$$

条形药包

$$Q=qL$$

式中,Q——装药量,kg;

k——标准抛掷爆破单位用药量系数，kg/m³；

W——药包最小抵抗线，m；

n——爆破作用指数；

e——炸药品种换算系数，对于 2 号岩石炸药 e＝1.0，铵油炸药 e＝1.05～1.15；

q——条形药包每米装药量，kg；

L——条形药包长度，m。

(四)洞室爆破施工

装药前，应对洞室内的松石进行处理，并做好排水和防潮工作。

装药时，先在药室四周装填选用的炸药，再放置猛度较高、性能稳定的炸药，最后于中部放置起爆体。起爆药量通常为总装药量的 1％～2％。

堵塞时先用木板或其他材料封闭药室，再用黏土填塞 3～5m，最后用石渣料堵塞。总的堵塞长度不能小于最小抵抗线长度的 1.2～1.5 倍。对 T 形导洞可适当缩小堵塞长度。

第四节　爆破施工

一、爆破钻孔机械

工程爆破常用的钻孔机械按用途可分为露天钻孔机械、地下钻孔机械和水下钻孔机械，露天钻孔机械主要有凿岩机、牙轮钻机、潜孔钻机和液压凿岩钻机等；地下钻孔机械主要有凿岩机、潜孔钻机、牙轮钻机、隧道掘进钻车和采矿凿岩钻车等；水下钻孔机械主要有固定支架水上作业平台、漂浮式钻孔作业船与作业平台、支腿升降式水上钻孔作业平台等，凿岩机既是露天钻孔机械，又是地下钻孔机械。其中应用最为广泛的是气动式凿岩机。

气动式凿岩机的动作原理属于冲击回转式，动力为压缩空气。主要有手持式凿岩机、气腿式凿岩机、向上式凿岩机和轨道式凿岩机等。其中，手持式凿岩机、气腿式凿岩机、向上式凿岩机属于浅孔钻机，而导轨式凿岩机属于中深孔凿岩机。国产浅孔凿岩机主要有 YT－24、YT－27、YT－28 等型号。

深孔凿岩设备一般采用潜孔钻机、牙轮钻机和液压凿岩钻机等。

二、台阶爆破施工工艺

(一)施工准备

1.覆盖层清除

一般按照"先剥离、后开采"的原则,根据施工区的特点,先组织机械进行表土清除、风化层剥离,为爆破施工创造条件。

2.施工道路布置

施工道路主要服务于钻机就位和渣料运输修筑施工道路,尽量利用已有道路、减少公路修筑工程量,缩短上山道路施工工期。

3.台阶布置

根据开采地形和台阶高度,结合已修筑施工道路,合理布置台阶,应在道路与设计台阶交叉处向两侧外拓,为钻机和出渣机械工作创造条件,向两侧外拓采用挖掘机械与爆破相结合的方法。

(二)钻孔

1.钻机平台修建

台阶式爆破都应为钻机修筑钻孔平台。平台宽度应便于钻孔机械安全施工为宜。保证一次钻孔不少于2排孔。平台要平整,便于钻孔机移动和作业。施工时采用浅孔爆破、推土机整平的方法。

2.钻孔方法

钻孔时,施工操作人员要掌握钻机的操作要领,熟悉和了解设备的性能、构造原理及使用注意事项,熟练操作技术,并掌握不同性质岩石的钻孔规律。[①] 钻孔的基本要领是:软岩慢打,硬岩快打;小风压顶着打,不见硬岩不加压;勤看勤听勤检查。

(1)开口

对于完整的岩面,应先吹净浮渣,给小风不加压,慢慢冲击岩面,打出孔窝后,旋转钻具下钻开孔。当钻头进孔后,逐渐加大分量至全风全压快速凿岩状态。若开口不当,会形成喇叭口,小碎石随时可能掉进孔内造成卡钻或堵孔。因此,开口时应使钻头离地,给高风高压,吹净浮渣,按"小风压顶着打,不见硬岩不加压"的要领开口。

(2)钻进技巧

孔口开好后,进入正常钻进时,对于硬岩应选择高质量高硬度的钻头、送全风全

---

① 屈凤臣,王安,赵树.水利工程设计与施工[M].长春:吉林科学技术出版社,2022.

压,但转速不宜过快,防止损坏钻头;对于软岩,应送全风加半压慢打,排净钻孔岩粉,每钻进 1.0~1.5m 时提钻吹孔一次。防止孔底积渣过多而卡钻;对于分化破碎岩层,应分量小压力轻,勤吹孔勤护孔,为防止塌孔现象,每钻进 1.0m 左右,就用黄泥护孔一次。

（3）泥浆护孔方法

对于孔口岩石破碎不稳定段,应在钻孔过程中采用泥浆进行护壁,一是避免孔口形成喇叭口状影响钻屑冲出,二是防止在钻孔、装药过程中孔口破碎岩块掉入孔内造成堵孔。泥浆护壁的操作程序是:炮孔钻凿 2~3m;在孔口堆放一定量的含水黏黄泥;用钻杆上下移动,尽量能将岩粉吹出孔外,保证钻孔深度,提高钻孔利用率。

3.炮孔验收与保护

炮孔验收主要内容包括:检查炮孔深度和孔网参数;复核前排各炮孔的抵抗线;查看孔中含水情况等。炮孔验收应对各项检查数据做好记录。

为防止堵孔,应该做到如下方面。

（1）每个炮孔钻完后立即将孔口用木塞或塑料塞堵好,防止雨水或其他杂物进入炮孔。

（2）孔口岩石清理干净,防止掉落孔内。

（3）一个爆区钻孔完成后尽快实施爆破。

在炮孔验收过程中发现堵孔、深度不够,应及时进行补钻。在补孔过程中,应注意周边炮孔的安全,保证所有炮孔在装药前全部符合设计要求。

（三）装药方法

装药主要有两种方式,即机械装药和人工装药。对于矿山等用药量很大的地方,一般采用机械装药。机械装药与人工装药相比,安全性好,效率高,也较为经济。

1.装药过程主要注意事项

（1）结块的炸药必须敲碎后再装入孔内,防止堵塞炮孔,破碎药块只能用木槌,不能用铁器;乳化炸药在装入炮孔前一定要整理顺直,不得有压扁等现象,防止堵塞炮孔。

（2）根据装入炮孔内炸药量估计装药位置,发现装药位置偏差很大时,应立即停止装药,分析原因后再做处理。

（3）装药速度不宜过快,特别是水孔装药速度一定要慢,要保证乳化炸药沉入孔底。

（4）放置起爆药包时,雷管脚线要顺直,轻轻拉紧并贴在孔壁一侧,以避免脚线产生死弯而造成芯线折断、导爆管折断等,同时可减少炮棍捣坏脚线的机会。

(5)采取有效措施,防止起爆线(或导爆管)掉进孔内。

(6)装药超量时采取的处理方法。其一,装药为铵油炸药时往孔内倒入适量水溶解炸药,降低装药高度,保证填塞长度符合设计要求;其二,炸药为乳化炸药时采用炮棍等将炸药一节一节地提出孔外,满足炮孔填塞长度。处理过程中一定要注意雷管脚线(或导爆管)不得受到损伤。

2.装药过程中发生堵孔时应采取的措施

首先了解发生堵孔的原因,以便在装药操作过程中予以注意,采取相应措施尽可能避免造成堵孔。发生堵孔原因如下:

(1)在水孔中,由于炸药在水中下降速度慢,装药过快易造成堵孔。

(2)炸药块度过大,在孔内卡住后难以下沉。

(3)装药时将孔口浮石带入孔内或将孔内松动石块碰到孔中间,造成堵孔。

(4)水孔内水面因装药而上升,将孔壁松动岩块冲到孔中间堵孔。

(5)起爆药包卡在孔内某一位置,未装到接触炸药处,继续装药就造成堵孔。

堵孔的处理方法:起爆药包未装入炮孔前,可采用木质炮棍捅透装药,疏通炮孔;如果起爆药包已装入炮孔,严禁用力直接捅压起爆药包,可请现场爆破技术人员根据现场情况提出处理意见。

(四)堵塞

堵塞材料一般采用钻屑、黏土、粗砂等,水平填塞时应用废纸将钻屑、黏土、粗砂等制成炮泥卷。

1.堵塞方法

堵塞时,应将填塞材料慢慢放入孔内。孔内堵塞段有水时,采用粗砂或钻孔岩粉填塞;每填入 30~50cm 后,用炮棍检查是否沉到位,并捣实。严防炮泥悬空、炮孔填塞不密实。水平孔、倾斜孔堵塞时,采用炮泥卷填塞,炮泥卷每放入一卷,用炮棍将炮泥卷捣烂压实。

2.堵塞时注意事项

(1)堵塞材料中不得含有碎石块和易燃材料。

(2)堵塞过程中要防止导线、导爆管被砸断、砸破。

(五)起爆网路的连接

爆破网路连接是一个关键工序,一般由爆破技术人员或有丰富经验的爆破员来操作。网路连接人员必须了解爆破工程的设计意图、具体起爆顺序,能够识别不同段别的起爆器材采用电爆网路时,因一次起爆孔数较多,必须合理分区连接,以减小整个爆破网路的电阻值,分区时要注意各个支路的电阻平衡,才能保证每个雷管获得相同的电流值,实践表明,电爆网路连接质量关系到工程的成败,任何诸如接头不牢固、导线断面不够、导线质量低劣、连接电阻过大或接头触地漏电等,都会造成起爆时间延误或发生拒爆在网路连接过程中,应利用爆破参数测定仪随时监测网路电阻值,网路连接完毕后,必须对网路所测电阻值与计算进行比较,如有较大误差,应查明原因,排除故障,重新连接。

采用非电爆破网路时,由于不能用仪器进行施工过程监测,要求网路连接人员精心操作,注意每排和每个炮孔的雷管段别,必要时划片有序连接,以免出错或漏连在导爆管网路采用簇联时,必须两人配合,一定捆好绑紧,并将起爆雷管的聚能穴作适当处理,避免雷管飞片将导爆管切断,产生瞎炮。采用导爆索与导爆管联合起爆网路时,一定要用内装软土的编织袋将导爆管保护起来,避免导爆索爆炸时的冲击波对导爆管产生不利影响。

(六)起爆

起爆前,首先检查起爆器是否完好正常,及时更换起爆器电池,保证提供足够电能并能快速充到爆破需要的电压值;在连接主线接入起爆器前,必须对网路电阻进行检测;当警戒完成后,再次测定电阻值,确保安全后,才能将主线接入起爆器,等候起爆命令起爆后,应及时切断电源,将主线与起爆器分离。

(七)爆后检查

爆破后,爆破工程技术人员和爆破员先对爆破现场进行检查,只有在检查完毕确认安全后,才能发出解除警戒信号和允许其他施工人员进入爆破作业现场。

爆破后不能立即进入现场,应等待一定时间,确保所有起爆药包均已爆炸以及爆堆基本稳定后再进入现场检查。一般岩土爆破后检查内容主要包括:①露天爆破爆堆是否稳定,有无危坡、危石。②有无危险边坡、不稳定爆堆、滚石和超范围塌陷。③有无拒爆药包。④最敏感、最重要的保护对象是否安全。⑤爆区附近有隧道、涵洞和地下采矿场时,应对这些部位进行安全和有害气体检测。

爆后检查如果发现或怀疑有拒爆药包,应向现场指挥汇报,由其组织有关人员做进一步检查;如发现存在瞎炮或其他不安全因素,应尽快采取措施进行处理;在上述情况下,不应发出解除警戒信号。

第五节 控制爆破技术

控制爆破实质上是在某一特殊条件下,实现某种控制目标的爆破。控制爆破种类繁多,实践性和针对性较强。本节主要介绍光面爆破与预裂爆破、水下岩塞爆破及拆除爆破等。

一、光面爆破与预裂爆破

(一)基本概念与适用条件

1.光面爆破

(1)定义

沿开挖边界布置密集炮孔,采用不耦合装药或装填低威力炸药,在主爆孔起爆后起爆,以形成平整轮廓面的爆破作业称为光面爆破。

(2)基本作业方法

光面爆破基本作业方法有以下两种。

①预留光爆层法。先将主体石方进行爆破开挖,预留设计的光爆层厚度,然后沿设计开挖边界钻密集孔进行光面爆破。光爆层厚度是指周边孔与主爆孔之间的距离。

②一次分段延期起爆法。光面爆破孔和主爆孔采用毫秒延期雷管同次分段起爆,光面爆破孔延迟主爆孔150~200ms起爆。

2.预裂爆破

(1)定义沿开挖边界布置密集炮孔,采用不耦合装药或装填低威力炸药,在主爆孔爆破之前起爆,在爆破和保留区之间形成一条有一定宽度的贯穿裂缝,在这条缝的"屏蔽"下再进行主体爆破,以减弱主体爆破对保留岩体的破坏,并形成平整轮廓面的作业,称预裂爆破:

(2)基本作业方法

预裂爆破基本作业方法也有两种。

①预裂孔先行爆破法。在主体石方钻孔之前,先沿设计边坡钻密集孔进行预裂爆破,然后进行主体石方钻孔爆破。

②一次分段延期起爆法。预裂孔和主爆孔采用毫秒延期雷管同次分段起爆,预裂爆破孔先于主爆孔100~150ms起爆。

3.光面爆破和预裂爆破异同点

光面爆破和预裂爆破的相同点包括:光面爆破和预裂爆破均是边坡控制爆破的方法,通过控制能量释放,有效控制破裂方向和破坏范围,使边坡达到稳定、平整的设计要求。

光面爆破和预裂爆破的不同点包括以下三点。

(1)炮孔起爆顺序不同

光面爆破是主爆孔先爆,光爆孔后爆;预裂爆破是预裂孔先爆,主爆孔后爆。

(2)自由面数目不同

光面爆破有两个自由面,预裂爆破只有一个自由面。

(3)单位炸药消耗量不同

光面爆破单位炸药消耗量小,预裂爆破由于夹制作用大,炸药消耗较大。

4.光面爆破和预裂爆破成缝机理

光面和预裂孔采用的是一种不耦合装药结构(药卷直径小于炮孔直径),由于药包和孔壁间环状空隙的存在,削减了作用在孔壁上的爆压峰值,且为孔与孔间彼此提供了聚能的空穴,冲击波能量主要在孔距较小的孔间传递。因为岩石的抗压强度远大于抗拉强度,所以削减后的爆压峰值不致使孔壁产生明显的压缩破坏,只有切向拉力使炮孔四周产生径向裂纹加之孔与孔间彼此的聚能作用,使孔间连线产生应力集中,孔壁连线上的初始裂纹进一步发展,而滞后的高压气体,沿缝产生"气刃"劈裂作用,使周边孔间连线上的裂纹全部贯通成缝。

5.光面爆破和预裂爆破的适用条件

(1)地质条件适应性

光面爆破和预裂爆破广泛地用于坚硬和完整的岩体中,效果明显。在不均质和构造发育岩体中,采用光面爆破效果虽然不明显,但可减轻对保留岩体的破坏,减少超欠挖,有利于边坡稳定。

(2)爆破方法适应性

光面爆破和预裂爆破适应于孔深大于1.0m的浅孔爆破、露天及地下深孔爆破、隧道(洞)周边控制爆破等。

(3)工程适应性

光面爆破和预裂爆破适应于铁路、公路、水利、矿山等石方边坡开挖工程。

(二)光面爆破设计与施工

1. 光面爆破参数选择

光面爆破的主要参数有：炮孔直径 D、炮孔间距 a、台阶高度 H、炮孔超深 h、装药量 Q 及线装药密度 q 线、最小抵抗线(光爆层厚度)W 光、炮孔密集系数 m 等。

(1)炮孔直径 D

深孔爆破时，一般取 80～100mm；浅孔爆破时，取 42～50mm；隧洞爆破时，常用的孔径为 35～45mm，隧洞爆破的光爆孔与掘进作业的其他炮孔直径一致。

(2)炮孔间距 a

炮孔间距 a 可按下式计算：

$$a = mW_光$$

式中，m——炮孔密集系数，一般 m＝0.6～0.8。

(3)台阶高度 H

台阶高度 H 与主体石方爆破台阶相同，一般情况下，深孔取 H≤15m，浅孔取 H＜5m 为宜。

(4)炮孔超深 h

h＝0.5～1.5m，孔深大和岩石坚硬完整者取大值，反之取小值。

(5)最小抵抗线

最小抵抗线 W 光可按下式计算：

$$W_光 = KD$$

或

$$W_光 = K_1 a$$

式中，$W_光$——光面爆破最小抵抗线，m；

K——计算系数，一般取 K＝10～25，软岩取大值，硬岩取小值；

K_1——计算系数，一般取 K＝1.5～2.0，大孔径取小值，小孔径取大值；

D——炮孔直径，mm；

a——炮孔间距，m。

(6)不耦合系数 η

一般当 D＝80～200mm 时，η＝2～4；当 d＝35～45mm 时，η＝1.5～2.0。

(7)线装药密度 q 线

一般当露天光面爆破 D＝50mm 时，W＞1m，Q 线＝100～300g/m，完整坚硬的取大值，反之取小值。全断面一次起爆时适当增加药量。也可查阅相关施工手册初选经验线装药密度。

(8)炮孔密集系数 m

a 与 W 的比值称为炮孔密集系数 m,它随岩石性质、地质构造和开挖条件的不同而变化,一般 m=a/W=0.6～0.8。

光面爆破设计说明书包括的内容有:标有起爆方式的炮孔布置图;光爆孔装药结构图;光爆参数一览表及其文字说明和计算;技术指标和质量要求等。

2.起爆网路

光面爆破宜与主体爆破一起分段延期起爆,也可预留光爆层在主体爆破后起爆。

3.光面爆破施工

第一,钻孔必须按"对位准、方向正、角度精"三要点进行,保证钻孔精度。

第二,装药结构。常用的装药结构有三种:一是普通标准药卷(φ32mm)间隔装药;二是小直径药卷(φ20～25mm)连续装药;三是小直径药卷间隔装药。

4.光面爆破质量控制

第一,周边轮廓尺寸符合设计要求,岩石壁面平整。

第二,光爆后岩面上残留半孔率,对坚硬岩石不小于 80%,中等坚硬岩石不小于65%,软弱岩石不小于 50%。

第三,光爆后,保留面上无粉碎和明显的新裂缝。

(三)预裂爆破设计与施工

1.一般规定

第一,预裂爆破炮孔应沿设计开挖边界布置,炮孔倾斜角度应与设计边坡坡度一致,炮孔孔底应处在同一高程上。

第二,炮孔直径可根据预裂爆破的台阶高度、地质条件和钻孔设备确定。

第三,预裂爆破和主体爆破同次起爆时,预裂爆破的炮孔应在主体爆破前起爆,超前时间不宜小于 75ms。

2.预裂爆破参数选择

预裂爆破参数主要有:炮孔直径 D、炮孔间距 a、线装药密度 q 线、不耦合系数等:

(1)炮孔直径 D

通常为 40～200mm,浅孔爆破用小值,深孔爆破用大值;

(2)炮孔间距 a

孔间距与岩石特性、炸药性质、装药情况、缝壁平整度要求、孔径等有关,通常取a=(8～12)D,小孔径取大值,大孔径取小值,岩石均匀完整取大值,反之取小值。

(3)线装药密度 q 线

预裂炮孔内采用线状间隔装药,单位长度的装药量称为线装药密度。根据不同岩性,一般通过经验公式或工程类比法确定。一般 $q_{线}=200\sim400g/m$。

3.预裂爆破施工注意事项

(1)为克服岩石对孔底的夹制作用,孔底 $1\sim2m$ 范围装药应该加强,采用线装药密度的 $2\sim5$ 倍。

(2)钻孔质量是保证预裂面平整度的关键。钻孔轴线与设计开挖线的偏离值应控制在 15cm 之内。

(3)炮孔直径和孔深的关系。一般条件下,炮孔深度浅,孔径小;炮孔深度大,孔径大。浅孔爆破一般取孔径 $D=42\sim50mm$,深孔爆破取 $D=80\sim100mm$,或者更大值。

(4)预裂爆破一般采用不耦合装药,不耦合系数大于 2 为佳。

(5)预裂爆破起爆网路宜采用导爆索连接,组成同时起爆或多组接力起爆网路。

4.预裂爆破质量控制

预裂爆破的质量控制主要是预裂面的质量控制,通常按如下标准控制。

(1)预裂缝面的最小张开宽度应大于 $0.5\sim1cm$,坚硬岩石取小值,软弱岩石取大值。

(2)预裂面上残留半孔率,对坚硬岩石不小于 85%,中等坚硬岩石不小于 70%,软弱岩石不小于 50%。

(3)钻孔偏斜度小于 1°,预裂面的不平整度不大于 15cm。

二、水下岩塞爆破

岩塞爆破是一种水下控制爆破。一般从隧洞出口逆水流方向按常规方法开挖,待掌子面接近进水口位置时,预留一定厚度的岩石(称为岩塞),待隧洞和进口控制闸门全部完建后,采用爆破将岩塞一次炸除,形成进水口,使隧洞和水库连通。

(一)岩塞布置及爆落石渣处理

1.岩塞布置

岩塞布置应根据隧洞的使用要求、地形、地质等因素确定,宜选择在覆盖层薄、岩石坚硬完整且层面与进口中心交角大的部位,特别应避开节理、裂隙、构造发育的地段。岩塞的开口尺寸应满足进水流量的要求。岩塞厚度与隧洞直径的比值在 $1\sim1.5$ 选取,太厚则难以一次爆通,太薄则不安全。

2.岩塞爆落石渣处理

岩塞爆落石渣常采用集渣和泄渣两种处理方法。前者为爆前在洞内正对岩塞的下方挖一容积相当的聚渣坑,让爆落的石渣大部分抛入坑内,且保证运行期坑内石渣不被带走。后者为爆破时闸门开启,借助高速水流将石渣冲出洞口。采用泄渣方式时,除要严格控制岩渣块度、对闸门埋件和门楣做必要的防护处理外,为避免瞬间石渣堵塞,正对岩塞可设一流线型缓冲坑,其容积相当于爆落石渣总量的 $1/4\sim1/5$。泄渣处理方式适用于灌溉、供水、防洪隧洞一类的取水口岩塞爆破。

(二)爆破方案选择

目前国内外采用岩塞爆破方案主要有洞室爆破法与钻孔爆破法两种方式,不论哪种方式,必须保证过水及稳定,过水要求岩塞爆通,稳定保证岩塞完成设计的形状、周围岩体稳定。

(三)岩塞爆破设计

岩塞爆破设计的主要内容如下:

(1)爆破器材品种、规格、数量及爆破方案。

(2)钻孔爆破施工组织和施工程序。

(3)排孔或洞室布置和装药结构。

(4)周边孔网及其爆破参数。

(5)起爆分段顺序时差、起爆网路计算。

(6)爆破地震、水击波对附近建(构)筑物、设施、山坡稳定影响的计算,预防发生危害性的安全技术措施等。

岩塞爆破属于水下爆破,用药量计算应考虑静水压力的阻抗,比常规抛掷爆破药量增大 $20\%\sim30\%$。

(四)岩塞爆破施工要点

(1)岩塞施工中最大的问题是漏水和保证围岩稳定,灌浆及锚固是应采用的重要措施,也可采用引水的方法。

(2)炸药及起爆器材应采用防水炸药或对其做必要的防水处理。

(3)岩塞爆破的安全控制包括两部分:其一是施工期的安全,与一般地面爆破相同;其二为爆破有害效应控制,包括爆破振动效应、水中冲击波效应等控制。

三、拆除爆破

拆除爆破技术是指对废旧建(构)筑物进行拆除的控制爆破技术。拆除爆破是利用少量炸药把需要拆除的建(构)筑物按所要求的破碎度进行爆破,使其坍落解体或破碎,同时由于进行这种爆破作业的环境约束,要严格控制爆破可能产生的损害因素,如爆破振动、冲击波、飞石、粉尘、噪声等的影响,保护周围建(构)筑物和设备的安全。

拆除爆破应根据工程要求和爆破对象周围环境特点和要求,考虑建(构)筑物的结构特点,通过一定的技术措施,通过精心设计、施工采用有效的防护措施,严格控制爆破能量的释放过程和介质破碎过程,使爆破对象能按预定块度破碎并坍塌在规定的范围内,达到预期爆破效果,同时将爆破影响范围和危害控制在允许的限度以内。

与其他爆破相比,拆除爆破往往环境复杂,爆破对象和材质多种多样(主要是混凝土、钢筋混凝土、砖石砌体、三合土等),对爆破和起爆技术的准确性要求非常高。常要求爆破过程实现定向、定距、定量及减震、减冲(击波)、减飞(石)、减声(音)等控制。在爆破参数选择、布孔、药量计算和炸药单耗确定等设计中,常依据等能、微分、失稳等原理,采取相应的技术措施,以达到拆除爆破控制的目的。

拆除爆破应用很广,但主要用于钢筋混凝土整体框架结构、烟囱、水塔等拆除。要使这类建筑物倾倒并摔碎,必须具备三个条件:一是形成塑性铰,要在钢筋混凝土结构的各刚性节点处布置炮孔并将其炸酥;二是要形成整体倾覆力矩;三是要使钢筋混凝土承重结构失稳,即不仅要使建筑物倾倒,还要保证爆后露出的钢筋骨架在上部静压荷载的作用下超过其抗压极限强度或达到压杆失稳条件。

常用的爆破方案有原地坍塌、定向倒塌、折叠倒塌等。原地坍塌方案的实质是向内折叠坍塌方案的一种。定向倒塌方案是在建筑物底部炸开一定形状和大小的缺口,让整个建筑物绕定轴转动一定倾角后向预定方向倾倒,冲击地面而解体破坏。它是通过在承重结构的倾倒方向上布置不同破坏高度的炮孔并用不同的起爆顺序(毫秒延期)来实现的折叠倒塌方案适用于建筑物高度大而周围场地相对较小的情况,一般沿建筑物的高度分若干层或若干段炸开多个缺口,使建筑物自上而下顺序定向倒塌。

拆除爆破在水利水电工程施工中主要被用来拆除临时围堰、临时导墙、砂石料仓的隔墙、拌和楼的钢筋混凝土支撑构架等。

第六节　爆破安全控制

爆破安全包括两方面的内容:一是爆破施工作业中的安全问题;二是爆破产生的

危害影响的防护和控制,主要包括对爆破振动、冲击波、飞石、粉尘、噪声等的影响防护和控制。

一、爆破作业安全防护措施

(一)严格执行《爆破安全规程》(GB6722—2023),加强安全教育

对于爆破器材运输、储存、保管与现场装药爆破施工的安全,应严格执行《爆破安全规程》(GB6722—2023)规定。完善爆破作业的规章制度,对施工人员进行安全教育,是保证施工安全的重要环节。

(二)采用新技术、新工艺,提高施工技术水平

爆破作业应尽可能采用分段延期和毫秒微差爆破,减少一次起爆药量,调整震动周期和减少震动;通过打防震孔、挖防震槽或进行预裂爆破,以保护有关建筑物、构筑物和重要设施;尽量避免采用裸露爆破,以节约炸药,减少飞石和空气冲击波压力;水下爆破可采用气幕防震,利用气泡压缩变形吸收能量,减轻水中冲击波对被保护目标的破坏;尽可能选择小的爆破作用指数和孔距小、孔深浅的爆破,减小抛掷距离和飞石;也可以采用调整布孔和起爆顺序的方法来改变最小抵抗线的方向,避免最小抵抗线正对居民区、重要建筑物、主要施工机械设备以及其他重要设施。

(三)加强防护措施,防止飞石破坏

对飞石的防护措施可根据被保护对象的特征和施工条件而异。在平地开挖宽度不大于 4m 的沟槽,可采用拱式或壳式覆盖;挡板式覆盖的架设拆除费时费工,要求架设在高于爆破对象的天然或人工支撑上,距爆破表面不小于 0.3~0.5m;网式和链式覆盖多用于对房屋建筑的拆除爆破;浅孔爆破在孔口压土袋,大量爆破用填土覆盖被保护建筑物,对防止飞石破坏有明显效果。

二、爆破安全距离

爆破时,应划出警戒范围,立好标志,现场人员应到安全区域,并有专人警戒,以防爆破飞石、爆破地震、冲击波以及爆破毒气对人身造成伤害。

爆破地震、空气冲击波、爆破飞石、爆破毒气对人身安全距离分别计算如下。

(一)爆破地震安全距离

目前国内外爆破工程多以建筑物所在地表的最大质点振动速度作为判别爆破振动对建筑物的破坏标准。通常采用的经验公式为:

$$v = K \left(\frac{Q^{1/3}}{R} \right)^a$$

式中，v——爆破地震对建筑物（或构筑物）及地基产生的质点垂直振动速度，cm/s；

K——与岩性质、地形和爆破条件有关的系数，在土中爆破时 K＝150～200，在岩石中爆破时 K＝100～150；

Q——同时起爆的总装药量，kg；

R——药包中心到某一建筑物的距离，m；

a——爆破地震随距离衰减系数，可按 1.5～2.0 考虑。

当 v＝10～12cm/s 时，一般砖木结构的建筑物便可能破坏。

(二)爆破空气冲击波安全距离

$$R_K = K_K \sqrt{Q}$$

式中，R_K——爆破冲击波的危害半径，m；

K_K——系数，于人 K_K＝5～10，对建筑物要求安全无损时，裸露药包 K_K＝50～150，埋入药包 K_K＝10～50；

Q——同时起爆的最大的一次总装药量，kg。

(三)个别飞石安全距离

$$R_f = 20n^2 W$$

式中，R_f——个别飞石的安全距离，m；

n——最大药包的爆破作用指数；

W——最小抵抗线，m。

实际采用的飞石安全距离不得小于下列数值：裸露药包 300m；浅孔或深孔爆破 200m；洞室爆破 400m。

三、有害气体扩散、粉尘及噪声的防控

第一，炸药爆炸生成的各种有害气体，如一氧化碳、二氧化碳、二氧化硫和硫化氢等，在空气中的含量超过一定数值就会危及人身安全空气中爆破有害气体浓度随扩散距增加而渐减，直到许可标准，这段扩散距离可作为有害气体扩散的控制安全距离，爆破有害气体的许可量视有害气体种类不同而各异，可参考有关安全规程确定。

第二，爆破粉尘主要来源于钻孔爆破、装运和已散落在爆区地面的粉尘研究表明，爆破粉尘生成量随岩土硬度增高而增加。爆破粉尘具有浓度高、扩散速度快、滞留时间长、颗粒小、质量轻、吸湿性较好等特点。降低爆破粉尘一般采用以下措施:钻孔采用具有积尘设备钻机;爆破前采用水封进行填塞;爆前喷雾洒水等。

第三,爆破施工时产生的噪声主要是炸药在介质中爆炸所产生的能量向四周传播时形成的爆炸声,爆破噪声会危害人体健康。爆破噪声为间歇性脉冲噪声,在城镇爆破中每一个脉冲噪声应控制在120dB以下。复杂环境条件下,噪声控制由安全评估确定。爆破噪声控制需从声源、传播途径和接收者三个环节采取有效措施加以控制。

四、盲炮及其处理

通过引爆而未能爆炸的药包称为瞎炮或盲炮。[①] 盲炮不仅达不到预期的爆破效果,造成人力、物力、财力的浪费,而且会直接影响现场施工人员的人身安全,故对瞎炮必须及时查明并加以处理。

造成瞎炮(盲炮)的原因主要是起爆材料的质量检查不严,起爆网路连接不良和网路电阻计算有误及堵塞炮泥操作时损坏起爆线路。例如雷管或炸药过期失效,非防水炸药受潮或浸水,引爆系统线路接触不良,起爆的电流电压不足等;另外,执行爆破作业的规章制度不严或操作不当容易产生瞎炮。

爆破后,发现瞎炮(盲炮)应立即设置明显标志,并派专人监护,查明原因后进行处理。

(一)浅孔爆破的盲炮处理

(1)经检查确认起爆网路完好时,可重新起爆。

(2)可打平行孔装药爆破,平行孔距盲炮不应小于0.3m;对于浅孔药壶法,平行孔距盲炮药壶边缘不应小于0.5m。为确定平行炮孔的方向,可从盲炮孔口掏出部分填塞物。

(3)可用木、竹或其他不产生火花的材料制成的工具,轻轻地将炮孔内填塞物掏出,用药包诱爆。

(4)可在安全地点外用远距离操纵的风水喷管吹出盲炮填塞物及炸药,但应采取措施回收雷管。

(5)处理非抗水硝铵炸药的盲炮,可将填塞物掏出,再向孔内注水,使其失效,但应回收雷管。

---

① 李登峰,李尚迪,张中印.水利水电施工与水资源利用[M].长春:吉林科学技术出版社,2021.

(6)盲炮应在当班处理,当班不能处理或未处理完毕,应将盲炮情况(盲炮数目、炮孔方向、装药数量和起爆药包位置,处理方法和处理意见)在现场交接清楚,由下一班继续处理。

(二)深孔爆破的盲炮处理

(1)爆破网路未受破坏,且最小抵抗线无变化者,可重新联线起爆;最小抵抗线有变化者,应验算安全距离,并加大警戒范围后,再联线起爆。

(2)可在距盲炮孔口不少于10倍炮孔直径处另打平行孔装药起爆。爆破参数由爆破工程技术人员确定并经爆破领导人批准。

(3)所用炸药为非抗水硝铵类炸药,且孔壁完好时,可取出部分填塞物向孔内灌水使之失效,然后做进一步处理。

(三)洞室爆破的盲炮处理

(1)如能找出起爆网路的电线、导爆索或导爆管,经检查正常仍能起爆者,应重新测量最小抵抗线,重划警戒范围,联线起爆。

(2)可沿竖井或平洞清除填塞物并重新敷设网路联线起爆,或取出炸药和起爆体。

(四)水下炮孔爆破的盲炮处理

(1)因起爆网路绝缘不好或联接错误造成的盲炮,可重新联网起爆。

(2)因填塞长度小于炸药的引爆距离或全部用水填塞而造成的盲炮,可另装入起爆药包诱爆。

(3)可在盲炮附近投入裸露药包诱爆。

第七章　水闸设计与施工

第一节　水闸设计

一、概述

(一)涵闸

涵闸是一种控制水位调节流量,具有挡水、泄水双重作用的低水头水工建筑物。涵闸包括涵洞和水闸两种不同的建筑工程,其主要区别在于结构形式的不同。涵洞一般过水断面小,泄水能力小,泄水道为暗管,结构简单,基础要求比较低;水闸一般是开敞式的,孔径大,泄水能力大,结构较复杂,基础要求高。涵洞按结构分有箱式、盖板式,拱式、管式和空顶式等。水闸按闸门形状和启闭方式分有直升式、弧形式等。按照涵闸的功用分又有进水闸、节制闸、排水闸挡潮闸、分洪闸等。涵闸在防洪、灌溉、排涝、挡潮、发电等水利水电工程中占有重要的地位,尤其在河流中游平原、下游平原和滨海地区,得到了广泛的应用。

(二)水闸的组成

1.水闸的类型

水闸按其所承担的任务可以分为进水闸(取水闸)、节制闸、冲沙闸、分洪闸、排水闸、挡潮闸等。

水闸按照结构形式分为开敞式和涵洞式。

国内已建的其他类型的水闸还有水力自控翻板闸、橡胶水闸、灌注桩水闸、装配式水闸等。

2.水闸的组成

水闸一般由上游连接段、闸室段及下游连接段三部分组成。

(1)上游连接段

主要是引导水流平顺、均匀地进入闸室,避免对闸前河床及两岸产生有害冲刷,减少闸基或两岸渗流对水闸的不利影响。一般由铺盖、上游翼墙、上游护底、防冲槽或防冲齿墙及两岸护坡等部分组成。铺盖紧靠闸室底板,主要起防渗、防冲作用;上游翼墙的作用是引导水流平顺地进入闸孔及侧向防渗、防冲和挡土;上游护底、防冲槽及两岸护坡是用来防止进闸水流冲刷河床、破坏铺盖,保护两侧岸坡的。

（2）闸室段

它是水闸的主体部分,起挡水和调节水流作用,包括底板、闸墩、闸门、胸墙、工作桥和交通桥等。底板是水闸闸室基础,承受闸室全部荷载并较均匀地传给地基,兼起防渗和防冲作用,同时闸室的稳定主要由底板与地基间的摩擦力来维持;闸墩的主要作用是分隔闸孔,支撑闸门,承受和传递上部结构荷载;闸门则用于控制水位和调节流量;工作桥和交通桥用于安装启闭设备、操作闸门和联系两岸交通。

（3）下游连接段

主要用来消能、防冲及安全排出流经闸基和两岸的渗流。一般包括消力池、海漫、下游防冲槽、下游翼墙及两岸护坡等。消力池主要用来消能,兼有防冲作用;海漫的作用是继续消除水流余能、扩散水流、调整流速分布、防止河床产生冲刷破坏;下游防冲槽是用来防止下游河床冲坑继续向上游发展的防冲加固措施;下游翼墙则用来引导过闸水流均匀扩散,保护两岸免受冲刷;两岸护坡是用来保护岸坡,防止水流冲刷。

二、设计标准

水闸管护范围为水闸工程各组成部分和下游防冲槽以下 100m 的渠道及渠堤坡脚外 25m。若现状管理范围大于以上范围,则维持现状不变。

水闸建设与加固应为管理单位创造必要的生活工作条件,主要包括管理场所的生产、生活设施和庭院建设,标准如下:

（1）办公用房按定员编制人数,人均建筑面积 $9\sim12m^2$;办公辅助用房（调度、计算、通信、资料室等）按使用功能和管理操作要求确定建筑面积;生产和辅助生产的车间、仓库、车库等应根据生产能力、仓储规模和防汛任务等确定建筑面积。

（2）职工宿舍、文化福利设施（包括食堂、文化室等）按定员编制人数人均 $35\sim37m^2$ 确定。

（3）管理单位庭院的围墙、院内道路、照明,绿化美化等,应根据规划建筑布局,确定其场地面积;生产、生活区的人均绿化面积不少于 $5m^2$,人均公共绿化地面积不少于 $10m^2$。

（4）需在城镇建立后方基地的闸管单位，前、后方建房面积应统筹安排，可适当增加建筑面积和占地面积。

（5）对靠近城郊和游览区的水闸管理单位，应结合当地旅游、生态环境建设特点进行绿化。

三、水闸等级划分

（一）工程等别及建筑物级别

（1）平原区水闸枢纽工程应根据水闸最大过闸流量及其防护对象的重要性划分等别，其等别应按表 7-1 确定。规模巨大或在国民经济中占有特殊重要地位的水闸枢纽工程，其等别应经论证后报主管部门批准确定。

表 7-1 平原区水闸枢纽工程分等指标

工程等别	Ⅰ	Ⅱ	Ⅲ	Ⅳ	Ⅴ
规模	大(1)型	大(2)型	中型	小(1)型	小(2)型
最大过闸流量(m^3/s)	≥5000	5000～1000	1000～100	100～20	<20
防护对象的重要性	特别重要	重要	中等	一般	/

注：当按表列最大过闸流量及防护对象重要性分别确定的等别不同时，工程等别应经综合分析确定。

（2）水闸枢纽中的水工建筑物应根据其所属枢纽工程等别，作用和重要性划分级别，其级别应按表 7-2 确定。

表 7-2 水闸枢纽建筑物级别划分

工程等别	永久性建筑物级别		临时性建筑物级别
	主要建筑物	次要建筑物	
Ⅰ	1	3	4
Ⅱ	2	3	4
Ⅲ	3	4	5
Ⅳ	4	5	5
Ⅴ	5	5	/

注：永久性建筑物指枢纽工程运行期间使用的建筑物。主要建筑物指失事后将

造成下游灾害或严重影响工程效益的建筑物。次要建筑物指失事后不致造成下游灾害或对工程效益影响不大并易于修复的建筑物。临时性建筑物指枢纽工程施工期间使用的建筑物。

(二)洪水标准

(1)平原区水闸的洪水标准应根据所在河流流域防洪规划规定的防洪任务,以近期防洪目标为主,并考虑远景发展要求,按表7-3所列标准综合分析确定。

表7-3　平原区水闸洪水标准

水闸级别		1	2	3	4	5
洪水重现期(a)	设计	100～50	50～30	30～20	20～10	10
	校核	300～200	200～100	100～50	50～30	30～20

(2)挡潮闸的设计潮水标准应按表7-4确定。

表7-4　挡潮闸设计潮水标准

水闸级别	1	2	3	4	5
设计潮水位重现期(a)	≥100	100～50	50～20	20～10	10

注:若确定的设计潮水位低于当地历史最高潮水位时,应以当地历史最高潮水位作为校核潮水标准。

(3)4、5级临时性建筑物的洪水标准应根据其结构类别按表7-5的规定幅度,结合风险度综合分析合理选定。对失事后果严重的重要工程,应考虑遭遇超标准洪水的应急措施。

表7-5　临时性建筑物洪水标准

建筑物类型	建筑物级别	
	4	5
	洪水重现期(a)	
土石结构	20～10	10～5
混凝土,浆砌石结构	10～5	5～3

三、闸址选择

(1)闸址应根据水闸的功能特点和运用要求,综合考虑地形、地质、水流、潮汐、泥沙、冻土、冰情、施工、管理、周围环境等因素,经技术经济比较后选定。

（2）闸址宜选择在地形开阔、岸坡稳定、岩土坚实和地下水水位较低的地点。

（3）节制闸或泄洪闸闸址宜选择在河道顺直、河势相对稳定的河段，经技术经济比较后也可选择在弯曲河段裁弯取直的新开河道上。

（4）进水闸、分水闸或分洪闸闸址宜选择在河岸基本稳定的顺直河段或弯道凹岸顶点稍偏下游处，但分洪闸闸址不宜选择在险工堤段和被保护重要城镇的下游堤段。

（5）排水闸（排涝闸）或泄水闸（退水闸）闸址宜选择在地势低洼、出水通畅处，排水闸（排涝闸）闸址且宜选择在靠近主要涝区和容泄区的老堤堤线上。

（6）挡潮闸闸址宜选择在岸线和岸坡稳定的潮汐河口附近，且闸址泓滩冲淤变化较小、上游河道有足够的蓄水容积的地点。

（7）若在多支流汇合口下游河道上建闸，选定的闸址与汇合口之间宜有一定的距离。

（8）若在平原河网地区交叉河口附近建闸，选定的闸址宜在距离交叉河口较远处。

（9）若在铁路桥或1、2级公路桥附近建闸，选定的闸址与铁路桥或12级公路桥的距离不宜太近。

（10）选择闸址应考虑材料来源、对外交通、施工导流、场地布置、基坑排水、施工水电供应等条件。

（11）选择闸址应考虑水闸建成后工程管理维修和防汛抢险等条件。

（12）选择闸址还应考虑下列要求：占用土地及拆迁房屋少；尽量利用周围已有公路、航运、动力、通信等公用设施；有利于绿化、净化、美化环境和生态环境保护；有利于开展综合经营。

四、总体布置

（一）枢纽布置

水闸枢纽布置应根据闸址地形、地质、水流等条件以及该枢纽中各建筑物的功能、特点、运用要求等确定，做到紧凑合理、协调美观，组成整体效益最大的有机联合体。

（二）闸室布置

（1）水闸闸室布置应根据水闸挡水、泄水条件和运行要求，结合考虑地形、地质等因素，做到结构安全可靠、布置紧凑合理、施工方便、运用灵活、经济美观。

（2）水闸闸顶高程应根据挡水和泄水两种运用情况确定。挡水时，闸顶高程不应低于水闸正常蓄水位(或最高挡水位)加波浪计算高度与相应安全超高值之和;泄水时,闸顶高程不应低于设计洪水位(或校核洪水位)与相应安全超之和。水闸安全超高下限值见表7-6。

表 7-6 水闸安全超高下限值(m)

运用情况	水闸级别	1	2	3	4.5
挡水时	正常蓄水位	0.7	0.5	0.4	0.3
	最高挡水位	0.5	0.4	0.3	0.2
泄水时	设计洪水位	1.5	1.0	0.7	0.5
	校核洪水位	1.0	0.7	0.5	0.4

位于防洪(挡潮)堤上的水闸,其闸顶高程不得低于防洪(挡潮)堤堤顶高程。

闸顶高程的确定还应考虑下列因素:软弱地基上闸基沉降的影响;多泥沙河流上、下游河道变化引起水位升高或降低的影响;防洪(挡潮)堤上水闸两侧堤顶可能加高的影响等。

上游防渗铺盖采用混凝土结构,并适当布筋。

(三)防渗排水布置

水闸防渗排水布置应根据闸基地质条件和水闸上、下游水位差等因素,结合闸室消能防冲和两岸连接布置进行综合分析确定。

(四)消能防冲布置

水闸消能防冲布置应根据闸基地质情况,水力条件以及闸门控制运用方式等因素,进行综合分析确定。

(五)两岸连接布置

(1)水闸两岸连接应能保证岸坡稳定,改善水闸进、出水流条件,提高泄流能力和消能防冲效果,满足侧向防渗需要,减轻闸室底板边荷载影响,且有利于环境绿化等。两岸连接布置应与闸室布置相适应。

(2)水闸两岸连接宜采用直墙式结构;当水闸上、下游水位差不大时,也可采用斜坡式结构,但应考虑防渗、防冲和防冻等问题。在坚实或中等坚实的地基上,岸墙和翼墙可采用重力式或扶壁式结构;在松软地基上,宜采用空箱式结构。岸墙与边闸墩的结合或分离,应根据闸室结构和地基条件等因素确定。

（3）当闸室两侧需设置岸墙时，若闸室在闸墩中间设缝分段，岸墙宜与边闸墩分开；若闸室在闸底板上设缝分段，岸墙可兼作边闸墩，并可做成空箱式。对于闸孔孔数较少，不设永久缝的非开敞式闸室结构，也可以边闸墩代替岸墙。

（4）水闸的过闸单宽流量应根据下游河床地质条件，上、下游水位差，下游尾水深度，闸室总宽度与河道宽度的比值，闸的结构构造特点和下游消能防冲设施等因素选定。

（5）水闸的过闸水位差应根据上游淹没影响，允许的过闸单宽流量和水闸工程造价等因素综合比较选定。一般情况下，平原区水闸的过闸水位差可采用 0.1～0.3m。

五、防渗排水设计

水闸的防渗排水设计应根据闸基地质情况，闸基和两侧轮廓线布置及上、下游水位条件等进行，其内容应包括：①渗透压力计算；②抗渗稳定性验算；③滤层设计；④防渗帷幕及排水孔设计；⑤永久缝止水设计。

六、观测设计

（1）水闸的观测设计内容应包括：设置观测项目、布置观测设施、拟定观测方法、提出整理分析观测资料的技术要求。

（2）水闸应根据其工程规模、等级、地基条件、工程施工和运用条件等因素设置一般性观测项目，并根据需要有针对性地设置专门性观测项目。

水闸的一般性观测项目应包括：水位、流量、沉降、水平位移、扬压力、闸下流态、冲刷、淤积等。

水闸的专门性观测项目主要有：永久缝、结构应力、地基反力、墙后土压力、冰凌等。

当发现水闸产生裂缝后，应及时进行裂缝检查。对沿海地区或附近有污染源的水闸，还应经常检查混凝土碳化和钢结构锈蚀情况。

（3）水闸观测设施的布置应符合下列要求：全面反映水闸工程的工作状况；观测方便、直观；有良好的交通和照明条件；有必要的保护设施。

（4）水闸的上、下游水位可通过设自动水位计或水位标尺进行观测。测点应设在水闸上、下游水流平顺，水面平稳、受风浪和泄流影响较小处。

（5）水闸的过闸流量可通过水位观测，根据闸址处经过定期律定的水位—流量关系曲线推求。

对于大型水闸,必要时可在适当地点设置测流断面进行观测。

(6)水闸的沉降可通过埋设沉降标点进行观测。测点可布置在闸墩,岸墙,翼墙顶部的端点和中点。工程施工期可先埋设在底板面层,在工程竣工后,放水前再引接到上述结构的顶部。

第一次的沉降观测应在标点埋设后及时进行,然后根据施工期不同荷载阶段按时进行观测。在工程竣工放水前后应立即对沉降分别观测一次,以后再根据工程运用情况定期进行观测,直至沉降稳定为止。

(7)水闸的水平位移可通过沉降标点进行观测。水平位移测点宜设在已设置的视准线上,且宜与沉降测点共用同一标点。

水平位移应在工程竣工前、后立即分别观测一次,以后再根据工程运行情况不定期进行观测。

(8)水闸闸底的扬压力可通过埋设测压管或渗压计进行观测。

对于水位变化频繁或透水性甚小的黏土地基上的水闸,其闸底扬压力观测应尽量采用渗压计。

测点的数量及位置应根据闸的结构型式,闸基轮廓线形状和地质条件等因素确定,并应以能测出闸底扬压力的分布及其变化为原则。测点可布置在地下轮廓线有代表性的转折处。测压断面不应少于 2 个,每个断面上的测点不应少于 3 个。对于侧向绕流的观测,可在岸墙和翼墙填土侧布置测点。

扬压力观测的时间和次数应根据闸的上、下游水位变化情况确定。

(9)水闸闸下流态及冲刷,淤积情况可通过在闸的上、下游设置固定断面进行观测。有条件时,应定期进行水下地形测量。

(10)水闸的专门性观测的测点布置及观测要求应根据工程具体情况确定。

(11)在水闸运行期间,如发现异常情况,应有针对性地对某些观测项目加强观测。

(12)对于重要的大型水闸,可采用自动化观测手段。

(13)水闸的观测设计应对观测资料的整理分析提出技术要求。

第二节 闸室施工

一、底板施工

水闸底板有平底板与反拱底板两种。目前,平底板较为常用。

(一)平底板施工

闸室地基处理工作完成后,对软基应立即按设计要求浇筑 8～10cm 的素混凝土垫层,以保护地基和找平。垫层找到一定强度后,进行扎筋、立模和清仓工作。

底板施工中,混凝土入仓方式很多。如可以用汽车进行水平运输,起重机进行垂直运输人仓和泵送混凝土入仓。采用这两种方法,需要起重机械、混凝土泵等大型机械,但不需在仓面搭设脚手架。在中小型工程中,采用架子车、手推车或机动翻斗车等小型运输工具直接入仓时,需在仓面搭设脚手架。

底板的上、下游一般都设有齿墙。浇筑混凝土时,可组成两个作业组分层浇筑。先由两个作业组共同浇筑下游齿墙,待齿墙浇平后,第一组由下游向上游进行,抽出第二组去浇上游齿墙,当第一组浇到底板中部时,第二组的上游齿墙已基本浇平,然后将第二组转到下游浇筑第二坯。当第二坯浇到底板中部,第一组已达到上游底板边缘,这时第一组再转回浇第三坯。如此连续进行,可缩短每坯间隔时间,因而可以避免冷缝的发生,提高工程质量,加快施工进度。

(二)反拱底板施工

1. 施工程序

由于反拱底板对地基的不均匀沉陷反应敏感,因此必须注意施工程序,目前采用的有以下两种。

(1)先浇闸墩及岸墙后浇反拱底板。这样,闸墩岸墙在自重下沉降基本稳定后,再浇反拱底板,从而底板的受力状态得到改善。

(2)反拱底板与闸墩岸墙底板同时浇筑。此法适用于地基较好的水闸,对于反拱底板的受力状态较为不利,但保证了建筑的整体性,同时减少了施工工序,加快了进度。对于缺少有效排水措施的砂性土地基,采用这种方法较为有利。

2. 施工要点

(1)反拱底板施工时,首先必须做好基坑排水工作,降低地下水位,使基土干燥,对于砂土地基排水尤为重要。

(2)挖模前必须将基土夯实,然后按设计圆弧曲线放样挖模,并严格控制曲线的准确性,土模挖出后,可在上铺垫一层砂浆,约 10mm 厚,待其具有一定强度后加盖保护,以待浇筑混凝土。

(3)当采用第一种施工程序,在浇筑岸墩墙底板时,应将接缝钢筋一头埋在岸墩墙底板之内,另一头插入土模中,以备下一阶段浇入反拱底板。

(4)当采用第二种施工程序,可在拱脚处预留一缝,缝底设临时铁皮止水,缝顶设

"假饺",待大部分上部结构施工后,在低温期用二期混凝土封堵。

(5)为保证反拱底板受力性能,在拱腔内浇筑的门槛、消力坎等构件,需在底板混凝土凝固后浇筑二期混凝土,接缝处不加处理以使两者不成整体。

二、闸墩施工

闸墩的特点是高度大、厚度小,门槽处钢筋密、预埋件多,闸墩相对位置要求严格,所以闸墩的立模与混凝土浇筑是施工中的主要问题。

(一)闸墩模板安装

为使闸墩混凝土一次浇筑达到设计高程,闸墩模板不仅要有足够的强度,而且要有足够的刚度。所以闸墩模板安装常采用"铁板螺栓,对拉撑木"的立模支撑方法。近年来,滑模施工技术日趋成熟,闸墩混凝土浇筑逐渐采用滑模施工。

1."铁板螺栓,对拉撑木"的模板安装

立模前,应准备好两种固定模板的对销螺栓:一种是两端都绞丝的圆钢,直径可选用 12mm、16mm 或 19mm,长度大于闸墩厚度并视实际安装需要确定;另一种是一端绞丝,另一端焊接一块 5mm×40mm×400mm 扁铁的螺栓,扁铁上钻两个圆孔,以便固定在对拉撑木上。

闸墩立模时,其两侧模板要同时相对进行。先立平直模板,次立墩头模板。在闸底板上架立第一层模板时,上口必须保持水平,在闸墩两侧模板上,每隔 1m 左右钻与螺栓直径相应的圆孔,并于模板内侧对准圆孔撑以毛竹管或混凝土撑头,然后将螺栓穿入,且端头穿出横向双夹围图木和竖直围图木,然后用螺帽拧紧在竖直围图木上。铁板螺栓带扁铁的一端与水平对拉撑木相接,与两端均绞丝的螺栓要相间布置。在对立撑木与竖直围图木之间要留有 10cm 空隙,以便用木楔校正对拉撑木的松紧度。对拉撑木是为了防止每孔闸墩模板的歪斜与变形。若闸墩不高,每隔两根对销螺栓放一根铁板螺栓。

闸墩两端的圆头部分,待模板立好后,在其外侧自下而上相隔适当距离,箍以半圆形粗钢筋铁环,两端焊以扁铁并钻孔,钻孔尺寸与对销螺栓相同,并将它固定在双夹围图上。[①] 当水闸为三孔一联整体底板时,则中孔可不予支撑。在双孔底板的闸墩上,则宜将两孔同时支撑,这样可使三个闸墩同时浇筑。

---

① 屈凤臣,王安,赵树.水利工程设计与施工[M].长春:吉林科学技术出版社,2022.

2.翻模施工

由于钢模板的广泛应用,施工人员依据滑模的施工特点,发展形成了适用于闸墩施工的翻模施工法。立模时一次至少立 3 层,当第二层模板内混凝土浇至腰箍下缘时,第一层模板内腰箍以下部分的混凝土须达到脱模强度(以 98kPa 为宜),这样便可拆掉第一层,去架立第四层模板,并绑扎钢筋。保持混凝土浇筑的连续性,以避免产生次缝。

(二)混凝土浇筑

闸墩模板立好后,随即进行清仓工作。用压力水冲洗模板内侧和闸墩底面,污水由底层模板上的预留孔排出。清仓完毕堵塞小孔后,即可进行混凝土浇筑。

闸墩混凝土的浇筑,主要是解决好两个问题:一是每块底板上闸墩混凝土的均衡上升;二是流态混凝土的入仓及仓内混凝土的铺筑。为了保证混凝土的均衡上升,运送混凝土入仓时应很好地组织,使在同一时间运到同一底块各闸墩的混凝土量大致相同。

为防止流流混凝土自 8~10m 高度下落时产生离析,采用溜管运输,可每隔 2~3m 设置一组。由于仓内工作面窄,浇捣人员走动困难,可把仓内浇筑面分划成几个区段,每区段内固定浇捣工人,这样可提高工效。每坯混凝土厚度可控制在 30cm 左右。

三、止水施工

为适应地基的不均匀沉降和伸缩变形,在水闸设计中均设置有结构缝(包括沉陷缝与温度缝)。凡位于防渗范围内的缝,都有止水设施,且所有缝内均应有填料,填料通常为沥青油毡或沥青杉木板、沥青芦苇等。止水设施分为垂直止水和水平止水两种。

(一)水平止水

水平止水大多利用塑料止水带或橡皮止水带,近年来广泛采用塑料止水带。它止水性能好,抗拉强度高,韧性好,适应变形能力强,耐久且易粘结,价格便宜。

水平止水施工简单,有两种方法:一是先将止水带的一端埋入先浇块的混凝土中,拆模后安装填料,再浇另一侧混凝土,另一种方法是先将填料及止水带的一端安装在先浇块模板内侧,混凝土浇好拆模后,止水带嵌入混凝土中,填料被贴在混凝土表面,随后再浇后浇块混凝土。

(二)垂直止水

垂直止水多用金属止水片,重要部分用紫铜片,一般可用铝片,镀锌或镀铜铁片。重要结构,要求止水片与沥青井联合使用,沥青井用预制混凝土块砌筑,用水泥砂浆胶结,2~3m可分为一段,与混凝土接触面应凿毛,以利接合,沥青要在后浇块浇筑前随预制块的接长分段灌注。井内灌注的是沥青胶,其配合比为沥青:水泥:石棉粉=2:2:1。沥青井内沥青的加热方式,有蒸汽管加热和电加热两种,多采用电加热。

第三节　水闸运用

一、水闸准备操作

(一)闸门启闭前的准备工作

1.闸门的检查

(1)闸门的开度是否在原定位置。

(2)闸门的周围有无漂浮物卡阻,门体有无歪斜,门槽是否堵塞。

(3)在冰冻地区,冬季启闭闸门前还应注意检查闸门的活动部分有无冻结现象。

2.启闭设备的检查

(1)启闭闸门的电源或动力有无故障。

(2)电动机是否正常,相序是否正确。

(3)机电安全保护设施、仪表是否完好。

(4)机电转动设备的润滑油是否充足,特别注意高速部位(如变速箱等)的油量是否符合规定要求。

(5)牵引设备是否正常。如钢丝绳有无锈蚀、断裂,螺杆等有无弯曲变形,吊点结合是否牢固。

(6)液压启闭机的油泵、阀,滤油器是否正常,油箱的油量是否充足,管道、油缸是否漏油。

3.其他方面的检查

(1)上下游有无船只、漂浮物或其他障碍物影响行水等情况。

(2)观测上下游水位、流量、流态。

（二）闸门的操作运用原则

（1）工作闸门可以在动水情况下启闭,船闸的工作闸门应在静水情况下启闭。

（2）检修闸门一般在静水情况下启闭。

二、水闸操作

（一）闸门的操作运用

1.工作闸门的操作

工作闸门在操作运用时,应注意以下几个问题。

（1）闸门在不同开启度情况下工作时,要注意闸门、闸身的振动和对下游冲刷。

（2）闸门放水时,必须与下游水位、流量相适应,水跃应发生在消力池内。应根据闸下水位与安全流量关系图表和水位—闸门开度—流量关系图表,进行分次开启。

（3）不允许局部开启的工作闸门,不得中途停留使用。

2.多孔闸门的运行

（1）多孔闸门若能全部同时启闭,尽量全部同时启闭,若不能全部同时启闭,应由中间孔依次向两边对称开启或由两端向中间依次对称关闭。

（2）对上下双层孔口的闸门,应先开底层后开上层,关闭时顺序相反。

（3）多孔闸门下泄小流量时,只有水跃能控制在消力池内时,才允许开启部分闸孔。开启部分闸孔时,也应尽量考虑对称。

（4）多孔闸门允许局部开启时,应先确定闸下分次允许增加的流量,然后,确定闸门分次启闭的高度。

（二）启闭机的操作

1.电动及手、电两用卷扬式、螺杆式启闭机的操作

（1）电动启闭机的操作程序,凡有锁定装置的,应先打开锁定装置,后合电器开关。当闸门运行到预定位置后,及时断开电器开关,装好锁锭,切断电源。

（2）人工操作手、电两用启闭机时,应先切断电源,合上离合器,方能操作。如使用电动时,应先取下摇柄,拉开离合器后,才能按电动操作程序进行。

2.液压启闭机操作

（1）打开有关阀门,并将换向阀扳至所需位置。

（2）打开锁定装置,合上电器开关,启动油泵。

（3）逐渐关闭回油控制阀升压,开始运行闸门。

（4）在运行中若需改变闸门运行方向，应先打开回油控制阀至极限，然后扳动换向阀换向。

（5）停机前，应先逐步打开回油阀，当闸门达到上、下极限位置，而压力再升时，应立即将回油控制阀升至极限位置。

（6）停机后，应将换向阀扳至停止位置，关闭所有阀门，锁好锁锭，切断电源。

（五）水闸操作运用应注意的事项

（1）在操作过程中，不论是遥控、集中控制或机旁控制，均应有专人在机旁和控制室进行监护。

（2）启动后应注意：启闭机是否按要求的方向动作，电器、油压、机械设备的运用是否良好；开度指示器及各种仪表所示的位置是否准确；用两部启闭机控制一个闸门的是否同步启闭。若发现当启闭力达到要求，而闸门仍固定不动或发生其他异常现象时，应即停机检查处理，不得强行启闭。

（3）闸门应避免停留在容易发生振动的开度上。如闸门或启闭机发生不正常的振动、声响等，立即停机检查。消除不正常现象后，再行启闭。

（4）使用卷扬式启闭机关闭闸门时，不得在无电的情况下，单独松开制动器降落闸门（设有离心装置的除外）。

（5）当开启闸门接近最大开度或关闭闸门接近闸底时，应注意闸门指示器或标志，应停机时要及时停机，以避免启闭机械损坏。

（6）在冰冻时期，如要开启闸门，应将闸门附近的冰破碎或融化后，再开启闸门。在解冻流冰时期泄水时，应将闸门全部提出水面，或控制小开度放水，以避免流冰撞击闸门。

（7）闸门启闭完毕后，应校核闸门的开度。

水闸的操作是一项业务性较强的工作，要求操作人员必须熟悉业务，思想集中，操作过程中，必须坚守工作岗位，严格按操作规程办事，避免各种事故的发生。

第四节　水闸裂缝与险情抢护

一、水闸裂缝的处理

（一）闸底板和胸墙的裂缝处理

闸底板和胸墙的刚度比较小，适应地基变形的能力较差，很容易受到地基不均匀沉陷的影响,而发生裂缝。另外,由于混凝土强度不足、温差过大或者施工质量差也会引起闸底板和胸墙裂缝。

对不均匀沉陷引起的裂缝,在修补前,应首先采取措施稳定地基,一般有两种方法:一种方法是卸载,比如将边墩后的土清除改为空箱结构,或者拆除交通桥;另外一种方法是加固地基,常用的方法是对地基进行补强灌浆,提高地基的承载能力。对于因混凝土强度不足或因施工质量而产生的裂缝,应主要进行结构补强处理。

(二)翼墙和浆砌块石护坡的裂缝处理

地基不均匀沉陷和墙后排水设备失效是造成翼墙裂缝的两个主要原因。由于不均匀沉陷而产生的裂缝,首先应通过减荷稳定地基,然后再对裂缝进行修补处理,因墙后排水设备失效,应先修复排水设施,再修补裂缝。浆砌石护坡裂缝常常是由于填土不实造成的,严重时应进行翻修。

(三)护坦的裂缝处理

护坦裂缝产生的原因有:地基不均匀沉陷、温度应力过大和底部排水失效等。因地基不均匀沉陷产生的裂缝,可待地基稳定后,在裂缝上设止水,将裂缝改为沉陷缝。温度裂缝可采取补强措施进行修补,底部排水失效,应先修复排水设备。

(四)钢筋混凝土的顺筋裂缝处理

钢筋混凝土的顺筋裂缝是沿海地区挡潮闸普遍存在的一种病害现象。裂缝的发展可使混凝土脱落、钢筋锈蚀,使结构强度过早丧失。顺筋裂缝产生的原因是海水渗入混凝土后,降低了混凝土碱度,使钢筋表面的氧化膜遭到破坏,结果导致海水直接接触钢筋而产生电化学反应,使钢筋锈蚀。锈蚀引起的体积膨胀致使混凝土顺筋开裂。

顺筋裂缝的修补,其施工过程为:沿缝凿除保护层,再将钢筋周围的混凝土凿除2cm;对钢筋彻底除锈并清洗干净;在钢筋表面涂上一层环氧基液,在混凝土修补面上涂一层环氧胶,再填筑修补材料。

顺筋裂缝的修补材料应具有抗硫酸盐、抗碳化、抗渗、抗冲、强度高、凝聚力大等特性。目前常用的有铁铝酸盐早强水泥砂浆及混凝土、抗硫酸盐水泥砂浆及细石混凝土、聚合物水泥砂浆及混凝土和树脂砂浆及混凝土等。

(五)闸墩及工作桥裂缝处理

我国早期建成的许多闸墩及工作桥,发现许多细小裂缝,严重老化剥离,其主要原因是混凝土的碳化。混凝土的碳化是指空气中的二氧化碳与水泥中氢氧化钙作用生成碳酸钙和水,使混凝土的碱度降低,钢筋表面的氢氧化钙保护膜破坏而开始生锈,混凝土膨胀形成裂缝。

该病害的处理应对锈蚀钢筋除锈,锈蚀面积大的加设新筋,采用预缩砂浆并掺入阻锈剂进行加固。

二、闸门的防腐处理

(一)钢闸门的防腐处理

钢闸门常在水中或干湿交替的环境中工作,极易发生腐蚀,加速其破坏,引起事故。为了延长钢闸门的使用年限,保证安全运用,必须经常地予以保护。

钢铁的腐蚀一般分为化学腐蚀和电化学腐蚀两类。钢铁与氧气或非电解质溶液作用而发生的腐蚀,称为化学腐蚀;钢铁与水或电解质溶液接触形成微小腐蚀电池而引起的腐蚀,称为电化学腐蚀。钢闸门的腐蚀多属电化学腐蚀。

钢闸门防腐蚀措施主要有两种:一种是在钢闸门表面涂上覆盖层,借以把钢材母体与氧或电解质隔离,以免产生化学腐蚀或电化学腐蚀。另一种是设法供给适当的保护电能,使钢结构表面积聚足够的电子,成为一个整体阴极而得到保护,即电化学保护。

钢闸门不管采用哪种防腐措施,在具体实施过程中,首先都必须进行表面的处理。表面处理就是清除钢闸门表面的氧化皮、铁锈、焊渣、油污、旧漆及其他污物。经过处理的钢闸门要求表面无油脂、无污物、无灰尘、无锈蚀、表面干燥、无失效的旧漆等。目前钢闸门表面处理方法有人工处理、火焰处理、化学处理和喷砂处理等。

人工处理就是靠人工铲除锈和旧漆,此法工艺简单,无需大型设备,但劳动强度大、工效低、质量较差。

火焰处理就是对旧漆和油脂有机物,借燃烧使之碳化而清除。[①] 对氧化皮是利用加热后金属母体与氧化皮及铁锈间的热膨胀系数不同而使氧化皮崩裂、铁锈脱落。处理用的燃料一般为氧—乙炔焰。此种方法,设备简单,清理费用较低,质量比人工处理好。

化学处理是利用碱液或有机溶剂与旧漆层发生反应来除漆,利用无机酸与钢铁的锈蚀产物进行化学反应清理铁锈。除旧漆可利用纯碱石灰溶液(纯碱:生石灰:水=1:1.5:1.0)或其他有机脱漆剂。除锈可用无机酸与填加料配制的除锈药膏。

---

① 王海雷,王力,李忠才.水利工程管理与施工技术[M].北京:九州出版社,2018.

化学处理,劳动强度低,工效较高,质量较好。

喷砂处理方法较多,常见的干喷砂除锈除漆法是用压缩空气驱动砂粒通过专用的喷嘴以较高的速度冲到金属表面,依靠砂粒的冲击和摩擦以除锈、除漆。此种方法工效高、质量好,但工艺较复杂,需专用设备。

1. 涂料保护

涂料保护系借油漆或其他涂料涂在结构表面而形成保护层。

水工上常用的涂料主要有环氧二乙烯乙炔红丹底漆、环氧二乙烯乙炔铝粉面漆、醇酸沥青铝粉面漆、830号沥青铝粉防锈漆、831号黑棕船底防锈漆等。以上涂料一般应涂刷3～4遍,涂料保护的时间一般约10～15年。在几层漆中,底漆直接与结构表面接触,要求结合牢固;面漆因暴露于周围介质之中,要求有足够的硬度及耐水性、抗老化性等。

涂料保护一般施工方法有刷涂和喷涂两种。刷涂是用漆刷将油漆涂刷到钢闸门表面。此种方法工具设备简单,适宜于构造复杂,位置狭小的工作面。

喷涂是利用压缩空气将漆料通过喷嘴喷成雾状而覆盖于金属表面上,形成保护层。喷涂工艺优点是工效高、喷漆均匀、施工方便。特别适合于大面积施工。喷涂施工需具备喷枪、贮漆罐、空压机、滤清器、皮管等设备。

2. 喷镀保护

喷镀保护是在钢闸门上喷镀一层锌、铝等活泼金属,使钢铁与外界隔离从而得到保护。同时,还起到牺牲阳极(锌、铝)保护阴极(钢闸门)的作用。喷镀有电喷镀和气喷镀两种。水工上常采用气喷镀。

气喷镀所需设备主要有压缩空气系统、乙炔系统、喷射系统等。常用的金属材料有锌丝和铝丝。一般采用锌丝。

气喷镀的工作原理是:金属丝经过喷枪传动装置以适宜的速度通过喷嘴,由乙炔系统热熔后,借压缩空气的作用,把雾化成半熔融状态的微粒喷射到部件表面,形成一层金属保护层。

3. 外加电流阴极保护与涂料保护相结合

将钢闸门与另一辅助电极(如废旧钢铁等)作为电解池的两个极,以辅助电极为阳极、钢闸门为阴极,在两者之间接上一个直流电源,通过水形成回路,在电流作用下,阳极的辅助材料发生氧化反应而被消耗,阴极发生还原反应得到保护。当系统通电后,阴极表面就开始得到电源送来的电子,其中除一部分被水中还原物质吸收外,大部分将积聚在阴极表面上,使阴极表面电位越来越负。电位越负,保护效率就越高。当钢闸门在水中的表面电位达到$-850mV$时,钢闸门基本能不锈,这个电位值被称为最小保护电位。

在钢闸门上采用外加电流阴极保护时,需消耗大量保护电流。为了节约用电,可采用与涂料一并使用的联合保护措施。

(二)钢丝网水泥闸门的防腐处理

钢丝网水泥是一种新型水工结构材料,它由若干层重叠的钢丝网、浇筑高强度等级水泥砂浆而成。它具有重量轻、造价低、便于预制、弹性好、强度高、抗振性能好等优点。完好无损的钢丝网水泥结构,其钢丝网与钢筋被氢氧化钙等碱性物质包围着,钢丝与钢筋在氢氧化钙碱性作用下生成氢氧化铁保护膜保护网筋,防止了网筋的锈蚀。因此,对钢丝网水泥闸门必须使砂浆保护层完整无损。要达到这个要求,一般采用涂料保护。

钢丝网水泥闸门在涂防腐涂料前也必须进行表面处理,一般可采用酸洗处理,使砂浆表面达到洁净、干燥、轻度毛糙。

常用的防腐涂料有环氧材料、聚苯乙烯、氯丁橡胶沥青漆及生漆等。为保证涂抹质量,一般需涂 2~3 层。

(三)木闸门的防腐处理

在水利工程中,一些中小型闸门常用木闸门,木闸门在阴暗潮湿或干湿交替的环境中工作,易于霉料和虫蛀,因此也需进行防腐处理。

木闸门常用的防腐剂有氟化钠、硼铬合剂、硼酚合剂、铜铬合剂等。作用在于毒杀微生物与菌类,达到防止木材腐蚀的目的。施工方法有涂刷法、浸泡法、热浸法等。处理前应将木材烤干,使防腐剂容易吸附和渗入木材体内。

木闸门通过防腐剂处理以后,为了彻底封闭木材空隙,隔绝木材与外界的接触,常在木闸门表面涂上油性调和漆、生桐油、沥青等,以杜绝发生腐蚀的各种条件。

三、涵闸与土堤结合部出险

(一)出险原因

土料回填不实;闸体或土堤所承受的荷载不均匀,引起不均匀沉陷、错缝、裂缝,遇到降雨地面径流进入,冲蚀形成陷坑,或使岸墙、护坡失去依托而蛰裂,塌陷;洪水顺裂缝造成集中绕渗,严重时在闸下游侧造成管涌、流土,危及涵闸及堤防的安全。

(二)抢护原则与方法

堵塞漏洞的原则是:临水堵塞漏洞进水口,背水反滤导渗。抢护渗水的原则是:临河截渗,背河导渗。常用的抢护方法有以下几种。

1.堵塞漏洞进口

(1)布篷覆盖

一般适用于涵洞式水闸闸前堤坡上漏洞的抢护。布篷长度要能从堤顶向下铺放将洞口严密覆盖,并留一定宽裕度,用直径 10～20cm 钢管一根,长度大于布宽约0.6m,长竹竿数根以及拉绳、木桩等。将篷布两端各缝一套筒,上端套上竹竿,下端套上钢管,绑扎牢固,把篷布套在钢管上,在堤顶肩部打木桩数根,将卷好的篷布上端固定,下端钢管两头各拴一根拉绳,然后用竹竿顶推将布篷卷顺堤坡滚下,直至铺盖住漏洞进口,为提高封堵效果,在篷布上面抛压土袋。

(2)草捆或棉絮堵塞

当漏洞口尺寸不大,且水深在 2.5m 以内的情况,用草捆(棉絮)堵塞,并在上压盖土袋,以使闭气。

(3)草泥袋网袋堵塞

当洞口不大,水深 2m 以内,可用草泥装入尼龙网袋。用网袋将漏洞进口堵塞。

2.背河反滤导渗

如果渗漏已在涵闸下游堤坡出逸,为防止流土或管涌等渗透破坏,致使险情扩大,需在出渗处采取导渗反滤措施。

(1)砂石反滤导渗

在渗水处按要求填筑反滤结构,滤水体汇集的水流,可通过导管或明沟流入涵闸下游排走。

(2)土工织物滤层

铺设前将坡面进行平整并清除杂物,使土工织物与土面接触良好,铺放时要避免尖锐物体扎破织物。织物幅与幅之间可采用搭接,搭接宽度一般不小于 0.2m。为固定土工织物,每隔 2m 左右用"Ⅱ"型钉将织物固定在堤坡上。

(3)柴草反滤

在背水坡用柴草修做反滤设施,第一层铺麦秸厚约 5cm,第二层铺秸料(或苇帘等)约 20cm,第三层铺细柳枝厚约 20cm。铺放时注意秸料均顺水流向铺放,以利排出渗水。为防止大风将柴草刮走,在柴草上压一层土袋。

四、涵闸滑动抢险

(一)出险原因

(1)上游挡水位超过设计挡水位,使水平水压力增加,同时渗透压力和上浮力也增大,使水平方向的滑动力超过抗滑摩阻力。

(2)防渗、止水设施破坏,使渗径变短,造成地基土壤渗透破坏甚至冲蚀,地基摩阻力降低。

(3)其他附加荷载超过设计值,如地震力等。

(二)抢护原则与方法

抢护的原则是增加摩阻力,减小滑动力,以稳固工程基础。常用的方法有以下几种。

1.加载增加摩阻力

适用于平面缓慢滑动险情的抢护。具体做法是在水闸的闸墩、公路桥面等部位堆放块石、土袋或钢铁等重物,需加载量由稳定核算确定。注意事项:加载不得超过地基许可应力,否则会造成地基大幅度沉陷。具体加载部位的加载量不能超过该构件允许的承载限度。一般不要向闸室内抛物增压,以免压坏闸底板或损坏闸门构件。险情解除后要及时卸载,进行善后处理。

2.下游堆重阻滑

适用对圆弧滑动和混合滑动两种缓滑险情的抢护。在水闸出现的滑动面下端,堆放土袋、块石等重物,以防滑动,重物堆放位置和数量由阻滑稳定计算确定。

3.下游蓄水平压

在水闸下游一定范围内用土袋或土筑成围堤,以壅高水位,减小上下游水头差,抵消部分水平推力。围堤高度根据壅水需要而定。若水闸下游渠道上建有节制闸,且距离较近时,可关闭壅高水位,亦能起到同样的作用。

4.圈堤围堵

一般适用于闸前有较宽的滩地的情况,临河侧可堆筑土袋,背水侧填筑土戗,或两侧均堆筑土袋,中间填土夯实,以减少土方量。

五、闸顶漫溢抢险

(一)出险原因

设计洪水水位标准偏低或河道淤积,洪水位超过闸门或胸墙顶高程。

(二)抢护方法

涵洞式水闸因埋设于堤内,其抢护方法与堤防的防漫溢措施基本相同,对开敞式水闸的防漫溢措施如下。

1. 无胸墙开敞式水闸

当闸跨度不大时,可焊一个平面钢架,将钢架吊入闸门槽内,放置于关闭的闸门顶上,紧靠闸门的下游侧,然后在钢架前部的闸门顶部,分层叠放土袋,迎水面放置土工膜(布)或布篷挡水,宽度不足时可以搭接,搭接长不小于0.2m。亦可用2～4cm厚的木板,严密拼接紧靠在钢架上,在木板前放一排土袋作前戗,压紧木板防止漂浮。

2. 有胸墙开敞式水闸

利用闸前工作桥在胸墙顶部堆放土袋,迎水面压放土工膜(布)或篷布挡水。上述堆放土袋应与两侧大堤衔接,共同挡御洪水。

为防闸顶漫溢抢筑的土袋高度不宜过高,若洪水位超高过多,应考虑抢筑围堤挡水,以保证闸的安全。

六、闸基渗水、管涌抢险

(一)出险原因

水闸地下轮廓渗径不足,渗透比降大于地基土壤允许比降,地基下埋藏有强透水层,承压水与河水相通,当闸下游出逸渗透比降大于土壤允许值时,可能发生流土或管涌、冒水冒砂,形成渗漏通道。

(二)抢护原则与方法

抢护的原则是:上游截渗,下游导渗和蓄水平压减小水位差。具体措施如下:

(1)闸上游落淤阻渗。先关闭闸门,在渗漏进口处,用船载黏土袋由潜水人员下水填堵进口,再加抛撒黏土落淤封闭,或利用洪水挟带的泥沙,在闸前落淤阻渗,或者用船在渗漏区抛填黏土形成铺盖层防止渗漏。

(2)闸下游管涌或冒水冒沙区修筑反滤围井。

(3)下游围堤蓄水平压,减小上下游水头差。

(4)闸下游滤水导渗。当闸下游冒水冒沙面积较大或管涌成片,在渗流破坏区采用分层铺填中粗砂、石屑、碎石反滤层,下细上粗,每层厚20～30cm,上面压块石或土袋,如缺乏砂石料,亦可用秸料或细柳枝做成柴排(厚15～30cm),上铺草帘或苇席(厚5～10cm),再压块石或砂土袋,注意不要将柴草压得过紧,同时不可将水抽干再铺填滤料,以免使险情恶化。

第八章 水利工程施工质量管理

第一节 水利工程质量管理概述

水利水电工程项目的施工阶段是根据设计图纸和设计文件的要求,通过工程参建各方及其技术人员的劳动形成工程实体的阶段。这个阶段的质量控制无疑是极其重要的,其中心任务是通过建立健全有效的工程质量监督体系,确保工程质量达到合同规定的标准和等级要求。

一、工程项目质量和质量控制的概念

(一)工程项目质量

质量是反映实体满足明确或隐含需要能力的特性之总和。工程项目质量是国家现行的有关法律法规、技术标准、设计文件及工程承包合同对工程的安全、适用、经济、美观等特征的综合要求。

1. 从功能和使用价值来看

工程项目质量体现在适用性、可靠性、经济性、外观质量与环境协调等方面。由于工程项目是依据项目法人的需求而兴建的,故各工程项目的功能和使用价值的质量应满足不同项目法人的需求,并无一个统一的标准。

2. 从工程项目质量的形成过程来看

工程项目质量包括工程建设各个阶段的质量,即可行性研究质量、工程决策质量、工程设计质量、工程施工质量、工程竣工验收质量。

工程项目质量具有两个方面的含义:一是指工程产品的特征性能,即工程产品质量;二是指参与工程建设各方面的工作水平、组织管理等,即工作质量。工作质量包括社会工作质量和生产过程工作质量。社会工作质量主要是指社会调查、市场预测、维修服务等。生产过程工作质量主要包括管理工作质量、技术工作质量、后勤工作质量等,最终将反映在工序质量上,而工序质量的好坏,直接受人、原材料、机具设备、工艺及环境等五方面因素的影响。因此,工程项目质量的好坏是各环节、各方面工作质

量的综合反映,而不是单纯靠质量检验查出来的。

(二)工程项目质量控制

质量控制是指为达到质量要求所采取的作业技术和行动,工程项目质量控制,实际上就是对工程在可行性研究、勘测设计、施工准备、建设实施、后期运行等各阶段、各环节、各因素的全过程、全方位的质量监督控制。工程项目质量有个产生、形成和实现的过程,控制这个过程中的各环节,以满足工程合同、设计文件、技术规范规定的质量标准。在我国的工程项目建设中,工程项目质量控制按其实施者的不同,包括以下三个方面。

1.项目法人的质量控制

项目法人方面的质量控制,主要是委托监理单位依据国家的法律、规范、标准和工程建设的合同文件,对工程建设进行监督和管理。其特点是外部的、横向的、不间断地控制。

2.政府方面的质量控制

政府方面的质量控制是通过政府的质量监督机构来实现的,其目的在于维护社会公共利益,保证技术性法规和标准的贯彻执行。其特点是外部的、纵向的、定期或不定期地抽查。

3.承包人方面的质量控制

承包人主要是通过建立健全质量保证体系,加强工序质量管理,严格执行"三检制"(即初检、复检、终检),避免返工,提高生产效率等方式来进行质量控制。其特点是内部的、自身的、连续地控制。

二、工程项目质量的特点

建筑产品位置固定、生产流动性、项目单件性、生产一次性、受自然条件影响大等特点,决定了工程项目质量具有以下特点。

(一)影响因素多

影响工程质量的因素是多方面的,如人的因素、机械因素、材料因素、方法因素、环境因素等均直接或间接地影响着工程质量。尤其是水利水电工程项目主体工程的建设,一般由多家承包单位共同完成,故其质量形式较为复杂,影响因素多。

(二)质量波动大

由于工程建设周期长,在建设过程中易受到系统因素及偶然因素的影响,产品质量产生波动。

(三)质量变异大

由于影响工程质量的因素较多,任何因素的变异,均会引起工程项目的质量变异。

(四)质量具有隐蔽性

由于工程项目实施过程中,工序交接多,中间产品多,隐蔽工程多,取样数量受到各种因素、条件的限制,产生错误判断的概率增大。

(五)终检局限性大

建筑产品位置固定等自身特点,使质量检验时不能解体、拆卸,所以在工程项目终检验收时难以发现工程内在的、隐蔽的质量缺陷。此外,质量、进度和投资目标三者之间既对立又统一的关系,使工程质量受到投资、进度的制约。因此,应针对工程质量的特点,严格控制质量,并将质量控制贯穿于项目建设的全过程。

三、工程项目质量控制的原则

在工程项目建设过程中,对其质量进行控制应遵循以下几项原则。

(一)质量第一原则

"百年大计,质量第一",工程建设与国民经济的发展和人民生活的改善息息相关。质量的好坏,直接关系到国家繁荣富强,关系到人民生命财产的安全,关系到子孙幸福,所以必须树立强烈的"质量第一"的思想。

要确立质量第一的原则,必须弄清并且摆正质量和数量、质量和进度之间的关系。不符合质量要求的工程,数量和进度都将失去意义,也没有任何使用价值,而且数量越多,进度越快,国家和人民遭受的损失也将越大。因此,好中求多,好中求快,好中求省,才是符合质量管理所要求的质量水平。

(二)预防为主原则

对于工程项目的质量,长期以来采取事后检验的方法,认为严格检查,就能保证质量,实际上这是远远不够的。应该从消极防守的事后检验变为积极预防的事先管理。因为好的建筑产品是好的设计、好的施工所产生的,不是检查出来的。必须在项目管理的全过程中,事先采取各种措施,消灭种种不符合质量要求的因素,以保证建筑产品质量。如果各质量因素预先得到保证,工程项目的质量就有了可靠的前提条件。

(三)为用户服务原则

建设工程项目,是为了满足用户的要求,尤其要满足用户对质量的要求。真正好的质量是用户完全满意的质量。进行质量控制,就是要把为用户服务的原则,作为工程项目管理的出发点,贯穿到各项工作中去。同时,要在项目内部树立"下道工序就是用户"的思想。各个部门、各种工作、各种人员都有个前、后的工作顺序,在自己这道工序的工作一定要保证质量,凡达不到质量要求不能交给下道工序,一定要使"下道工序"这个用户感到满意。

(四)用数据说话原则

质量控制必须建立在有效的数据基础之上,必须依靠能够确切反映客观实际的数字和资料,否则就谈不上科学的管理。一切用数据说话,就需要用数理统计方法,对工程实体或工作对象进行科学的分析和整理,从而研究工程质量的波动情况,寻求影响工程质量的主次原因,采取改进质量的有效措施,掌握保证和提高工程质量的客观规律。

在很多情况下,评定工程质量,虽然也按规范标准进行检测计量,也有一些数据,但是这些数据往往不完整,不系统,没有按数理统计要求积累数据,抽样选点,所以难以汇总分析,有时只能统计加估计,抓不住质量问题,既不能完全表达工程的内在质量状态,也不能有针对性地进行质量教育,提高企业素质。所以,必须树立起"用数据说话"的意识,从积累的大量数据中,找出控制质量的规律性,以保证工程项目的优质建设。

四、工程项目质量控制的任务

工程项目质量控制的任务就是根据国家现行的有关法规、技术标准和工程合同规定的工程建设各阶段质量目标实施全过程的监督管理。由于工程建设各阶段的质量目标不同,因此需要分别确定各阶段的质量控制对象和任务。

(一)工程项目决策阶段质量控制的任务

(1)审核可行性研究报告是否符合国民经济发展的长远规划、国家经济建设的方针政策。

(2)审核可行性研究报告是否符合工程项目建议书或业主的要求。

(3)审核可行性研究报告是否具有可靠的基础资料和数据。

(4)审核可行性研究报告是否符合技术经济方面的规范标准和定额等指标。

(5)审核可行性研究报告的内容、深度和计算指标是否达到标准要求。

(二)工程项目设计阶段质量控制的任务

(1)审查设计基础资料的正确性和完整性。

(2)编制设计招标文件,组织设计方案竞赛。

(3)审查设计方案的先进性和合理性,确定最佳设计方案。

(4)督促设计单位完善质量保证体系,建立内部专业交底及专业会签制度。

(5)进行设计质量跟踪检查,控制设计图纸的质量。在初步设计和技术设计阶段,主要检查生产工艺及设备的选型,总平面布置,建筑与设施的布置,采用的设计标准和主要技术参数;在施工图设计阶段,主要检查计算是否有错误,选用的材料和做法是否合理,标注的各部分设计标高和尺寸是否有错误,各专业设计之间是否有矛盾等。

(三)工程项目施工阶段质量控制的任务

施工阶段质量控制是工程项目全过程质量控制的关键环节。根据工程质量形成的时间,施工阶段的质量控制又可分为质量的事前控制、事中控制和事后控制,其中事前控制为重点控制。

1.事前控制

(1)审查承包商及分包商的技术资质。

(2)协助承建商完善质量体系,包括完善计量及质量检测技术和手段等,同时对承包商的实验室资质进行考核。

(3)督促承包商完善现场质量管理制度,包括现场会议制度、现场质量检验制度、质量统计报表制度和质量事故报告及处理制度等。

(4)与当地质量监督站联系,争取其配合、支持和帮助。

(5)组织设计交底和图纸会审,对某些工程部位应下达质量要求标准。

(6)审查承包商提交的施工组织设计,保证工程质量具有可靠的技术措施。审核工程中采用的新材料、新结构、新工艺、新技术的技术鉴定书;对工程质量有重大影响的施工机械、设备,应审核其技术性能报告。

(7)对工程所需原材料、构配件的质量进行检查与控制。

(8)对永久性生产设备或装置,应按审批同意的设计图纸组织采购或订货,到场后进行检查验收。

(9)对施工场地进行检查验收。检查施工场地的测量标桩、建筑物的定位放线以及高程水准点,重要工程还应复核,落实现场障碍物的清理、拆除等。

(10)把好开工关。对现场各项准备工作检查合格后,方可发开工令;停工的工程,未发复工令者不得复工。

2.事中控制

(1)督促承包商完善工序控制措施。工程质量是在工序中产生的,工序控制对工程质量起着决定性的作用。应把影响工序质量的因素都纳入控制状态中,建立质量管理点,及时检查和审核承包商提交的质量统计分析资料和质量控制图表。[①]

(2)严格工序交接检查。主要工作作业包括隐蔽作业需按有关验收规定经检查验收后,方可进行下一道工序的施工。

(3)重要的工程部位或专业工程(如混凝土工程)要做试验或技术复核。

(4)审查质量事故处理方案,并对处理效果进行检查。

(5)对完成的分项分部工程,按相应的质量评定标准和办法进行检查验收。

(6)审核设计变更和图纸修改。

(7)按合同行使质量监督权和质量否决权。

(8)组织定期或不定期的质量现场会议,及时分析、通报工程质量状况。

3.事后控制

(1)审核承包商提供的质量检验报告及有关技术性文件。

(2)审核承包商提交的竣工图。

(3)组织联动试车。

(4)按规定的质量评定标准和办法,进行检查验收。

(5)组织项目竣工总验收。

(6)整理有关工程项目质量的技术文件,并编目、建档。

(四)工程项目保修阶段质量控制的任务

(1)审核承包商的工程保修书。

(2)检查、鉴定工程质量状况和工程使用情况。

(3)对出现的质量缺陷,确定责任者。

(4)督促承包商修复缺陷。

(5)在保修期结束后,检查工程保修状况,移交保修资料。

---

① 王建海,孟延奎,姬广旭.水利工程施工现场管理与 BIM 应用[M].郑州:黄河水利出版社,2022.

五、工程项目质量影响因素的控制

在工程项目建设的各个阶段,对工程项目质量影响的主要因素就是"人、机、料、法、环"等五大方面。为此,应对这五个方面的因素进行严格的控制,以确保工程项目建设的质量。

(一)对"人"的因素的控制

人是工程质量的控制者,也是工程质量的"制造者"。工程质量的好与坏,与人的因素是密不可分的。控制人的因素,即调动人的积极性、避免人的失误等,是控制工程质量的关键因素。

1.领导者的素质

领导者是具有决策权力的人,其整体素质是提高工作质量和工程质量的关键,因此在对承包商进行资质认证和选择时一定要考核领导者的素质。

2.人的理论和技术水平

人的理论水平和技术水平是人的综合素质的表现,它直接影响工程项目质量,尤其是技术复杂,操作难度大,要求精度高,工艺新的工程对人员素质要求更高,否则,工程质量就很难保证。

3.人的生理缺陷

根据工程施工的特点和环境,应严格控制人的生理缺陷,如高血压、心脏病的人,不能从事高空作业和水下作业;反应迟钝、应变能力差的人,不能操作快速运行、动作复杂的机械设备等,否则将影响工程质量,引起安全事故。

4.人的心理行为

影响人的心理行为因素很多,而人的心理因素如疑虑、畏惧、抑郁等很容易使人产生愤怒、怨恨等情绪,使人的注意力转移,由此引发质量、安全事故。所以,在审核企业的资质水平时,要注意企业职工的凝聚力如何,职工的情绪如何,这也是选择企业的一条标准。

5.人的错误行为

人的错误行为是指人在工作场地或工作中吸烟、打盹、错视、错听、误判断、误动作等,这些都会影响工程质量或造成质量事故。所以,在有危险的工作场所,应严格禁止吸烟、嬉戏等。

6.人的违纪违章

人的违纪违章是指人的粗心大意、注意力不集中、不履行安全措施等不良行为,会对工程质量造成损害,甚至引起工程质量事故。所以,在使用人的问题上,应从思想素质、业务素质和身体素质等方面严格控制。

(二)对材料、构配件的质量控制

1.材料质量控制的要点

(1)掌握材料信息,优选供货厂家。应掌握材料信息,优先选有信誉的厂家供货,对主要材料、构配件在订货前,必须经监理工程师论证同意后,才可订货。

(2)合理组织材料供应。应协助承包商合理地组织材料采购、加工、运输、储备。尽量加快材料周转,按质、按量、如期满足工程建设需要。

(3)合理地使用材料,减少材料损失。

(4)加强材料检查验收。用于工程上的主要建筑材料,进场时必须具备正式的出厂合格证和材质化验单。否则,应做补检。工程中所有各种构配件,必须具有厂家批号和出厂合格证。

凡是标志不清或质量有问题的材料,对质量保证资料有怀疑或与合同规定不相符的一般材料,应进行一定比例的材料试验,并需要追踪检验。对于进口的材料和设备以及重要工程或关键施工部位所用材料,则应进行全部检验。

(5)重视材料的使用认证,以防错用或使用不当。

2.材料质量控制的内容

(1)材料质量的标准

材料质量的标准是用以衡量材料标准的尺度,并作为验收、检验材料质量的依据。其具体的材料标准指标可参见相关材料手册。

(2)材料质量的检验、试验

材料质量的检验目的是通过一系列的检测手段,将取得的材料数据与材料的质量标准相比较,用以判断材料质量的可靠性。

(3)材料的选择和使用要求

材料的选择不当和使用不正确,会严重影响工程质量或造成工程质量事故。因此,在施工过程中,必须针对工程项目的特点和环境要求及材料的性能、质量标准、适用范围等多方面综合考察,慎重选择和使用材料。

(三)对方法的控制

对方法的控制主要是指对施工方案的控制,也包括对整个工程项目建设期内所采用的技术方案、工艺流程、组织措施、检测手段、施工组织设计等的控制。对一个工程项目而言,施工方案恰当与否,直接关系到工程项目质量,关系到工程项目的成败,所以应重视对方法的控制。这里说的方法控制,在工程施工的不同阶段,其侧重点也不相同,但都是围绕确保工程项目质量这个纲。

(四)对施工机械设备的控制

施工机械设备是工程建设不可缺少的设施,目前,工程建设的施工进度和施工质量都与施工机械关系密切。因此,在施工阶段,必须对施工机械的性能、选型和使用操作等方面进行控制。

1.机械设备的选型

机械设备的选型应因地制宜,按照技术先进、经济合理、生产适用、性能可靠、使用安全、操作和维修方便等原则来选择施工机械。

2.机械设备的主要性能参数

机械设备的性能参数是选择机械设备的主要依据,为满足施工的需要,在参数选择上可适当留有余地,但不能选择超出需要很多的机械设备,否则,容易造成经济上的不合理。机械设备的性能参数很多,要综合各参数,确定合适的施工机械设备。在这方面,要结合机械施工方案,择优选择机械设备,要严格把关,对不符合需要和有安全隐患的机械,不准进场。

3.机械设备的使用、操作要求

合理使用机械设备,正确地进行操作,是保证工程项目施工质量的重要环节,应贯彻"人机固定"的原则,实行定机、定人、定岗位的制度。操作人员必须认真执行各项规章制度,严格遵守操作规程,防止出现安全质量事故。

(五)对环境因素的控制

影响工程项目质量的环境因素很多,有工程技术环境、工程管理环境、劳动环境等。环境因素对工程质量的影响复杂而多变,因此应根据工程特点和具体条件,对影响工程质量的环境因素严格控制。

第二节 质量体系建立与运行

一、施工阶段的质量控制

(一)质量控制的依据

施工阶段的质量管理及质量控制的依据,大体上可分为两类,即共同性依据及专门技术法规性依据。

共同性依据是指那些适用于工程项目施工阶段与质量控制有关的,具有普遍指导意义和必须遵守的基本文件。主要有工程承包合同文件,设计文件,国家和行业现行的有关质量管理方面的法律法规文件。

工程承包合同中分别规定了参与施工建设的各方在质量控制方面的权利和义务,并据此对工程质量进行监督和控制。

有关质量检验与控制的专门技术法规性依据是指针对不同行业、不同的质量控制对象而制定的技术法规性的文件,主要包括以下几点。

(1)已批准的施工组织设计。它是承包单位进行施工准备和指导现场施工的规划性、指导性文件,详细规定了工程施工的现场布置,人员设备的配置,作业要求,施工工序和工艺,技术保证措施,质量检查方法和技术标准等,是进行质量控制的重要依据。

(2)合同中引用的国家和行业的现行施工操作技术规范、施工工艺规程及验收规范。它是维护正常施工的准则,与工程质量密切相关,必须严格遵守执行。

(3)合同中引用的有关原材料、半成品、配件方面的质量依据。如水泥、钢材、骨料等有关产品技术标准;水泥、骨料、钢材等有关检验、取样、方法的技术标准;有关材料验收、包装、标志的技术标准。

(4)制造厂提供的设备安装说明书和有关技术标准。这是施工安装承包人进行设备安装必须遵循的重要技术文件,也是进行检查和控制质量的依据。

(二)质量控制的方法

施工过程中的质量控制方法主要有旁站检查、测量、试验等。

1.旁站检查

旁站是指有关管理人员对重要工序(质量控制点)的施工所进行的现场监督和检查,以避免质量事故的发生。旁站也是驻地监理人员的一种主要现场检查形式。根据工程施工难度及复杂性,可采用全过程旁站、部分时间旁站两种方式。对容易产生缺陷的部位,或产生了缺陷难以补救的部位,以及隐蔽工程,应加强旁站检查。

在旁站检查中,必须检查承包人在施工中所用的设备、材料及混合料是否符合已批准的文件要求,检查施工方案、施工工艺是否符合相应的技术规范。

2.测量

测量是对建筑物的尺寸控制的重要手段。应对施工放样及高程控制进行核查,不合格者不准开工。对模板工程、已完成工程的几何尺寸、高程、宽度、厚度、坡度等质量指标,按规定要求进行测量验收,不符合规定要求的需进行返工。测量记录,均要事先经工程师审核签字后方可使用。

3.试验

试验是工程师确定各种材料和建筑物内在质量是否合格的重要方法。所有工程使用的材料,都必须事先经过材料试验,质量必须满足产品标准,并经工程师检查批准后,方可使用。材料试验包括水源、粗骨料、沥青、土工织物等各种原材料,不同等级混凝土的配合比试验,外购材料及成品质量证明和必要的试验鉴定,仪器设备的校调试验,加工后的成品强度及耐用性检验,工程检查等。没有试验数据的工程不予验收。

(三)工序质量监控

1.工序质量监控的内容

工序质量控制主要包括对工序活动条件的监控和对工序活动效果的监控。

(1)工序活动条件的监控

所谓工序活动条件监控,就是指对影响工程生产因素进行的控制。工序活动条件的控制是工序质量控制的手段。尽管在开工前对生产活动条件已进行了初步控制,但在工序活动中有的条件还会发生变化,使其基本性能达不到检验指标,这正是生产过程产生质量不稳定的重要原因。因此,只有对工序活动条件进行控制,才能达到对工程或产品的质量性能特性指标的控制。工序活动条件包括的因素较多,要通过分析,分清影响工序质量的主要因素,抓住主要矛盾,逐渐予以调节,以达到质量控制的目的。

(2)工序活动效果的监控

工序活动效果的监控主要反映在对工序产品质量性能的特征指标的控制上。通过对工序活动的产品采取一定的检测手段进行检验,根据检验结果分析、判断该工序活动的质量效果,从而实现对工序质量的控制,其步骤如下:首先是工序活动前的控制,主要要求人、材料、机械、方法或工艺、环境能满足要求;然后采用必要的手段和工具,对抽出的工序样子进行质量检验;应用质量统计分析工具(如直方图、控制图、排列图等)对检验所得的数据进行分析,找出这些质量数据所遵循的规律。根据质量数据分布规律的结果,判断质量是否正常;若出现异常情况,寻找原因,找出影响工序质量的因素,尤其是那些主要因素,采取对策和措施进行调整;再重复前面的步骤,检查调整效果,直到满足要求,这样便可达到控制工序质量的目的。

2.工序质量监控实施要点

对工序活动质量监控，首先应确定质量控制计划，它是以完善的质量监控体系和质量检查制度为基础。一方面，工序质量控制计划要明确规定质量监控的工作程序流程和质量检查制度；另一方面，需进行工序分析，在影响工序质量的因素中，找出对工序质量产生影响的重要因素，进行主动的、预防性的重点控制。例如，在振捣混凝土这一工序中，振捣的插点和振捣时间是影响质量的主要因素，为此，应加强现场监督并要求施工单位严格予以控制。①

同时，在整个施工活动中，应采取连续的动态跟踪控制，通过对工序产品的抽样检验，判定其产品质量波动状态，若工序活动处于异常状态，则应查出影响质量的原因，采取措施排除系统性因素的干扰，使工序活动恢复到正常状态，从而保证工序活动及其产品质量。此外，为确保工程质量，应在工序活动过程中设置质量控制点，进行预控。

3.质量控制点的设置

质量控制点的设置是进行工序质量预防控制的有效措施。质量控制点是指为保证工程质量而必须控制的重点工序、关键部位、薄弱环节。应在施工前，全面、合理地选择质量控制点，并对设置质量控制点的情况及拟采取的控制措施进行审核。必要时，应对质量控制实施过程进行跟踪检查或旁站监督，以确保质量控制点的施工质量。

设置质量控制点的对象，主要有以下几方面。

（1）关键的分项工程。如大体积混凝土工程，土石坝工程的坝体填筑，隧洞开挖工程等。

（2）关键的工程部位。如混凝土面板堆石坝面板趾板及周边缝的接缝，土基上水闸的地基基础，预制框架结构的梁板节点，关键设备的设备基础等。

（3）薄弱环节。指经常发生或容易发生质量问题的环节，或承包人无法把握的环节，或采用新工艺（材料）施工的环节等。

（4）关键工序。如钢筋混凝土工程的混凝土振捣，灌注桩钻孔，隧洞开挖的钻孔布置、方向、深度、用药量和填塞等。

（5）关键工序的关键质量特性。如混凝土的强度、耐久性，土石坝的干容重、黏性

---

① 宋秋英，李永敏，胡玉海.水文与水利工程规划建设及运行管理研究[M].长春：吉林科学技术出版社，2021.

土的含水率等。

(6)关键质量特性的关键因素。如冬季混凝土强度的关键因素是环境(养护温度),支模的关键因素是支撑方法,泵送混凝土输送质量的关键因素是机械,墙体垂直度的关键因素是人等。

控制点的设置应准确有效,因此究竟选择哪些作为控制点,需要由有经验的质量控制人员进行选择。

4.见证点、停止点的概念

在工程项目实施控制中,通常是由承包人在分项工程施工前制订施工计划时,就选定设置控制点,并在相应的质量计划中进一步明确哪些是见证点,哪些是停止点。所谓见证点和停止点是国际上对于重要程度不同及监督控制要求不同的质量控制对象的一种区分方式。见证点监督也称为 W 点监督。凡是被列为见证点的质量控制对象,在规定的控制点施工前,施工单位应提前 24h 通知监理人员在约定的时间内到现场进行见证并实施监督。如监理人员未按约定到场,施工单位有权对该点进行相应的操作和施工。停止点也称为待检查点或 H 点,它的重要性高于见证点,是针对那些由于施工过程或工序施工质量不易或不能通过其后的检验和试验而充分得到论证的"特殊过程"或"特殊工序"而言的。凡被列入停止点的控制点,要求必须在该控制点来临之前 24h 通知监理人员到场实验监控,如监理人员未能在约定时间内到达现场,施工单位应停止该控制点的施工,并按合同规定等待监理方,未经认可不能超过该点继续施工,如水闸闸墩混凝土结构在钢筋架立后,混凝土浇筑之前,可设置停止点。

在施工过程中,应加强旁站和现场巡查的监督检查;严格实施隐蔽式工程工序间交接检查验收、工程施工预检等检查监督;严格执行对成品保护的质量检查。只有这样才能及早发现问题,及时纠正,防患于未然,确保工程质量,避免导致工程质量事故。

为了对施工期间的各分部、分项工程的各工序质量实施严密、细致和有效的监督、控制,应认真地填写跟踪档案,即施工和安装记录。

(四)施工合同条件下的工程质量控制

工程施工是使业主及工程设计意图最终实现并形成工程实体的阶段,也是最终形成工程产品质量和工程项目使用价值的重要阶段。由此可见,施工阶段的质量控制不但是工程师的核心工作内容,也是工程项目质量控制的重点。

1. 质量检查(验)的职责和权力

施工质量检查(验)是建设各方质量控制必不可少的一项工作,它可以起到监督、控制质量,及时纠正错误,避免事故扩大,消除隐患等作用。

(1)承包商质量检查(验)的职责

提交质量保证计划措施报告。保证工程施工质量是承包商的基本义务。承包商应按标准建立和健全所承包工程的质量保障计划,在组织上和制度上落实质量管理工作,以确保工程质量。

承包商质量检查(验)职责。根据合同规定和工程师的指示,承包商应对工程使用的材料和工程设备以及工程的所有部位及其施工工艺进行全过程的质量自检,并做质量检查(验)记录,定期向工程师提交工程质量报告。同时,承包商应建立一套全部工程的质量记录和报表,以便于工程师复核检验和日后发现质量问题时查找原因。当合同发生争议时,质量记录和报表还是重要的当时记录。

自检是检验的一种形式,它是由承包商自己来进行的。在合同环境下,承包商的自检包括:班组的"初检";施工队的"复检";公司的"终检"。自检的目的不仅在于判定被检验实体的质量特性是否符合合同要求,更为重要的是用于对过程的控制。因此,承包商的自检是质量检查(验)的基础,是控制质量的关键。为此,工程师有权拒绝对那些"三检"资料不完善或无"三检"资料的过程(工序)进行检验。

(2)工程师的质量检查(验)权力

按照我国有关法律法规的规定:工程师在不妨碍承包商正常作业的情况下,可以随时对作业质量进行检查(验)。这表明工程师有权对全部工程的所有部位及其任何一项工艺、材料和工程设备进行检查和检验,并具有质量否决权。

2. 材料、工程设备的检查和检验

对材料和工程设备进行检查和检验时应区别对待以上两种情况。

(1)材料和工程设备的检验和交货验收

对承包商采购的材料和工程设备,其产品质量承包商应对业主负责。材料和工程设备的检验和交货验收由承包商负责实施,并承担所需费用,具体做法:承包商会同工程师进行检验和交货验收,查验材质证明和产品合格证书。此外,承包商还应按合同规定进行材料的抽样检验和工程设备的检验测试,并将检验结果提交给工程师。工程师参加交货验收不能减轻或免除承包商在检验和验收中应负的责任。

对业主采购的工程设备,为了简化验交手续和重复装运,业主应将其采购的工程设备由生产厂家直接移交给承包商。为此,业主和承包商在合同规定的交货地点(如

生产厂家、工地或其他合适的地方)共同进行交货验收,由业主正式移交给承包商。在交货验收过程中,业主采购的工程设备检验及测试由承包商负责,业主不必再配备检验及测试用的设备和人员,但承包商必须将其检验结果提交给工程师,并由工程师复核签认检验结果。

(2)工程师检查或检验

工程师和承包商应商定对工程所用的材料和工程设备进行检查和检验的具体时间和地点。通常情况下,工程师应到场参加检查或检验,如果在商定时间内工程师未到场参加检查或检验,且工程师无其他指示(如延期检查或检验),承包商可自行检查或检验,并立即将检查或检验结果提交给工程师。除合同另有规定外,工程师应在事后确认承包商提交的检查或检验结果。

对于承包商未按合同规定检查或检验材料和工程设备,工程师指示承包商按合同规定补做检查或检验。此时,承包商应无条件地按工程师的指示和合同规定补做检查或检验,并应承担检查或检验所需的费用和可能带来的工期延误责任。

(3)额外检验和重新检验

①额外检验。在合同履行过程中,如果工程师需要增加合同中未做规定的检查和检验项目,工程师有权指示承包商增加额外检验,承包商应遵照执行,但应由业主承担额外检验的费用和工期延误责任。

②重新检验。在任何情况下,如果工程师对以往的检验结果有疑问,有权指示承包商进行再次检验即重新检验,承包商必须执行工程师指示,不得拒绝。"以往检验结果"是指已按合同规定要求得到工程师的同意,如果承包商的检验结果未得到工程师同意,则工程师指示承包商进行的检验不能称为重新检验,应为合同内检测。

重新检验带来的费用增加和工期延误责任的承担视重新检验结果而定。如果重新检验结果证明这些材料、工程设备、工序不符合合同要求,则应由承包商承担重新检验的全部费用和工期延误责任;如果重新检验结果证明这些材料、工程设备、工序符合合同要求,则应由业主承担重新检验的费用和工期延误责任。

当承包商未按合同规定进行检查或检验,并且不执行工程师有关补做检查或检验指示和重新检验的指示时,工程师为了及时发现可能的质量隐患,减少可能造成的损失,可以指派自己的人员或委托其他人进行检查或检验,以保证质量。此时,不论检查或检验结果如何,工程师因采取上述检查或检验补救措施而造成的工期延误和增加的费用均应由承包商承担。

（4）不合格工程、材料和工程设备

①禁止使用不合格材料和工程设备。工程使用的一切材料、工程设备均应满足合同规定的等级、质量标准和技术特性。工程师在工程质量的检查或检验中发现承包商使用了不合格材料或工程设备时，可以随时发出指示，要求承包商立即改正，并禁止在工程中继续使用这些不合格的材料和工程设备。

如果承包商使用了不合格材料和工程设备，其造成的后果应由承包商承担责任，承包商应无条件地按工程师指示进行补救。业主提供的工程设备经验收不合格的应由业主承担相应责任。

②不合格工程、材料和工程设备的处理。

第一，如果工程师的检查或检验结果表明承包商提供的材料或工程设备不符合合同要求，工程师可以拒绝接收，并立即通知承包商。此时，承包商除立即停止使用外，应与工程师共同研究补救措施。如果在使用过程中发现不合格材料，工程师应视具体情况，下达运出现场或降级使用的指示。

第二，如果检查或检验结果表明业主提供的工程设备不符合合同要求，承包商有权拒绝接收，并要求业主予以更换。

第三，如果因承包商使用了不合格材料和工程设备造成了工程损害，工程师可以随时发出指示，要求承包商立即采取措施进行补救，直至彻底清除工程的不合格部位及不合格材料和工程设备。

第四，如果承包商无故拖延或拒绝执行工程师的有关指示，则业主有权委托其他承包商执行该项指示。由此而造成的工期延误和增加的费用由承包商承担。

3. 隐蔽工程

隐蔽工程和工程隐蔽部位是指已完成的工作面经覆盖后将无法事后查看的任何工程部位和基础。由于隐蔽工程和工程隐蔽部位的特殊性及重要性，因此没有工程师的批准，工程的任何部分均不得覆盖或使之无法查看。

对于将被覆盖的部位和基础在进行下一道工序之前，首先由承包商进行自检（"三检"），确认符合合同要求后，再通知工程师进行检查，工程师不得无故缺席或拖延，承包商通知时应考虑到工程师有足够的检查时间。工程师应按通知约定的时间到场进行检查，确认质量符合合同规定要求，并在检查记录上签字后，才能允许承包商进入下一道工序，进行覆盖。承包商在取得工程师的检查签证之前，不得以任何理由进行覆盖，否则，承包商应承担因补检而增加的费用和工期延误责任。如果由于工程师未及时到场检查，承包商因等待或延期检查而造成工期延误则承包商有权要求延长工期和赔偿其停工、窝工等损失。

4.放线

(1)施工控制网

工程师应在合同规定的期限内向承包商提供测量基准点、基准线和水准点及其书面资料。业主和工程师应对测量点、基准线和水准点的正确性负责。

承包商应在合同规定期限内完成测设自己的施工控制网,并将施工控制网资料报送工程师审批。承包商应对施工控制网的正确性负责。此外,承包商还应负责保管全部测量基准和控制网点。工程完工后,应将施工控制网点完好地移交给业主。

工程师为了监理工作的需要,可以使用承包商的施工控制网,并不为此另行支付费用。此时,承包商应及时提供必要的协助,不得以任何理由加以拒绝。

(2)施工测量

承包商应负责整个施工过程中的全部施工测量放线工作,包括地形测量、放样测量、断面测量、支付收方测量和验收测量等,并应自行配置合格的人员、仪器、设备和其他物品。

承包商在施测前,应将施工测量措施报告报送工程师审批。

工程师应按合同规定对承包商的测量数据和放样成果进行检查。工程师认为必要时还可指示承包商在工程师的监督下进行抽样复测,并修正复测中发现的错误。

5.完工和保修

(1)完工验收

完工验收指承包商基本完成合同中规定的工程项目后,移交给业主接收前的交工验收,不是国家或业主对整个项目的验收。基本完成是指不一定要合同规定的工程项目全部完成,有些不影响工程使用的尾工项目,经工程师批准,可待验收后在保修期中去完成。

①工程师审核。工程师在接到承包商完工验收申请报告后的28d内进行审核并做出决定,或者提请业主进行工程验收,或者通知承包商在验收前尚应完成的工作和对申请报告的异议,承包商应在完成工作后或修改报告后重新提交完工验收申请报告。

②完工验收和移交证书。业主在接到工程师提请进行工程验收的通知后,应在收到完工验收申请报告后56d内组织工程验收,并在验收通过后向承包商颁发移交证书。移交证书上应注明由业主、承包商、工程师协商核定的工程实际完工日期。此日期是计算承包商完工工期的依据,也是工程保修期的开始。从颁交证书之日起,照

管工程的责任即应由业主承担,且在此后 14d 内,业主应将保证金总额的 50% 退还给承包商。

③分阶段验收和施工期运行。水利水电工程分阶段验收有两种情况。第一种情况是在全部工程验收前,某些单位工程,如船闸、隧洞等已完工,经业主同意可先行单独进行验收,通过后颁发单位工程移交证书,由业主先接管该单位工程。第二种情况是业主根据合同进度计划的安排,需提前使用尚未全部建成的工程,如大坝工程达到某一特定高程可以满足初期发电时,可对该部分工程进行验收,以满足初期发电要求。验收通过应签发临时移交证书。工程未完成部分仍由承包商继续施工。对通过验收的部分工程由于在施工期运行而使承包商增加了修复缺陷的费用,业主应给予适当的补偿。

④业主拖延验收。如业主在收到承包商完工验收申请报告后,不及时进行验收,或在验收通过后无故不颁发移交证书,则业主应从承包商发出完工验收申请报告 56d 后的次日起承担照管工程的费用。

(2)工程保修

①保修期又称为缺陷通知期。工程移交前,虽然已通过验收,但是还未经过运行的考验,而且还可能有一些尾工项目和修补缺陷项目未完成,所以还必须有一段期间用来检验工程的正常运行,这就是保修期。水利水电土建工程保修期一般为一年,从移交证书中注明的全部工程完工日期开始起算。在全部工程完工验收前,业主已提前验收的单位工程或部分工程,若未投入正常运行,其保修期仍按全部工程完工日期起算;若验收后投入正常运行,其保修期应从该单位工程或部分工程移交证书上注明的完工日期起算。

②保修责任。

第一,保修期内,承包商应负责修复完工资料中未完成的缺陷修复清单所列的全部项目。

第二,保修期内如发现新的缺陷和损坏,或原修复的缺陷又遭损坏,承包商应负责修复。至于修复费用由谁承担,需视缺陷和损坏的原因而定,由于承包商施工中的隐患或其他承包商原因所造成,应由承包商承担;若由于业主使用不当或业主其他原因所致,则由业主承担。

保修责任终止证书又称为履约证书。在全部工程保修期满,且承包商不遗留任何尾工项目和缺陷修补项目,业主或授权工程师应在 28d 内向承包商颁发保修责任终止证书。

保修责任终止证书的颁发，表明承包商已履行了保修期的义务，工程师对其满意，也表明了承包商已按合同规定完成了全部工程的施工任务，业主接受了整个工程项目。但此时合同双方的财务账目尚未结清，可能有些争议还未解决，故并不意味合同已履行结束。

(3)清理现场与撤离

圆满完成清场工作是承包商进行文明施工的一个重要标志。一般而言，在工程移交证书颁发前，承包商应按合同规定的工作内容对工地进行彻底清理，以便业主使用已完成的工程。经业主同意后也可留下部分清场工作在保修期满前完成。

承包商应按下列工作内容对工地进行彻底清理，并需经工程师检验合格为止。

①工程范围内残留的垃圾已全部焚毁、掩埋或清除出场。

②临时工程已按合同规定拆除，场地已按合同要求清理和平整。

③承包商设备和剩余的建筑材料已按计划撤离工地，废弃的施工设备和材料亦已清除。

④施工区内的永久道路和永久建筑物周围的排水沟道，均已按合同图纸要求和工程师指示进行疏通和修整。

⑤主体工程建筑物附近及其上、下游河道中的施工堆积场，已按工程师的指示予以清理。

此外，在全部工程的移交证书颁发后 42d 内，除了经工程师同意，由于保修期工作需要留下部分承包商人员、施工设备和临时工程外，承包商的队伍应撤离工地，并做好环境恢复工作。

二、全面质量管理的基本概念

全面质量管理是企业管理的中心环节，是企业管理的纲，它和企业的经营目标是一致的。这就是要求将企业的生产经营管理和质量管理有机地结合起来。

(一)全面质量管理的基本概念

全面质量管理是以组织全员参与为基础的质量管理模式，它代表了质量管理的最新阶段，全面质量管理是为了能够在最经济的水平上，并充分考虑到满足用户的要求的条件下进行市场研究、设计、生产和服务，把企业内各部门研制质量，维持质量和提高质量的活动构成一体的一种有效体系。他的理论经过世界各国的继承和发展，得到了进一步的扩展和深化。

(二)全面质量管理的基本要求

1.全过程的管理

任何一个工程(和产品)的质量,都有一个产生、形成和实现的过程;整个过程是由多个相互联系、相互影响的环节所组成的,每一环节都或重或轻地影响着最终的质量状况。因此,要搞好工程质量管理,必须把形成质量的全过程和有关因素控制起来,形成一个综合的管理体系,做到以防为主,防检结合,重在提高。

2.全员的质量管理

工程(产品)的质量是企业各方面、各部门、各环节工作质量的反映。每一个环节,每一个人的工作质量都会不同程度地影响着工程(产品)最终质量。工程质量人人有责,只有人人都关心工程的质量,做好本职工作,才能生产出好质量的工程。

3.全企业的质量管理

全企业的质量管理一方面要求企业各管理层次都要有明确的质量管理内容,各层次的侧重点要突出,每个部门应有自己的质量计划、质量目标和对策,层层控制;另一方面就是要把分散在各部门的质量职能发挥出来。如水利水电工程中的"三检制",就充分反映这一观点。

4.多方法的管理

影响工程质量的因素越来越复杂:既有物质的因素,又有人为的因素;既有技术因素,又有管理因素;既有内部因素,又有企业外部因素。要搞好工程质量,就必须把这些影响因素控制起来,分析它们对工程质量的不同影响。灵活运用各种现代化管理方法来解决工程质量问题。

(三)全面质量管理的基本指导思想

1.质量第一、以质量求生存

任何产品都必须达到所要求的质量水平,否则就没有或未实现其使用价值,从而给消费者、给社会带来损失。从这个意义上讲,质量必须是第一位的。贯彻"质量第一"就要求企业全员,尤其是领导层,要有强烈的质量意识;要求企业在确定质量目标时,首先应根据用户或市场的需求,科学地确定质量目标,并安排人力、物力、财力予以保证。当质量与数量、社会效益与企业效益、长远利益与眼前利益发生矛盾时,应把质量、社会效益和长远利益放在首位。

"质量第一"并非"质量至上"。质量不能脱离当前的市场水准,也不能不问成本一味地讲求质量。应该重视质量成本的分析,把质量与成本加以统一,确定最适合的质量。

2.用户至上

在全面质量管理中,这是一个十分重要的指导思想。"用户至上"就是要树立以用户为中心,为用户服务的思想。要使产品质量和服务质量尽可能满足用户的要求。产品质量的好坏最终应以用户的满意程度为标准。这里,所谓用户是广义的,不仅指产品出厂后的直接用户,而且指在企业内部,下道工序是上道工序的用户。如混凝土工程,模板工程的质量直接影响混凝土浇筑这一道关键工序的质量。每道工序的质量不仅影响下道工序质量,也会影响工程进度和费用。

3.质量是设计、制造出来的,而不是检验出来的

在生产过程中,检验是重要的,它可以起到不允许不合格品出厂的把关作用,同时还可以将检验信息反馈到有关部门。但影响产品质量好坏的真正原因并不在检验,而主要在于设计和制造。设计质量是先天性的,在设计的时候就已经决定了质量的等级和水平;而制造只是实现设计质量,是符合性质的。二者不可偏废,都应重视。

4.强调用数据说话

这就是要求在全面质量管理工作中具有科学的工作作风,在研究问题时不能满足于一知半解和表面,对问题不仅有定性分析还尽量有定量分析,做到心中有"数"这样才可以避免主观盲目性。

在全面质量管理中广泛地采用了各种统计方法和工具,其中用得最多的有"七种工具",即因果图、排列图、直方图、相关图、控制图、分层法和调查表。常用的数理统计方法有回归分析、方差分析、多元分析、实验分析、时间序列分析等。

5.突出人的积极因素

从某种意义上讲,在开展质量管理活动过程中,人的因素是最积极、最重要的因素。与质量检验阶段和统计质量控制阶段相比较,全面质量管理阶段格外强调调动人的积极因素的重要性。这是因为现代化生产多为大规模系统,环节众多,联系密切复杂,远非单纯靠质量检验或统计方法就能奏效的。必须调动人的积极因素,加强质量意识,发挥人的主观能动性,以确保产品和服务的质量。全面质量管理的特点之一就是全体人员参加的管理。"质量第一,人人有责"。

要增强质量意识,调动人的积极因素,一靠教育,二靠规范,需要通过教育培训和考核,同时还要依靠有关质量的立法以及必要的行政手段等各种激励及处罚措施。

(四)全面质量管理的工作原则

1.预防原则

在企业的质量管理工作中,要认真贯彻预防为主的原则,凡事要防患于未然。在

产品制造阶段应该采用科学方法对生产过程进行控制,尽量把不合格品消灭在发生之前。在产品的检验阶段,不论是对最终产品或是在制品,都要把质量信息及时反馈并认真处理。

2.经济原则

全面质量管理强调质量,但无论质量保证的水平或预防不合格的深度都是没有止境的,必须考虑经济性,建立合理的经济界限,这就是所谓经济原则。因此,在产品设计制定质量标准时,在生产过程进行质量控制时,在选择质量检验方式为抽样检验或全数检验时等场合,都必须考虑其经济效益。

3.协作原则

协作是大生产的必然要求。生产和管理分工越细,就越要求协作。一个具体单位的质量问题往往涉及许多部门,如无良好的协作是很难解决的。因此,强调协作是全面质量管理的一条重要原则,也反映了系统科学全局观点的要求。

4.按照 PDCA 循环组织活动

PDCA 循环是质量体系活动所应遵循的科学工作程序,周而复始,内外嵌套,循环不已,以求质量不断提高。

(五)全面质量管理的运转方式

质量保证体系运转方式是按照计划(P)、执行(D)、检查(C)、处理(A)的管理循环进行的。它包括四个阶段和八个工作步骤。

1.四个阶段

(1)计划阶段

按使用者要求,根据具体生产技术条件,找出生产中存在的问题及其原因,拟定生产对策和措施计划。

(2)执行阶段

按预定对策和生产措施计划,组织实施。

(3)检查阶段

对生产成品进行必要的检查和测试,即把执行的工作结果与预定目标对比,检查执行过程中出现的情况和问题。

(4)处理阶段

把经过检查发现的各种问题及用户意见进行处理。凡符合计划要求的予以肯定,成文标准化。对不符合设计要求和不能解决的问题,转入下一循环以进一步研究解决。

2.八个步骤

(1)分析现状,找出问题,不能凭印象和表面作判断。结论要用数据表示。

(2)分析各种影响因素,要把可能因素——加以分析。

(3)找出主要影响因素,要努力找出主要因素进行解剖,才能改进工作,提高产品质量。

(4)研究对策,针对主要因素拟定措施,制订计划,确定目标。以上属 P 阶段工作内容。

(5)执行措施为 D 阶段的工作内容。

(6)检查工作成果,对执行情况进行检查,找出经验教训,为 C 阶段的工作内容。

(7)巩固措施,制定标准,把成熟的措施订成标准(规程、细则)形成制度。

(8)遗留问题转入下一个循环。

以上(7)和(8)为 A 阶段的工作内容。

3.PDCA 循环的特点

(1)四个阶段缺一不可,先后次序不能颠倒。就好像一只转动的车轮,在解决质量问题中滚动前进逐步使产品质量提高。

(2)企业的内部 PDCA 循环各级都有,整个企业是一个大循环,企业各部门又有自己的循环。大循环是小循环的依据,小循环又是大循环的具体和逐级贯彻落实的体现。

(3)PDCA 循环不是在原地转动,而是在转动中前进。每个循环结束,质量便提高一步。它表明每一个 PDCA 循环都不是在原地周而复始地转动,而是像爬楼梯那样,每转一个循环都有新的目标和内容。因而就意味前进了一步,从原有水平上升到了新的水平,每经过一次循环,也就解决了一批问题,质量水平就有新的提高。

(4)A 阶段是一个循环的关键,这一阶段(处理阶段)的目的在于总结经验,巩固成果,纠正错误,以利于下一个管理循环。为此必须把成功和经验纳入标准,定为规程,使之标准化、制度化,以便在下一个循环中遵照办理,使质量水平逐步提高。

必须指出,质量的好坏反映了人们质量意识的强弱,也反映了人们对提高产品质量意义的认识水平。有了较强的质量意识,还应使全体人员对全面质量管理的基本思想和方法有所了解。这就需要开展全面质量管理,必须加强质量教育的培训工作,贯彻执行质量责任制并形成制度,持之以恒,才能使工程施工质量水平不断提高。

第三节　工程质量统计与分析

一、质量数据

利用质量数据和统计分析方法进行项目质量控制,是控制工程质量的重要手段。质量数据是用以描述工程质量特征性能的数据。它是进行质量控制的基础,没有质量数据,就不可能有现代化的科学的质量控制。

(一)质量数据的类型

质量数据按其自身特征,可分为计量值数据和计数值数据;按其收集目的可分为控制性数据和验收性数据。

1.计量值数据

计量值数据是可以连续取值的连续型数据。如长度、质量、面积、标高等特征,一般都是可以用量测工具或仪器等量测,一般都带有小数。

2.计数值数据

计数值数据是不连续的离散型数据。如不合格品数、不合格的构件数等,这些反映质量状况的数据是不能用量测器具来度量的,采用计数的办法,只能出现 0、1、2 等非负数的整数。

3.控制性数据

控制性数据一般是以工序作为研究对象,是为分析、预测施工过程是否处于稳定状态,而定期随机地抽样检验获得的质量数据。[1]

4.验收性数据

验收性数据是以工程的最终实体内容为研究对象,以分析、判断其质量是否达到技术标准或用户的要求,而采取随机抽样检验而获取的质量数据。

(二)质量数据的波动及其原因

在工程施工过程中常可看到在相同的设备、原材料、工艺及操作人员条件下,生产的同一种产品的质量不同,反映在质量数据上,即具有波动性,其影响因素有偶然

---

[1]　崔永,于峰,张韶辉.水利水电工程建设施工安全生产管理研究[M].长春:吉林科学技术出版社,2022.

性因素和系统性因素两大类。偶然性因素引起的质量数据波动属于正常波动,偶然因素是无法或难以控制的因素,所造成的质量数据的波动量不大,没有倾向性,作用是随机的,工程质量只有偶然因素影响时,生产才处于稳定状态。由系统因素造成的质量数据波动属于异常波动,系统因素是可控制、易消除的因素,这类因素不经常发生,但具有明显的倾向性,对工程质量的影响较大。

质量控制的目的就是要找出出现异常波动的原因,即系统性因素是什么,并加以排除,使质量只受随机性因素的影响。

(三)质量数据的收集

质量数据的收集总的要求应当是随机地抽样,即整批数据中每一个数据都有被抽到的同样机会。常用的方法有随机法、系统抽样法、二次抽样法和分层抽样法。

(四)样本数据特征

为了进行统计分析和运用特征数据对质量进行控制,经常要使用许多统计特征数据。统计特征数据主要有均值、中位数、极值、极差、标准偏差、变异系数,其中均值、中位数表示数据集中的位置;极差、标准偏差、变异系数表示数据的波动情况,即分散程度。

二、质量控制的统计方法简介

通过对质量数据的收集、整理和统计分析,找出质量的变化规律和存在的质量问题,提出进一步的改进措施,这种运用数学工具进行质量控制的方法是所有涉及质量管理的人员所必须掌握的,它可以使质量控制工作定量化和规范化。下面介绍几种在质量控制中常用的数学工具及方法。

(一)直方图法

1.直方图的用途

直方图又称频率分布直方图,它们将产品质量频率的分布状态用直方图形来表示,根据直方图形的分布形状和与公差界限的距离来观察、探索质量分布规律,分析和判断整个生产过程是否正常。

利用直方图可以制定质量标准,确定公差范围,可以判明质量分布情况是否符合标准的要求。

2.直方图的分析

直方图有以下几种分布形式。

（1）正常对称型

说明生产过程正常，质量稳定。

（2）锯齿型

原因一般是分组不当或组距确定不当。

（3）孤岛型

原因一般是材质发生变化或他人临时替班。

（4）绝壁型

一般是剔除下限以下的数据造成的。

（5）双峰型

把两种不同的设备或工艺的数据混在一起造成的。

（6）平峰型

生产过程中有缓慢变化的因素起主导作用。

3. 注意事项

（1）直方图属于静态的，不能反映质量的动态变化。

（2）画直方图时，数据不能太少，一般应大于 50 个数据，否则画出的直方图难以正确反映总体的分布状态。

（3）直方图出现异常时，应注意将收集的数据分层，然后画直方图。

（4）直方图呈正态分布时，可求平均值和标准差。

（二）排列图法

排列图法又称巴雷特法、主次排列图法，是分析影响质量主要问题的有效方法，将众多的因素进行排列，主要因素就一目了然，如排列图法是由一个横坐标、两个纵坐标、几个长方形和一条曲线组成的。左侧的纵坐标是频数或件数，右侧纵坐标是累计频率，横轴则是项目或因素，按项目频数大小顺序在横轴上自左而右画长方形，其高度为频数，再根据右侧的纵坐标，画出累计频率曲线，该曲线也称巴雷特曲线。

（三）因果分析图法

因果分析图也叫鱼刺图、树枝图，这是一种逐步深入研究和讨论质量问题的图示方法。在工程建设过程中，任何一种质量问题的产生，一般都是多种原因造成的，这些原因有大有小，把这些原因按照大小顺序分别用主干、大枝、中枝、小枝来表示，这样，就可一目了然地观察出导致质量问题的原因，并以此为据，制定相应对策。

（四）管理图法

管理图也称控制图，它是反映生产过程随时间变化而变化的质量动态，即反映生产过程中各个阶段质量波动状态的图形。管理图利用上下控制界限,将产品质量特性控制在正常波动范围内,一旦有异常反应,通过管理图就可以发现,并及时处理。

(五)相关图法

产品质量与影响质量的因素之间,常有一定的相互关系,但不一定是严格的函数关系,这种关系称为相关关系,可利用直角坐标系将两个变量之间的关系表达出来。相关图的形式有正相关、负相关、非线性相关和无相关。

第四节 工程质量事故的处理

工程建设项目不同于一般工业生产活动,其项目实施的一次性、生产组织特有的流动性、综合性、劳动的密集性、协作关系的复杂性和环境的影响,均导致建筑工程质量事故具有复杂性、严重性、可变性及多发性的特点,事故是很难完全避免的。因此,必须加强组织措施、经济措施和管理措施,严防事故发生,对发生的事故应调查清楚,按有关规定进行处理。

一、工程事故的分类

凡水利水电工程在建设中或完工后,由于设计、施工、监理、材料、设备、工程管理和咨询等方面造成工程质量不符合规程、规范和合同要求的质量标准,影响工程的使用寿命或正常运行,一般需作补救措施或返工处理的,统称为工程质量事故。日常所说的事故大多指施工质量事故。

在水利水电工程中,按对工程的耐久性和正常使用的影响程度,检查和处理质量事故对工期影响时间的长短以及直接经济损失的大小,将质量事故分为一般质量事故、较大质量事故、重大质量事故和特大质量事故。

一般质量事故是指对工程造成一定经济损失,经处理后不影响正常使用,不影响工程使用寿命的事故。小于一般质量事故的统称为质量缺陷。

较大质量事故是指对工程造成较大经济损失或延误较短工期,经处理后不影响正常使用,但对工程使用寿命有较大影响的事故。

重大质量事故是指对工程造成重大经济损失或延误较长工期,经处理后不影响正常使用,但对工程使用寿命有较大影响的事故。

特大质量事故是指对工程造成特大经济损失或长时间延误工期,经处理后仍对工程正常使用和使用寿命有较大影响的事故。

一般质量事故,它的直接经济损失在 20 万～100 万元,事故处理的工期在一个月内,且不影响工程的正常使用与寿命。一般建筑工程对事故的分类略有不同,主要表现在经济损失大小之规定。

二、工程事故的处理方法

(一)事故发生的原因

工程质量事故发生的原因很多,最基本的还是人、机械、材料、工艺和环境几方面。一般可分直接原因和间接原因两类。

直接原因主要有人的行为不规范和材料、机械的不符合规定状态。如设计人员不按规范设计、监理人员不按规范进行监理,施工人员违反规程操作等,属于人的行为不规范;又如水泥、钢材等某些指标不合格,属于材料不符合规定状态。

间接原因是指质量事故发生地的环境条件,如施工管理混乱,质量检查监督失职,质量保证体系不健全等。间接原因往往导致直接原因的发生。

事故原因也可从工程建设的参建各方来追查,业主、监理、设计、施工和材料、机械、设备供应商的某些行为或各种方法也会造成质量事故。[①]

(二)事故处理的目的

工程质量事故分析与处理的目的主要是:正确分析事故原因,防止事故恶化;创造正常的施工条件;排除隐患,预防事故发生;总结经验教训,区分事故责任;采取有效的处理措施,尽量减少经济损失,保证工程质量。

(三)事故处理的原则

质量事故发生后,应坚持"三不放过"的原则,即事故原因不查清不放过,事故主要责任人和职工未受到教育不放过,补救措施不落实不放过。

发生质量事故,应立即向有关部门(业主、监理单位、设计单位和质量监督机构等)汇报,并提交事故报告。

由质量事故而造成的损失费用,坚持事故责任是谁由谁承担的原则。如责任在施工承包商,则事故分析与处理的一切费用由承包商自己负责;施工中事故责任不在承包商,则承包商可依据合同向业主提出索赔;若事故责任在设计或监理单位,应按照有关合同条款给予相关单位必要的经济处罚。构成犯罪的,移交司法机关处理。

---

① 陈忠,董国明,朱晓啸.水利水电施工建设与项目管理[M].长春:吉林科学技术出版社,2022.

(四)事故处理的程序和方法

1.事故处理的程序

(1)下达工程施工暂停令。

(2)组织调查事故。

(3)事故原因分析。

(4)事故处理与检查验收。

(5)下达复工令。

2.事故处理的方法

(1)修补

这种方法适用于通过修补可以不影响工程的外观和正常使用的质量事故,此类事故是施工中多发的。

(2)返工

这类事故严重违反规范或标准,影响工程使用和安全,且无法修补,必须返工。

有些工程质量问题,虽严重超过了规程、规范的要求,已具有质量事故的性质,但可针对工程的具体情况,通过分析论证,不需做专门处理,但要记录在案。如混凝土蜂窝、麻面等缺陷,可通过涂抹、打磨等方式处理;欠挖或模板问题使结构断面被削弱,经设计复核验算,仍能满足承载要求的,也可不作处理,但必须记录在案,并有设计和监理单位的鉴定意见。

第五节　工程质量评定与验收

一、工程质量评定

(一)质量评定的意义

工程质量评定是依据国家或部门统一制定的现行标准和方法,对照具体施工项目的质量结果,确定其质量等级的过程。

工程质量评定以单元工程质量评定为基础,其评定的先后次序是单元工程、分部工程和单位工程。

工程质量的评定在施工单位(承包商)自评的基础上,由建设(监理)单位复核,报政府质量监督机构核定。

(二)评定依据

(1)国家与水利水电部门有关行业规程、规范和技术标准。

(2)经批准的设计文件、施工图纸、设计修改通知、厂家提供的设备安装说明书及有关技术文件。

(3)工程合同采用的技术标准。

(4)工程试运行期间的试验及观测分析成果。

(三)评定标准

1.单元工程质量评定标准

当单元工程质量达不到合格标准时,必须及时处理,其质量等级按如下确定。

(1)全部返工重做的,可重新评定等级。

(2)经加固补强并经过鉴定能达到设计要求,其质量只能评定为合格。

(3)经鉴定达不到设计要求,但建设(监理)单位认为能基本满足安全和使用功能要求的,可不补强加固,或经补强加固后,改变外形尺寸或造成永久缺陷的,经建设(监理)单位认为能基本满足设计要求,其质量可按合格处理。

2.分部工程质量评定标准

(1)分部工程质量合格的条件

①单元工程质量全部合格。

②中间产品质量及原材料质量全部合格,金属结构及启闭机制造质量合格,机电产品质量合格。

(2)分部工程优良的条件

①单元工程质量全部合格,其中有50%以上达到优良,主要单元工程、重要隐蔽工程及关键部位的单位工程质量优良,且未发生过质量事故。

②中间产品质量全部合格,其中混凝土拌和物质量达到优良,原材料质量、金属结构及启闭机制造质量合格,机电产品质量合格。

3.单位工程质量评定标准

(1)单位工程质量合格的条件

①分部工程质量全部合格。

②中间产品质量及原材料质量全部合格,金属结构及启闭机制造质量合格,机电产品质量合格。

③外观质量得分率达70%以上。

④施工质量检验资料基本齐全。

(2)单位工程优良的条件

①分部工程质量全部合格,其中有 70% 以上达到优良,主要分部工程质量优良,且未发生过重大质量事故。

②中间产品质量全部合格,其中混凝土拌和物质量达到优良,原材料质量、金属结构及启闭机制造质量合格,机电产品质量合格。

③外观质量得分率达 85% 以上。

④施工质量检验资料齐全。

4. 工程质量评定标准

单位工程质量全部合格,工程质量可评为合格;如其中 50% 以上的单位工程优良,且主要建筑物单位工程质量优良,则工程质量可评优良。

二、工程质量验收

(一)概述

工程验收是基于工程质量的评估,根据一个预先设定的验收准则,运用特定的方法来确认工程产品的属性是否达到了验收的要求。水利水电项目的验收流程包括分部工程验收、分阶段验收、单位工程验收以及竣工验收。根据验收的具体性质,验收可以被划分为正式使用验收和项目完工验收。工程验收的主要目标是确认工程是否根据已获批准的设计方案进行了建设;对已完成的工程进行质量检查,包括设计、施工、设备制造和安装等各个环节,并对验收过程中出现的遗留问题提出相应的处理标准;检验该工程是否满足运营或进入下一个建设阶段的必要条件;在工程建设过程中,我们总结了宝贵的经验和教训,并对整个工程进行了评估;确保工程的及时移交,以便早日实现投资的最大效益。

工程验收所依赖的标准包括:相关的法律、条例和技术准则,管理部门的相关文件,已获批准的设计文档以及与之相关的设计修改和维修文件,施工合同,监理签署的施工图纸及其解释,以及设备的技术说明书等。在工程满足验收要求的情况下,应当迅速组织进行验收工作。没有经过验收或验收未通过的工程项目,是不允许投入使用或进行后续的工程建设的。验收流程应当是连贯的,避免重复执行。

工程进场验收时必须有质量评定意见,阶段验收和单位工程验收应有水利水电工程质量监督单位的工程质量评价意见;竣工验收必须有水利水电工程质量监督单

位的工程质量评定报告,竣工验收委员会在其基础上鉴定工程质量等级。^①

(二)工程验收的主要工作

1.分部工程验收

分部工程验收所需满足的前提条件是,该分部工程中的每一个单元工程都已经完工,并且其质量都达到了合格标准。分部工程验收的核心任务包括:确定工程是否满足了预定的设计要求;根据当前的国家或行业技术准则,对工程的质量进行等级评定;针对验收过程中遗留的问题,给出相应的处理建议。部分工程验收所需的图纸、相关资料和成果构成了竣工验收资料的一部分。

2.阶段验收

基于工程建设的实际需求,当工程达到关键的建设阶段,如完成基础处理、截流、水库蓄水、机组启动或输水工程的通水等,都应该进行阶段性的验收。阶段验收的核心任务包括:对已完成的工程进行质量和外观的检查;对正在进行的工程建设进行检查;对即将建设的工程项目进行计划和主要技术措施的执行情况检查,并确认是否满足施工的必要条件;检验即将启用的工程项目是否满足使用的必要条件;针对验收过程中遗留的问题,提出了相应的处理标准。

3.完工验收

完成验收所需满足的前提条件是,所有的分部工程都已经完工并通过了验收。完成验收的核心任务包括:核实工程是否根据批准的设计方案得以完成;对工程的质量进行检查,评估其质量等级,并为工程中的缺陷制定相应的处理标准;对于验收过程中遗留的问题,提出了相应的处理标准;根据合同的条款,施工单位需要将工程移交给项目的法人实体。

4.竣工验收

在该工程正式投入运营之前,必须完成竣工验收程序。所有工程完工后,应在3个月之内完成竣工验收。如果进场验收确实遇到困难,可以在工程验收主持单位的同意下适当延长验收期限。在进行竣工验收时,必须满足以下要求:该工程已经完全按照批准的设计要求完成;各个单位的工程项目都可以正常进行;经过多次验收,发现的问题已经得到了基本的解决;存档的文件完全满足工程档案资料管理的相关要求;关于工程建设的征地补偿和移民安置等相关问题已经得到了基本的解决,而在工程主要建筑物的安全保护区域内,迁建和土地征用的工程管理工作也已经圆满完成;

① 刘建伟.水利工程施工技术组织与管理[M].郑州:黄河水利出版社,2015.

所有的工程投资都已经准备就绪;项目的竣工决算已经圆满完成,并且已经通过了竣工审计程序。

竣工验收的主要工作:审查项目法人"工程建设管理工作报告"和初步验收工作组"初步验收工作报告";检查工程建设和运行情况;协调处理有关问题;讨论并通过"竣工验收鉴定书"。

第九章 水利工程施工进度管理与施工成本管理

第一节 施工进度管理

一、施工进度计划概述

(一)施工进度计划的内容与表达方式

施工进度计划指在保证主要里程碑事件完成的基础上,对施工项目的采购、设计和施工等一系列作业给出详细的时间和逻辑安排,以保证在项目实施过程中减少干扰因素的发生,达到资源合理配置和降低项目成本的目的。施工进度计划需要对各项作业列出详细的开始时间和结束时间,在执行该进度计划的过程中,要时刻监控进度数据,检查实际进度与预先的进度计划是否相符;若不符,需要及时分析对比,找出偏差原因,采取必要的补救措施或者根据实际情况调整原施工进度计划。

1.施工进度计划的内容

建筑工程项目通常所采用的是三级进度计划,下一级别的进度计划是对上一级别的分解和细化,并且进度计划的实现与否直接关系到上一级别进度计划的目标完成情况。一级进度计划又称为总进度计划,由业主单位牵头,各专业负责人和施工方领导人共同参与设定,一般情况下不得更改。二级进度计划是由业主和监理负责人设定的总控制计划,明确指出项目施工中的主要控制点等,是对一级进度计划的细化,同时为三级进度计划给出了指导。施工单位的项目部主要负责三级进度计划的编制,是施工方组织施工和提供资源等的依据。在设定施工计划时,施工管理人员会根据进度阶段的不同将项目进度目标细分为阶段性进度目标,当一个阶段目标完成时,才能继续下一个进度目标。因此,在编制进度计划时要安排好各方面,确定项目各阶段进度目标,进行合理分解,安排各项工作对应的负责人、工作人员、材料和机械的数量和进出场时间,做好进度计划管理,在完成进度目标的前提下降低成本。

工程项目施工进度计划主要包括以下六个重点。

（1）收集、分析资料

编制施工进度计划前需要收集有关建设项目的各种资料，以此为依据具体分析可能会影响进度的各种因素，为编制进度计划提供合理依据。

（2）建立 WBS 结构

WBS 结构是编制进度计划的思路所在，它以项目目标为基础，以项目的相关技术手段和项目总任务为依据，将工程项目目标分解为子项目，再将子项目结果进一步分解直到最低层，按照相关规则将各项工作分组，组成系统结构图。

（3）确定施工技术方案和各项工作之间的逻辑关系

不同的项目因为其技术方案和组织关系等，各项工作之间的逻辑关系也各不相同。因此，在确定施工技术方案的前提下，罗列工作时间的逻辑关系。

（4）明确各项工作的相关负责人

在实际施工中当发现进度计划有偏差时，应快速找到相关矩阵的责任人，由其批准相关纠偏措施等。

（5）估算工期时间

各项工作的持续时间是编制进度计划的基础，同时还与进度计划的准确性有着直接的关联。

（6）进度计划的表达方式

可以通过多种形式展现进度计划，例如横道图、网络图等。

2.施工进度计划的表达方式

（1）横道图

横道图又名甘特图、条状图，通过横线的方式将施工进度计划表达出来。横轴代表时间刻度表，纵轴代表活动列表，中部是横线，横线的开头对应项目开始时间，结尾对应项目结束时间，横线的长度代表项目持续时间。

横道图的优点是能直接表达出工作起止时间和结束时间，简洁明了、方便，多应用于中小型项目。它也存在一些缺点，如不能直接找出关键线路和关键工序，工作之间无主次关系，也表达不出逻辑关系；手动编制工作量大，在后期优化过程中，若关键线路发生变化，需要多次修改甚至重新绘制。若项目过多时，横道图中的线条增多、纷繁复杂，增加了理解难度，需要管理人员具有更高的水平。

横道图比较法指将通过项目部报表及工地巡查等途径收集到的实际进度数据进行处理，在事先编制好的工程项目进度计划横道图下方绘制出实际进度横道线，直接进行比较的方法。通过对图表中计划进度和实际进度的比较，找出存在较大偏差的阶段,分析偏差出现的原因,并采取相应的措施,这是最简单、直观的方法。

（2）进度曲线

进度曲线指在进度计划曲线坐标内,根据收集到的实际进度信息绘制实际完成的工作量曲线,将实际完成的累计进度曲线与计划完成的累计进度曲线进行对比。这种方法也可直观地进行比较,与横道图比较法相比,进度曲线法能够准确地反映出工期进度及进度超前或滞后的程度,能有效弥补横道图法的缺陷,是更为科学有效的方法。该方法中最常见的有"S"曲线比较法和"香蕉"曲线比较法。

（3）网络图

网络计划技术分为确定性网络计划技术和非确定性网络计划技术,各项工作之间的逻辑关系以及持续时间皆是明确的则为确定性网络计划技术。[①]

网络图计划是一种先进的、运用数学分析原理寻找关键路径的图解模型,它能直观地展现各工作之间的逻辑关系。在项目实际施工过程中进度计划会发生改变,通过网络图能进行某些工作的优化,找到最符合实际的优化方案。网络图分为单代号网络图和双代号网络图。

单代号网络图包括节点、编号和箭线,节点和编号用圆圈或矩形表示,代表工作,根据工作之间的相互关系,可分为紧前工作、紧后工作、平行工作、交叉工作。节点内容有工作名称、持续时间和工作代号。箭线表逻辑关系,水平直线、斜线、折线均可绘制,但应注意箭线水平投影为从左至右方向,线路编号按从小到大依次标注。

双代号网络图包含的内容与单代号网络图相同,不同的是工作持续时间和名称标注在箭线上,每一条实箭线表示一道工序、一个分部工程或者一个单位工程,占用时间但不一定占用资源。例如,抹灰干燥不需要资源。有需要时加入虚箭线,可使逻辑关系表述清楚。虚箭线不占用资源和时间,仅表示虚工作。双代号网络图线路从起点按顺序沿箭头依次到达终点节点,其中工作持续时间最长的为关键工作。

网络计划图作为工程项目进度管理中较为先进的进度计划编制方法现已广泛运用于实际工程中。这种方法将整个工程看成一个系统来考虑,准确反映出系统内部各个工序之间既相互依赖又互相制约的矛盾关系。利用网络计划图进行施工进度管理在许多工程项目中得到了成功的运用,但这种方法也存在局限性。第一,网络计划图涉及要素繁多,表达抽象,不能直观展示进度计划,不利于各方人员理解和执行,不利于对进度计划的检查。第二,网络计划图的编制依赖于相关编制人员的经验和个

---

①　何清华,杨德磊.项目管理(第 2 版)[M].上海:同济大学出版社,2019.

人能力,面对复杂工程很难做到滴水不漏。因此,传统进度计划编制仍然容易出现问题以致影响施工进度管理效率。

(二)施工进度计划的作用

施工进度计划具有以下作用。

(1)控制工程的施工进度,使之按期或提前竣工,并交付使用或投入运转。

(2)通过施工进度计划的安排,增强工程施工的计划性,使施工能均衡、连续、有节奏地进行。

(3)从施工顺序和施工进度等组织措施上保证工程质量和施工安全。

(4)合理使用建设资金、劳动力、材料和机械设备,达到多、快、好、省地进行工程建设的目的。

(5)确定各施工时段所需的各类资源的数量,为施工准备提供依据。

(6)施工进度计划是编制更细一层进度计划(如月、旬作业计划)的基础。

(三)施工进度计划的类型

施工进度计划按编制对象的大小和范围不同可分为施工总进度计划、单项工程施工进度计划、单位工程施工进度计划和施工作业计划等。

1.施工总进度计划

施工总进度计划是以整个水利工程为编制对象,拟定出其中各个单项工程和单位工程的施工顺序及建设进度,以及整个工程施工前的准备工作和完工后的结尾工作的项目与施工期限。因此,施工总进度计划属于轮廓性或控制性的进度计划,在施工过程中主要控制和协调各单项工程或单位工程的施工进度。

施工总进度计划是建设企业在时间及空间上进行的全局安排,是进行项目筹资、征地拆迁与移民安置、项目招标、项目建设施工总体安排、生产准备验收投产等工作的重要依据。对于项目的实施性施工进度计划,承包人依据招标文件约定的合同工期、进度里程碑目标等要求以及自身的技术条件与管理水平等编制。

施工总进度计划的内容:分析工程所在地区的自然条件、影响施工质量与进度的关键因素,确定关键性工程的施工分期和施工程序,协调安排其他工程的施工进度,使整个工程施工前后兼顾、互相衔接,从而最大限度地合理使用资金、劳动力、设备、材料,在保证工程质量和施工安全的前提下,按时或提前建成投产。

2.单项工程施工进度计划

单项工程施工进度计划是指以枢纽工程中的主要工程项目(如大坝、水电站等单项工程)为编制对象,并将单项工程划分成单位工程或分部、分项工程,拟定出其中各项目的施工顺序和建设进度以及相应的施工准备工作内容与施工期限。它以施工总进度计划为基础,要求进一步从施工程序、施工方法和技术供应等条件上,论证施工进度的合理性和可靠性,尽可能组织流水作业,并研究加快施工进度和降低工程成本的具体措施。反过来,又可根据单项工程施工进度计划对施工总进度计划进行局部微调或修正,并编制劳动力和各种物资的供应计划。

3. 单位工程施工进度计划

单位工程施工进度计划是指以单位工程(如土坝的基础工程、防渗体工程、坝体填筑工程等)为编制对象,拟定出其中各分部、分项工程的施工顺序、建设进度以及相应的施工准备工作内容和施工期限。它以单项工程施工进度计划为基础进行编制,属于实施性进度计划。

4. 施工作业计划

施工作业计划是指以某一施工作业过程(即分项工程)为编制对象,设定出该作业过程的施工起止日期以及相应的施工准备工作内容和施工期限。它是最具体的实施性进度计划。在施工过程中,为了加强计划管理工作,各施工作业班组都应在单位(单项)工程施工进度计划的要求下,编制出年度、季度或逐月(旬)的作业计划。

二、施工总进度计划的编制

(一)编制原则

施工单位在编制施工总进度计划时,首先应当满足合同工期、进度里程碑目标的要求。对施工总进度计划中涉及的有关设备装备的水平和数量,人员数量、水平和专业结构及其他资源的投入,以及采用的施工方案,原则上应实质性满足投标书中的承诺,需要实质性调整时,应有充分理由并得到发包人的认可。对投标方案中存在的不足,若导致不能满足合同工期、进度里程碑目标的要求时,应予以改进。对于由发包人造成的施工条件改变、工程量增加、技术标准改变或工期调整等,应按照变更处理。施工单位应该优化施工组织设计,按时提交施工技术方案报告书,给现场施工人员提供有力的技术保障。编制施工总进度计划应遵循以下原则。

(1)认真贯彻执行党的方针政策。

(2)加强与其他各专业的联系,统筹考虑,以关键性工程的施工分期和施工程序为主导,协调安排其他各单项工程的施工进度。同时,进行必要的多方案比较,从中选择最优方案。

(3)在充分掌握及认真分析基本资料的基础上,尽可能采用先进的施工技术和设备,最大限度地组织均衡施工,力争全年施工,加快施工进度。同时,应做到实事求是,并留有余地,保证工程质量和施工安全。当施工情况发生变化时,要及时调整施工总进度。

(4)充分重视和合理安排准备工程的施工进度。在主体工程开工前,相应各项准备工作应基本完成,为主体工程的开工和顺利进行创造条件。

(5)对高坝、大库容的工程,应研究分期建设或分期蓄水的可能性,尽可能减少第一批机组投产前的工程投资。

(二)编制步骤

项目进度计划编制是根据项目工期要求,基于环境、资源等约束条件对工程项目工作进行分解的过程。施工总进度计划可以运用甘特图或者网络图进行表达。

1.项目划分

总进度计划的项目划分不宜过细。列项时,应根据施工部署中分期、分批开工的顺序和相互关联的密切程度依次进行,防止漏项。突出每一个系统的主要工程项目,分别列入工程名称栏内。对于一些次要的零星项目,则可合并到其他项目中去。

2.计算工程量

工程量的计算一般应根据设计图纸、工程量计算规则及有关定额手册或资料进行。其数值的准确性直接关系到项目持续时间的误差,进而影响进度计划的准确性。当然,设计深度不同,工程量的计算(估算)精度也不同。在有设计图的情况下,还要考虑工程性质、工程分期、施工顺序等因素,按土方、石方、混凝土、水上、水下、开挖、回填等不同情况,分别计算工程量。某些情况下,为了分期、分层或分段组织施工的需要,还应分别计算不同高程(如对大坝)不同桩号(如对渠道)的工程量,绘出累计曲线,以便分期、分段组织施工。计算工程量常采用列表的方式进行。工程量的计量单位要与使用的定额单位相吻合。在没有设计图或设计图不全、不详的情况下,可参照类似工程或通过概算指标估算工程量。

3.计算各项目的施工持续时间

项目时间估算是在项目资源估算的基础上估算完成各项工作目标所需要的具体时间的过程。工作时间的估算需要结合工程范围、资源类型、资源数量、技能水平和影响项目时间估算的其他约束条件等。输入的数据越详细越准确,工作时间估算的准确性越高。确定进度计划中各项目的工作时间是计算各项目计划工期的基础。当工程量为定值的情况下,影响工作持续时间的因素分别为人员技术水平、人员数量、设备水平、设备数量以及人员与设备的效率。根据现在的技术水平,工作项目的持续时间的确定主要有以下几种方式。

（1）专家法

专家法是项目时间管理等方面的专家，运用他们的经验和专业技能对项目活动工期进行估算的方法。由于项目活动工期受许多因素的影响，所以人们需要依赖专家们多年的工作经验，因此专家法在很多情况下是项目工期估算的主要方法。

（2）类比估算法

类比估算法是基于相似原理，找到一个与拟建项目建设性质或建设规模相类似的项目，根据其历史数据和可供参考资料，估算拟建项目的持续时间、工程投资、生产能力等参数的一种估算方法。例如，估算新建项目的持续时间，采用类比估算法需要根据参考项目的施工工期并结合新建项目的工程特点，粗略估算出新建项目的持续时间。这种方法操作方便，通常用于在已知信息资料不足的情况下估算项目持续时间、建设规模等参数。与其他估算方法相比，类比估算法具有成本低、耗时短、易理解的优势，但由于其仅是根据其他项目进行类比计算，并无本项目的充分资料，因此准确性不足是其最大的劣势。在实际项目管理过程中，可以采用类比估算法对工程项目的某一部分进行估算，或结合其他估算方法共同使用。同时类比估算法需要从事工程估算的专业人员具有较强的业务能力，可以抓住本项目与参考项目的共同特征，提高项目估算的准确度。

（3）三点估算法

三点估算法适用于不确定性项目的活动工期估算，其中的"三点"指工程活动时间估算的三种情况：最乐观时间，指项目在非常顺利的情况下完成目标所需要的时间；最可能时间，指项目在正常情况下完成任务所需要的时间；最悲观时间，指在最不利状态下完成工作所需要的时间。

4.分析确定项目之间的逻辑关系

项目之间的逻辑关系取决于工程项目的性质和轻重缓急、施工组织、施工技术等许多因素，概括说来分为以下两大类。

（1）工艺关系

工艺关系，即由施工工艺决定的施工顺序关系。在作业内容、施工技术方案确定的情况下，这种工作逻辑关系是确定的，不得随意更改。

（2）组织关系

组织关系，即由施工组织安排决定的施工顺序关系。如工艺上没有明确规定先后顺序关系的工作，由于考虑到其他因素（如工期、质量、安全、资源限制、场地限制等)的影响而人为安排的施工顺序关系,均属此类。

项目之间的逻辑关系,是科学地安排施工进度的基础,应逐项研究,认真确定。由于劳动力的调配、施工机械的转移、建筑材料的供应和分配、机电设备进场等原因,安排一些项目在前、另一些项目滞后,也属组织关系所决定的顺序关系。由组织关系所决定的衔接顺序是可以改变的,可以对组织安排进行修改,对应的衔接顺序就会相应地发生变化。

5.初拟施工总进度计划

通过对项目之间的逻辑关系进行分析,掌握工程进度的特点,厘清工程进度的脉络,进而初步拟订出一个施工总进度方案。在初拟进度时,一定要抓住关键,分清主次,厘清关系,互相配合,合理安排。要特别注意把与洪水有关、施工技术比较复杂的控制性工程的施工进度安排好。

对于堤坝式水利水电枢纽工程,其关键项目一般位于河床,施工总进度的安排应以导流程序为主要线索。先将施工导流、围堰截流、基坑排水、坝基开挖、基础处理、施工度汛、坝体拦洪、下闸蓄水、机组安装和引水发电等关键性工程的进度安排好。其中应包括相应的准备工作和配套辅助工程的进度。这样构成的总的轮廓进度即总进度计划的骨架。然后再配合安排不受水文条件限制的其他工程项目,以形成整个枢纽工程的施工总进度计划草案。

需要注意的是,在初拟控制性进度计划时,对于围堰截流、拦洪度汛、蓄水发电等关键项目,一定要进行充分论证,并落实相关措施。否则,如果延误了截流时机,影响了发电计划,造成的国民经济损失往往是非常大的。

对于引水式水利水电工程,有时引水建筑物的施工期限成为控制总进度的关键,此时总进度计划应以引水建筑物为主来进行安排,其他项目的施工进度要与之相适应。

6.调整和优化

调整是指在工程项目组织实施的过程中,根据工程项目进度计划对其执行情况进行动态管理,通过跟踪比较实际进度与计划进度,在出现进度偏差时,及时分析进度偏差产生的原因并制定相应的纠偏措施予以纠正,最终实现对工程项目进度的有效调整。为得到更好的管理效益,需要对编制的计划进行优化,优化包括工期、资源、费用等的单项优化以及同时考虑多个目标要素的多目标优化。

7.编制正式施工总进度计划

经过调整优化后的施工总进度计划,可以作为设计成果在整理以后提交审核。

施工总进度计划的成果可以用横道进度表(又称横道图或甘特图)的形式表示,也可以用网络图(包括时标网络图)的形式表示。

在草拟完工程进度后,要对各项进度安排逐项落实。根据施工条件、施工方法、机具设备、劳动力、材料供应以及技术质量要求等有关因素,分析论证所拟进度是否切合实际,各项进度之间是否协调。研究主体工程的工程量是否大体均衡,进行综合平衡工作,并对原进度草案进行调整、修正。

三、水利工程施工进度拖延的原因及解决措施

(一)水利工程施工进度拖延的原因

1.工期及计划的失误

计划失误是常见的现象。人们在计划期往往将持续时间安排得过于乐观。计划失误主要包括如下五点。

(1)计划时忘记(遗漏)部分必需的功能或工作。

(2)计划值(如计划工作量、持续时间)不足,相关的实际工作量增加。

(3)资源或能力不足,例如,计划时没考虑到资源的限制或缺陷,没有考虑如何完成工作。

(4)出现了计划中未能考虑到的风险或状况,未能使工程实施达到预定的效率。

(5)在现代工程中,上级(业主、投资者、企业主管)常常在一开始就提出很紧迫的工期要求,而且许多业主为了缩短工期,常常压缩承包商前期准备的时间。

2.边界条件变化

(1)工作量的变化可能是由设计的修改、设计的错误、业主新的要求造成的。

(2)外界(如政府、上层系统)对项目新的要求或限制、设计标准的提高可能造成项目资源缺乏,使得工程无法及时完成。

(3)环境条件的变化,如不利的施工条件不仅会对工程实施过程造成干扰,有时直接要求调整原来已确定的计划。

(4)发生不可抗力事件,如地震、台风、动乱、战争等。

3.管理过程中的失误

(1)计划部门与实施者之间、业主与承包商之间缺少沟通。

(2)工程实施者缺乏工期意识,例如,管理者拖延了图纸的供应和批准,任务下达时缺少必要的工期说明,拖延了工程活动。

(3)项目参加单位对各个活动(各专业工程)之间的逻辑关系(活动链)没有清楚

地了解,下达任务时也没有详细解释,许多工作脱节,资源供应出现问题。

(4)承包商没有集中力量施工、材料供应拖延、资金缺乏,这可能是承包商同期工程太多,力量不足造成的。

(5)业主拖欠工程款,或业主的材料、设备供应不及时。

4.其他原因

采取其他调整措施造成工期拖延,如设计的变更、实施方案的修改等。

(二)水利工程施工进度拖延的解决措施

水利工程建设项目的建设进度不仅直接关系到项目的总体建设周期和总体布局,而且还影响着导流、度汛及蓄水发电等工序的开展。施工进度控制是工程建设管理的核心任务之一。在执行进度计划期间进行检视可以确定是否存在进度偏差,如果存在进度偏差,则有必要通过分析偏差对后续工作和整个施工周期的影响来确定是否以及如何调整进度计划。

与在计划阶段压缩工期一样,解决进度拖延问题有许多方法,但每种方法都有它的适用条件。以下是水利工程进度拖延的解决措施。

(1)增加资源投入。例如,增加材料、设备的投入量。这是最常用的办法。

(2)重新分配资源。

(3)缩小工作范围。包括减少工作量或删去一些工作包(或分项工程),但这可能产生如下影响:损害工程的完整性、经济性、安全性,或提高项目运行费用;必须经过上层管理者,如投资者、业主的批准。

(4)改善工具、器具以提高劳动效率。

(5)将部分任务转移,如分包、委托给另外的单位,将原计划由自己生产的结构构件改为外购等。当然,这不仅有风险,会产生新的费用,而且需要增加控制和协调工作。

第二节 施工成本管理

水利工程投资规模大、工期长,企业要在保证水利工程施工质量的前提下,统筹兼顾、科学调度,科学进行成本管理与成本控制计划,通过控制、监督、调整人力、物力和施工中的资金和资源,降低工程施工成本,达到成本控制的目的。

一、水利工程施工成本管理的基本任务

(一)水利工程施工成本管理概述

水利工程施工成本可以理解为水利工程在项目建设当中的施工成本,它包括人工成本、材料成本、机械设备成本、运行成本等各种类型的成本。它包含工程项目建设前、建设中、建设后全方位管理过程中所有的支出费用,简单来说,就是水利工程施工过程中,所有看得见的支出费用之和。

1. 成本管理基本理论

在水利工程项目中,施工成本指的是施工过程中产生的全部费用。一般而言,成本的形成是与劳动、原材料、机器设备等各种费用相伴随的。在进行成本管理时,我们应该根据各种费用的独特性,为费用生成的每一个环节选择合适的管理策略,以确保实际的费用与成本目标保持一致。成本管理的核心理念是追求成本的最小化和收益的最大化。需要强调的是,这里的最小化不仅仅是简单地降低成本,更重要的是要增加成本的回报率,即通过最小的费用支出为公司创造最大的价值。例如,某个项目部采纳了一种创新的施工方法,尽管这种技术的引入成本很高,导致了额外的费用开销。然而,实施这一技术后,工程的施工效率和质量都有了显著的提升,同时人工和总施工成本也在不同程度上得到了降低,这不仅减少了项目的总成本,还带来了更多的经济收益。因此,这一费用支出是与成本管理原则相一致的,应当得到正式批准。另外,成本控制不应是短视或分离的,它应该在施工的每一个步骤中都得到实施,也就是我们经常提到的全程管理。

(1)成本管理的概念

随着成本对公司成长的作用日益增强,公司对成本管理的关注也逐步上升,学术领域对成本管理的研究和探讨也在持续深化,对成本的解读也在不断地进化和变化。工程项目的成本管理是成本管理的一个重要分支,它涵盖了人工成本、材料成本、机械成本、工程期间的费用以及其他一些项目进行期间产生的相关费用。鉴于工程项目的收益与其成本之间存在紧密的联系,企业在设定目标的过程中,会特别重视工程项目的成本管理。这包括制定成本管理目标、进行成本估算、制定成本预算以及强化成本控制等多个关键步骤。换句话说,工程项目的成本管理实质上是对整个项目执行过程的全面管理,目的是确保工程项目能在预算范围内得到有效控制。

(2)成本管理的特点

一个项目的最终收益与其成本之间存在直接的联系,而影响该项目成本的各种费用,如人工开销、材料开销、机械使用费和其他在项目执行过程中产生的相关开销,都会对项目产生影响。核算任务通常在项目目标确定之初就已经启动,主要是依据项目进展来围绕成本管理目标的设定、成本预估、成本预算以及成本控制这四个核心方面进行,这一过程具有广泛的覆盖面和较长的时间跨度。一般来说,一个高效的项目成本管理系统通常具有以下几个显著特点。

①效益性。在企业的生产和经营活动中,最核心的目标是实现最大的效益,因为效益构成了企业活动的核心,所有的行动都是以效益为中心进行的。在水利工程施工的每一个阶段和项目实施的每一个环节中,都应该坚持不断提高效益的原则。在追求工程施工效益的过程中,确保不损害工程质量是实现水利工程长期发展的关键前提。

②全面性。要实现一个高效的成本管理,需要在整个流程、各个方面以及所有员工中都进行严格控制。整个流程控制涵盖了从研究设计到实际生产应用的每一个步骤,所有与成本相关的行为都必须受到严格的成本管理;全方位控制是指在生产流程中对所有产生的费用实施严格的管理和控制;全员控制的核心思想是将成本管理的理念融入每一个员工的日常职责中,确保员工与具体任务之间的紧密融合。

③动态性。在水利项目的施工过程中,由于需要大量的投资和长时间的施工周期,因此对工程的质量有着严格的标准。考虑到这些特性,项目的成本管理和控制应与项目的执行同步进行,并对项目进展中的关键环节给予特别重视。企业在进行数据汇总和成本计算分析时,应当及时识别实际成本与预定目标成本之间存在的差异,并找出导致这些偏差的根本原因,然后针对项目中出现的问题实施必要的调整和控制措施。为了满足成本的动态管理需求,在施工前的准备阶段,我们需要对成本做出预估,并提前设定预期的成本目标,这将为接下来的成本管理工作提供有利的参考。由于成本管理是项目全程的一部分,并且具有动态变化的特性,企业可以通过建立一个成本信息反馈系统,为项目管理团队提供准确和及时的数据,以协助他们进行有效的成本管理。

④协同性。在成本管理过程中,成本、质量和进度这三个关键因素都具有极高的重要性,因此成本不能被视为一个孤立的存在。高效的成本控制是基于确保项目的执行进度和达到项目的质量标准之上的。在整个项目的执行过程中,必须严格遵循成本控制计划,以确保实际产生的成本能在预算允许的范围内,从而实现项目的最终收益。

⑤权责利相结合。在项目的成本管理过程中,成本责任网络里的所有参与者都

承担着特定的成本管理职责。此外,项目的各个部门和成员在他们各自的职责范围内都具有一定程度的成本控制能力,并通过考核和绩效关联等手段来管理这些权力和责任。这一模式明确指出,在进行成本管理的过程中,必须遵循权责与利益相结合的基本准则。

通过实施成本管理,我们可以提高大家对成本管理的认识和重视,从而更好地理解成本管理在水利工程建设中的核心地位,相应的评估机制也能有效地激发员工对成本控制的关注和重视。

2.成本管理的作用

在水利工程的施工成本管理中,目标是提高资源的使用效率和减少成本。为此,我们对成本的各个组成部分进行了细致的管理,并对人员、材料、机械等资源进行了合理的分配,确保它们既不会短缺也不会冗余,从而实现最优的使用效果。

水利工程的施工成本管理为各类资源的消耗设定了一个明确的准则。在项目的执行阶段,每一步在利用资源的时候,都应根据预定的目标成本来进行,确保实际的成本不会超出预定的目标成本。面对特定的情境,我们需要适时地调整目标的成本,这样才能确保施工项目的成本管理更为合理和科学。

水利工程的施工成本管理并不是一个固定不变的现象,它是一个持续变化的过程。公司的管理层可以通过这种成本管理方式,实时掌握工程施工的最新进展以及资源如何被利用。通过将实际成本与成本管理预算进行比较,管理者能够判断工程的进度是否满足预定的工期标准。

通过有效的成本管理,我们可以降低资源的浪费,减少施工过程中的各种费用,并将成本控制在市场的平均水平以下,从而为企业带来更大的利润,并增强其在社会中的竞争力和生存能力。

(二)水利工程施工成本管理的内容

1.施工成本预测

成本预测是基于当前的形势,通过一定的方法对于项目未来所产生的费用成本给出较为合理准确的预测。通过成本预测,企业可以更好地进行成本预算编制,方便企业进行科学的决策部署,增强企业竞争力。

预测成本的方法主要分为定性和定量两大类。定性预测法的核心思想是,通过对成本和费用的深入研究,对工程项目的成本趋势进行深入的分析和评估。常见的研究方法包括进行问卷调查、组织座谈会和进行实地考察等。定量预测法基于收集的企业项目的历史成本数据,通过构建相应的数学模型,并采用数学计算手段来进行成本的预测分析。该研究利用现有数据,对成本和费用的未来走势进行了深入的分析和评估。这一方法相对简洁,不仅可以使用第一期的建设成本数据来估算第二期工程的预期成本,还可以借助以往的工程成本和费用统计数据来构建一个数学分析模型,进而通过这个模型来预测未来可能的成本。我们可以采用如加权平均法和回归分析法这样的技术来进行深入的分析。

成本预测分为三个步骤:一是跟踪项目,二是前期调查,三是编制成本预测说明。

2.施工成本计划

在完成了工程施工成本预测之后,紧接着就要设定工程施工成本计划。我们通常将成本分成两类,一类是直接成本,另一类是间接成本。在设定项目成本计划时也要分别针对这两类成本设定相应的计划。

成本计划也叫成本预算编制,成本计划是为了后续更好地进行成本管理,降低成本费用。成本计划的主要编制部门为财务部门,工程项目参与部门与其共同设定。在具体编制时,财务部门依据各部门提供的不同的项目成本,参照定额标准,按照滚动预算、零基预算等方法进行成本计划的编制。成本计划的编制分为编制成本费用预算、设定成本费用预算、调整成本费用预算、形成新的成本费用预算、预算执行这五个过程。

3.施工成本控制

在施工成本管理过程中,控制施工成本被视为最关键的一环。为了尽量减少施工成本,企业可以采用特定的控制策略,确保工程施工的成本在预定的预算范围内。企业实施成本控制的主要目的是确保成本预算得到有效的实施。只有当成本预算得到有效的执行,成本管理的真正意义才能得以体现,从而帮助企业减少与项目相关的成本。

工程施工成本控制通常通过两个方法实现,一是过程控制,二是纠偏控制。过程控制指企业对于采购费用、人力成本及相关间接成本的控制。纠偏控制是指企业在对比项目实际成本及项目计划成本的时候,分析它们之间存在的差异并进行主动纠偏的控制方法。

4.施工成本核算

成本核算指的是企业根据当前的会计体系和相关的成本核算规定,对水利工程施工过程中产生的实际费用进行汇总,然后按照特定的方法进行成本核算,并编制成本相关的报表。企业进行成本核算的目的是根据相关的政策规定来计算、汇总和整理企业的成本数据,从而为企业的决策者提供决策的依据。

在进行成本核算时,企业应当明确相应的成本核算制度,对实际发生的成本费用进行汇总后,形成相关账簿,最后编制相关生产成本报表并对其进行归档。

5. 施工成本分析

成本分析意在找出项目的成本管理存在的问题并提出建议性措施,通常在项目实施之后进行。

6. 施工成本考核

通过加强对多个参与不同项目建设分工的单位和个体的管理,采用一种将成本控制责任分散到项目全体员工的管理策略,这对于工程项目的成本控制具有显著的重要性。在项目的规划、决策和执行阶段,对收集到的各种成本信息进行了细致的整理和总结,最后将其整理为项目成本的报告并存档。所提供的资料可能涵盖了工程项目的立项审批文件、施工图纸、设计变更的相关资料、材料采购合同、材料领用单、设备的使用记录、施工现场的详细记录以及工程结算报告等,这些都是与工程项目成本控制有关的重要信息。通过有组织、全面地汇总和整理这些资料,我们可以编制出一个项目成本报告,该报告全面地展示了项目的成本结构和成本管理状况,为企业在未来类似项目中的成本控制提供了宝贵的参考依据。

一旦项目顺利通过了竣工验收,企业有责任对项目的施工成本进行全面评估。考核的标准是由各个单位根据实际需求来设定的,而管理人员则根据这些考核方式对相关人员的成本进行评估。企业实施成本考核的目的是激发员工的工作积极性,同时也可以对员工施加一定的限制。企业可以通过成本考核来降低成本费用,合理地优化成本结构,从而有效地控制成本费用的增长。

存在两种不同的成本评估方法。首先是指标法。企业应依据其自身的具体状况,构建一套全面的绩效考核指标体系。第二种方法是通过比较实际成本和计划成本来评估工程施工各参与方在成本管理方面的贡献,并据此为相关人员提供相应的奖励或处罚措施。一般而言,确保指标设置的合适性和科学性常常是一项具有挑战性的任务。因此,在现实操作中,企业常常倾向于采用第二种不同的方法来进行成本评估。

(三)水利工程施工成本管理的工作及存在的问题

1. 水利工程施工成本管理的工作

水利工程施工成本管理的工作包含以下五个方面。

(1)建立好成本管理责任制。应当通过建章立制来规范项目成本的管理工作,将成本责任进行有效划分,将各项责任明确到企业的各项制度中。

(2)建立制式的内部工程造价计划。应当根据自身的实际情况和管理习惯,规范设计内部工程造价计划。

(3)推行施工成本定额标准的建立,保证定额成本的科学性、有效性、适应性,依据成本定额合理测算出成本计划。

(4)做好生产资料成本信息的收集及分析工作,尽可能利用信息技术搭建起生产物资价格信息采集平台。同时,要建立物资供应商信息登记平台,在进行物资采购时,及时与这些供应商联系。尽力保证企业在物资采购方面降低相关的成本费用。

(5)规范项目成本核算。按照相应的会计制度和准则对项目的成本进行归集与核算,如实反映企业的真实成本数据,最终得出成本报告。

2.水利工程施工成本管理存在的问题

水利工程成本管理上还有很多不足,例如,管理责任不明确、部门协作不力、协议的签订与资料的保管缺乏规范等。这些不足对施工单位的发展是极为不利的,既会造成成本浪费,又会影响工程项目的正常开展。

(1)成本管理缺乏全员观念

成本管理不仅涵盖了整个流程的管理,同时也是对所有员工的管理。为了有效地管理施工成本,项目部的各个部门需要紧密合作,各负其责。成本管理不只是财务部的职责,技术部、采购保管部等各个部门都有自己的施工管理职责。目前,许多施工公司的现场管理人员对成本管理缺乏足够的重视,他们认为只需专注于技术管理即可,这种观点对成本管理是非常不利的。如果各个部门的工作人员觉得成本管理与他们个人没有直接关联,那么技术部将主要集中在提升工程的质量上,而采购保管部则仅确保能够采购到合格的材料。通常情况下,工程的质量与所需的费用是正相关的,但材料在市场上的价格却各不相同。如果忽视成本节约,那么工程的总成本将会显著上升。从一个宏观的角度看,一个部门单独完成工作并不是对整个项目管理的最优选择。

所以,施工企业要定期举办成本管理培训班,请专业人士进行讲解,重点强调成本管理的重要性及全员参与的必要性。其实,项目的每一个参与者都可以为成本管理工作做出贡献,只有全员参与,才能真正做好成本管理工作。

(2)缺乏企业内部劳动定额

如果施工单位没有自己的企业内部定额,那么在投标报价时只能根据行业定额,这将对报价的准确性产生很大的影响。如果成功中标,由于企业定额的缺失,在工程执行阶段将无法进行精确的成本管理预测,这将进一步妨碍成本管理目标的达成,并可能导致施工单位利润的减少。因此,施工单位在设定企业定额时,应依据自身的实际情况,如技术进步、工艺升级和市场动态等,进行定期的调整,以便更准确地预估施工的成本。

(3)项目成本管理措施跟不上水利工程的发展速度

当前,水利施工企业在成本管理方面的方法相对陈旧,无法跟上水利工程快速发展的步伐,因此无法构建一个实用和可行的项目成本管理体系,也无法为实际施工提供有效的指导。某些施工单位在设定成本管理目标的过程中,由于忽略了对工程质量和进度的全面管理,导致了返工或甚至索赔的情况出现,这些因素都可能增加施工成本。

项目部门需要实施有力的策略,以增强对成本的管理能力。例如,在管理人工成本时,需要预先估算项目所需的劳务人员数量,以避免出现窝工或劳务不足的情况,否则不仅会增加成本,还会影响工程的进度;在管理材料成本时,我们需要制定详尽的材料使用量计划和询价系统,深入了解材料的市场价格,并确定材料的领取方法,以减少施工过程中的不必要浪费,从而降低材料成本并提高单位的经济回报。

(4)成本管理队伍缺乏人才

在当前阶段,水利领域急需专门从事成本管理的专业人士。那些从事工程成本管理的员工往往缺乏专业知识,他们的知识储备不充分,也缺少现代化的成本管理理念,这些因素都严重制约了项目成本管理的有效性。

因此,在一方面,现场管理人员不仅需要精通各种技术方案和施工手法,还需要增强对成本管理的了解,并运用他们在成本管理方面的专业知识来降低运营成本;从另一个角度看,技术专家和成本管理者需要保持即时的沟通,确保信息的一致性。负责成本管理的工作人员必须时刻了解工程的进展以及人员、材料和设备的消耗情况,并及时地进行成本管理,以确保质量、进度和成本目标得以实现。

(5)没有建立奖惩制度

施工单位并未实施成本管理的奖励和惩罚机制,导致员工的工作积极性降低和参与度不足。施工单位不只需要构建和完善成本管理体制,明确各个项目部门在成本管理上的职责,还需确立清晰的奖励和惩罚机制。奖励和惩罚作为一种手段,旨在激发员工对成本管理的关注,从而提升他们的工作积极性,并将成本管理转化为每个员工的责任。

二、水利工程施工成本管理的方法

(一)基于经验的成本管理方法

基于经验的成本管理方法只需要管理者具备一些成本管理的经验就可以实施，因此，这种方法具有广泛的应用潜力，实施起来相对简单，操作起来也很方便。然而，当企业所处的内部和外部环境经历重大变化时，过去的经验将变得不再适用，这将导致管理者无法根据过去的经验做出准确的决策，从而可能给企业带来巨大的风险。例如，在水利工程的建筑现场，估算钢筋的使用量是至关重要的。施工单位在购买钢筋的过程中，必须对各种规格的钢筋使用量进行估算。只有拥有丰富的施工经验，我们才能更准确地进行估算，并据此制订采购计划。

(二)基于历史数据的成本管理方法

采用基于历史数据的成本管理策略意味着企业会继续使用这些历史成本数据，并以历史成本的最小值或平均数值作为本项目的预估成本。当我们采用这种方法时，存在一些特定的条件约束，那就是我们预设当前项目的成本不会增加，并希望在一段时期内维持其稳定性。在通货膨胀和原材料、人力成本上升的情况下，继续采用这种方法可能会使企业无法实现最初设定的成本计划。

(三)基于预算的目标成本管理方法

目标成本管理法，顾名思义就是设定一个目标成本，以这个目标为方向，控制整个施工成本。目标就像灯塔，成本控制就是一艘轮船。工程施工过程中，成本控制有可能会偏航，这时就要及时调整方向。

基于预算的目标成本管理方法指企业为了达到目标利润，在售价一定的条件之下依据所编制的项目预算计算出企业应达到的目标成本。该种方法是一种科学合理的成本控制方法，但是在实际应用中难度较大。

第一，企业管理者深知编制预算的好处，可他们始终认为编制预算是财务部门的事情，与项目工程的相关部门无关。由于每个人对如何编制预算知之甚少，企业通常不会积累编制预算所需的各种数据，也不会积累编制预算所需的相应组织环境。

第二，有些企业编制预算的时间较短，无法做到科学合理地编制预算。

(四)基于标杆管理的目标成本管理方法

所谓标杆是一种模式，就是说别人在某些方面比自己强，所以我们应该把别人当作一种模式，我们要迎头赶上，跟他们一样出色或是超越他们。

第一,标杆的对象可以是企业。当企业在某个领域做得非常出色时,其就成为行业标杆,会引来一批追随者。标杆法是进行横向比较的方法,可以在更大范围内寻找差距,是企业常用的比较方法。

第二,将企业过去的业绩作为评判标准,以此来控制未来的目标、计划未来的目标。

第三,要以业绩优异的部门及个人为标杆,鼓励其他部门与员工向业绩优异的部门或个人看齐,并追赶超越。

(五)基于市场需求的目标成本管理方法

基于市场需求的目标成本管理方法是决策者为了达到预定的成本目标,根据市场的实际需求对当前的成本进行调整和优化,其核心目标是在竞争尤为激烈的市场环境中,通过成本优化来获得市场的主导地位。采纳此种策略的公司通常拥有出色的领导地位,并能有效地挖掘其在成本管理上的能力。即使在成本看起来已经大幅度减少的背景下,他们仍然会使用特定策略来将成本降至最低。

(六)基于价值分析的成本降低方法

在制造业中,材料、工作和费用常常是成本的组成部分,因此,成本管理机构会对这些成本进行详细的价值分析,并在当前的市场环境中寻找合适的替代方案。当这种方法被应用时,它在成本管理上会展现出很好的成果。然而,在实际操作中,许多企业在做价值评估时常常存在强烈的个人偏见,这使得他们难以根据市场动态做出公正和客观的评价。因此,这一方法在实际应用中具有较高的难度和有限的适用范围,多数企业在进行成本管理活动时并没有采用这一方法。

三、水利工程施工成本控制的类型及措施

(一)水利工程施工成本控制的类型

1. 全过程成本控制

项目的成本管理涵盖了整个工程施工的各个环节,这包括施工前的预备阶段、施工中的成本管理以及项目完工后的成本管理。对水利工程而言,成本管理并不是一个静态的任务,而是一个持续演变和动态调整的管理活动。在进行项目成本管理时,必须基于具体的工程项目,无论是不同的工程项目还是同一工程的各个阶段,都需要实施与实际情况相匹配的成本管理策略。为了确保实际成本与预定目标成本的一致性,企业必须在施工前的准备阶段、施工过程中以及项目完工后,严格执行成本控制

措施,以最大程度地降低目标成本偏离的风险。

(1)施工前准备阶段的成本控制

在现代社会中,建筑业的竞争格外激烈,投标的报价不仅是决定承包方是否能够中标的核心因素,同时也是影响后续施工利润规模的关键要素。考虑到这方面的因素,我们需要严格控制如何确定清单上的单价。第一步,根据设计图纸来计算工程的规模和相关的成本;第二步,我们进行了实地勘查,并根据勘查的数据为估算提供了合适的调整建议。在项目正式启动之前,有必要对项目的全部支出以及每一个具体项目的费用进行详细的预估。在工程施工前的预备阶段,通常会采用目标成本法来进行工程的成本预算,根据招标文件、施工图纸、现场勘测数据等,计算出工程的目标成本,并以这个目标成本为基础进行成本管理。

(2)施工过程中的成本控制

在进行工程建设时,我们应尽量采纳各种成本管理策略,确保实际的成本不会超过预定的预算目标。当出现不可避免的偏差时,应迅速采纳适当的纠正措施;当偏差增大时,应迅速调整目标成本,这是项目成本管理的核心所在。在工程建设的过程中,我们可以实施多种策略,但每种策略都有其自身的长处和短板,因此在实施任何策略时,都需要考虑到具体的实际状况。仅当实施与实际状况相匹配的策略时,我们才能实现项目的成本管理目标。在施工过程中,我们通常采用成本因素分析法来管理构成工程成本的各种因素,特别是那些对成本有较大影响的因素,目的是减少实际成本与预定目标成本之间的差异。在采用成本因素分析法的过程中,管理人员的主观判断是至关重要的。只有当他们拥有丰富的管理和施工经验时,才能全面考虑到可能导致问题和对成本管理有重大影响的各种因素,从而缩短问题发现的时间,并确保项目能够顺利进行。施工期间,必须妥善平衡成本与工期之间的关系。在大多数情况下,随着工程时间的增长,成本也会上升,但当工程时间缩短到某一临界点时,成本又会因工程时间的减少而上升。

(3)竣工后的成本控制

在进行工程项目的竣工验收之前,需要预先核实项目施工现场的工程内容是否与已签署的合同和技术文件一致,以及工程质量是否达到了预定的目标。这样可以避免在竣工验收过程中产生不必要的成本支出,例如因延误工期或质量未达标而产生的罚款等。在结算过程中,所有与工程项目相关的更改文件和变更签证都应根据实际状况进行核查,确保不遗漏任何一项更改。项目完成之后,我们对项目进行了深入的后续分析,并对相关的资料进行了科学和系统的梳理,从中总结出宝贵的经验,并对那些值得学习的方法进行了推广；针对存在的不足，我们正在寻找改进的方法，并努力对其进行补充和完善。项目完工后的成本控制不仅是对前一个项目成本管理的综合总结，同时也是一个积累下一个项目经验的有效途径。

2. 全员成本控制

在整个项目施工过程中，从施工前的各项准备工作，到实际施工的启动，再到项目的最终验收阶段，成本控制始终是不可或缺的一环。尽管影响成本控制的因素众多，但最终最根本的决定因素依然是人力资源，也就是所有参与施工过程的工作人员。因此，我们可以考虑实施全员参与的成本管理策略。为了在施工过程中实现有效的成本控制，不仅需要建立适当的成本控制体系和标准，还必须得到项目所有参与者的齐心协力。

(二)水利工程施工成本控制的措施

科学有效的成本控制措施是成本管理的关键，具体而言，控制措施可分为组织措施、技术措施、经济措施、合同措施、安全措施、工期措施。从上述措施入手控制成本支出，能够最大限度地实现既定的成本目标。

1. 技术措施

根据各种工程施工的实际需求，例如施工现场的自然环境、施工技术标准等，进行技术和经济的综合分析，以确定最合适的施工计划。为了更有效地控制成本开销，我们应当努力引入最新的技术和机械设备。根据合同和甲方的要求，对施工组织的设计进行了进一步的优化。我们需要确定在特定时期进行施工的技术手段，例如在雨季或夜晚进行施工，并对其进行严格的监督和管理，以确保这些措施能够得到有效的实施。

第一，我们需要确定一个技术领先且经济高效的施工计划，目的是缩短施工时间、提升施工质量、确保施工安全并减少成本。施工方案主要涉及确定施工方法、选择施工机具、安排施工顺序以及组织流水施工作业。一个科学且合理的施工计划不仅是确保项目成功的基础，也是减少成本的核心环节。

第二，在施工组织的过程中，我们致力于探索各种新的工艺、技术、设备和材料，以降低资源消耗和提高工作效率，并确保它们在工程项目的实施中得到应用；技术专家和操作人员可以共同对一些传统的工程流程和施工技术进行创新和改进，这将极大地提高工作效率和降低消耗。

2. 经济措施

(1)人工费用成本控制

人工成本控制即通过对人员进行科学管理，组建专业化程度较高的团队，科学确定定额用工,将定额维持在造价范围内。此外,还应当优化施工组织设计与方案,尽可能地提高施工效率。

人工成本约占项目总成本的 1/10。人工单价主要由市场条件决定,无法使用固定价格来管理这些成本。在项目的建设过程中,我们应做到以下三点。

第一,精选综合素质高的管理人员,合理筛选施工队,做好人员分配,不要出现窝工等现象。

第二,适当使用一些市场上的临时工人。

第三,可以按照"按劳分配、多劳多得"原则采取计件结算方式。

(2)材料费用成本控制

材料成本控制是专门针对物资成本进行的管理,由经验丰富的专家进行询价,以确定价格和质量均为最优的供应途径;在此基础上,我们应该合理地控制物资的使用,确保其使用量低于实际需求。在工程项目开始实施之前,需要对整个项目所需的材料进行全面的优化,并制订详细的材料采购计划,以有组织、有计划的方式进行集中采购,从而避免不必要的零散采购。在工程项目的施工过程中,必须确保材料的妥善入库、妥善保管和核查,同时建立健全的台账记录,以防止随意或超额的领料行为,并对任何乱领或超额领料的行为进行相应的处罚。

材料费通常占整个水利工程施工成本的 $60\% \sim 70\%$,比重相当之大,因此在水利工程建设施工环节多次强调控制材料费成本。[1] 在施工准备阶段,在采购前先充分了解市场物料报价,再对比材料的规格、质量,选择性价比最高的进行采购。另外,要挑选可靠且有经验的专业技术人员来检查和接收材料,并根据项目预算,确定材料使用计划,从而降低原材料消耗率,达到成本控制的目标。在实际操作时要强调工作人员要严格检查材料质量和数量。

(3)机械设备费用成本控制

机械成本控制,即结合工程实际特点与行业背景选择机械设备,同时按时对设备进行维修与保养,确保机械设备良性运转。

从长期的成本核算来看,机械设备成本占水利工程建设成本的 5% 左右。但是,实际上超支非常严重。因为机械设备的实际购买或租用费用往往高于预算价格,机械设备费的实际成本超过预算成本是很普遍的情况。

在施工期间,企业应提前对机械设备的进场和使用情况进行规划,降低机械设备

---

① 李俊峰.水利水电工程设计与管理研究[M].北京:中国纺织出版社,2022.

的空置率,使用的时候要准时准点。机械设备使用完以后,要及时撤出,定期对机械设备进行检查,做好检查登记工作,避免机械设备运转事故的发生。控制机械设备成本的方法有如下四种。

①根据施工进度计划,提前3天组织需要使用的机械设备逐步进场,合理有效地使用施工机械设备。这样可以提高机械设备的运转效率、使用率,降低机械搬迁成本。

②加强机械操作培训。针对机械设备的操作员,要根据国家相关政策选择具有上岗证书的操作人员,并根据机械设备使用规定,规范机械设备操作员的操作行为,避免在使用工程机械时出现错误操作。同时,还应将机械设备操作员纳入薪酬考核评价体系。

③定期对设备进行维护并做好维护保养记录。有时施工现场有连续作业的情况,要根据机械设备的使用强度、运行磨损情况,适时增加或调整运行维护工作,这样可以延长机械设备的使用寿命。另外,对于易损的零部件在采购时可以多购置一些,损坏时可及时更换,保障施工正常推进。

④水利项目因为选址偏离城区常常需要自建电网,使得成本较高。现在,各地基础设施建设相对完善,可根据实际情况进行对比,酌情使用当地电网。

(4)其他费用成本控制

除以上列举的费用以外,还有一些其他的费用成本,这类成本项目繁杂,具体操作时要具体情况具体分析。针对其他费用,我们认为需要注意以下五点。

①合理安排每个细项的建设资金调度。严格遵守既定的水利工程施工进度,根据进度情况合理使用资金,优化资金安排比例,从而降低水利工程施工成本。

②近年来,"矽肺病"等职业病逐渐引起人们的重视。特别是水利工程建设工地,要严格按照国家施工作业标准,配齐各种防护用具,并组织员工学习操作技术。施工企业应进一步加强对职业病的预防,必要时给员工购买保险。

③在单元工程完工后,要快速安排施工队伍退场,并在退场之前清理施工场地,退回剩余的机械设备,收回多余的施工材料并做好登记管理。同时检查后续的施工计划,对不需要的施工人员进行合理裁减。

④针对二线部门,应该进行绩效评估,以便控制成本。

⑤加强审批和报销制度,核算审批好每一笔报销和支出。

3. 工期措施

每个项目部的目标都是在尽可能短的时间里完成所有的工程项目。然而,每一个项目都需要严格按照既定的程序进行施工。这意味着项目部需要在遵循规定程序的基础上,根据实际需求选择更为高效的施工策略和组织方法,从而缩短施工时间,减少施工成本,并提高项目的整体效益。为了工程进度,主要的措施包括缩短前期准备、最大限度地进行交叉作业、提升工作效率、延长工作时长、引入新的材料和工艺、强化组织管理、选择高效的设备、雇佣经验丰富的工人、实施阶段性的承包、采用奖励制度以及优化施工计划等。

为了更精确地预测、控制和分析工程施工项目的成本,我们提出了一系列主要的成本控制措施。根据实际情况,我们还可以制定其他措施,如现场管理、文明施工、环境保护和抗洪防灾等,以实现更好的成本控制效果。

第十章 水利工程施工安全管理与环境安全管理

第一节 施工安全管理

施工安全管理的目的是最大限度地保护生产者的人身安全,控制影响工作环境内所有员工(临时工作人员、合同方人员、访问者和其他有关人员)安全的条件和因素,避免因使用不当对使用者造成安全危机,防止安全事故的发生。

施工安全管理的任务是建筑生产企业为达到建筑施工过程中安全的目的,所进行的组织、控制和协调活动,主要内容包括制定、实施、实现、评审和保持安全方针所需的组织机构、策划活动、管理职责、实施程序、所需资源等。

施工企业应根据自身实际情况制定方针,并通过实施、实现、评审、保持、改进来建立组织机构、策划活动、明确职责、遵守安全法律法规、编制程序控制文件、实施过程控制,提供人员、设备、资金、信息等资源,对安全与环境管理体系按国家标准进行评审,按计划、实施、检查、总结等循环过程进行提高。

一、施工安全管理的特点

(一)安全管理的复杂性

水利工程施工具有项目固定性、生产流动性、外部环境影响不确定性,这些决定了水利工程施工安全管理的复杂性。

生产的流动性主要指生产要素的流动性,它是指生产过程中人员、工具和设备的流动,主要表现在:①同一工地、不同工序之间的流动;②同一工序、不同工程部位之间的流动;③同一工程部位、不同时间段之间的流动;④施工企业向新建项目迁移的流动。

外部环境因素对施工安全影响很多,主要表现在:①露天作业多;②气候变化大;③地质条件变化;④地形条件;⑤地域、人员交流障碍。

以上生产因素和环境因素的影响使施工安全管理变得复杂,考虑不周会出现安全问题。

(二)安全管理的多样性

受客观因素影响,水利工程项目具有多样性特点,使得建筑产品具有单件性,每一个施工项目都要根据特定条件和要求进行施工生产,安全管理具有多样性特点,主要表现在:①不能按相同的图纸、工艺和设备进行批量重复生产;②因项目需要设置的组织机构,项目结束后组织机构便不存在,生产经营的一次性特征突出;③新技术、新工艺、新设备、新材料的应用给安全管理带来新的难题;④人员的改变、安全意识、经验不同带来安全隐患。

(三)安全管理的协调性

施工过程的连续性和分工决定了施工安全管理的协调性。水利施工项目不能像其他工业产品一样可以分成若干部分或零部件同时生产,其必须在同一个固定的场地按严格的程序连续生产,上一道工序完成才能进行下一道工序,上一道工序生产的结果往往被下一道工序所掩盖,而每一道工序都是由不同的部门和人员来完成的。这样,就要求在安全管理中不同部门和人员之间做好横向配合和协调,共同注意各施工生产过程接口处安全管理的协调,确保整个生产过程和安全。[①]

(四)安全管理的强制性

工程建设项目建设前,已经通过招标、投标程序确定了施工单位。由于目前建筑市场供大于求,施工单位大多以较低的标价中标,实施中安全管理费用投入严重不足,不符合安全管理规定的现象时有发生,从而要求建设单位和施工单位重视安全管理经费的投入,达到安全管理的要求,政府也要加大对安全生产的监管力度。

二、施工安全控制

安全控制是指企业通过对安全生产过程中涉及的计划、组织、监控、调节和改进等一系列致力于满足施工安全措施所进行的管理活动。

(一)安全控制的方针

安全控制的目的是安全生产,因此安全控制的方针是"安全第一,预防为主"。安全第一是指把人身的安全放在第一位,安全为了生产,生产必须保证人身安全,充分体现以人为本的理念。

预防为主是实现安全第一的手段,采取正确的措施和方法进行安全控制,从而减

---

① 李海涛.水利工程建设与管理[M].西安:西北工业大学出版社,2023.

少甚至消除事故隐患,尽量把事故消除在萌芽状态,这是安全控制最重要的思想。

(二)安全控制的目标

安全控制的目标是减少和消除生产过程中的事故,保证人员健康安全,避免财产损失。安全控制目标具体内容为:①减少和消除人的不安全行为的目标;②减少和消除设备、材料的不安全状态的目标;③改善生产环境和保护自然环境的目标;④安全管理的目标。

(三)施工安全控制的特点

1. 安全控制面大

由于规模大、生产工序多、工艺复杂、流动施工作业多、野外作业多、高空作业多、作业位置多、施工中不确定因素多,因此水利工程施工中安全控制涉及范围广、控制面大。

2. 安全控制动态性强

水利工程建设项目的单件性使每个工程所处的条件不同,危险因素和措施也会有所不同,员工进驻一个新的工地,面对新的环境,需要大量时间去熟悉并对工作制度及安全措施进行调整。工程施工项目施工的分散性使现场施工分散于场地的不同位置和建筑物的不同部位,面对新的具体的生产环境,除熟悉各种安全规章制度和技术措施外,还需做出自己的研究判断和处理。有经验的人员也必须适应不断出现的新问题、新情况。

3. 安全控制体系具有交叉性

工程项目施工是一个系统工程,受自然环境和社会环境影响大,施工安全控制与工程系统、质量管理体系、环境和社会系统联系密切,交叉影响,建立和运行安全控制体系要相互结合。

4. 安全控制必须具有严谨性

安全事故的出现是随机的,偶然中存在必然性,一旦失控,就会造成伤害和损失。因此,安全状态的控制必须严谨。

(四)施工安全控制程序

1. 确定项目的安全目标

按目标管理的方法在以项目经理为首的项目管理系统内进行分解,从而确定每个岗位的安全目标,实现全员安全控制。

2. 编制项目安全技术措施计划

对生产过程中的不安全因素应采取技术手段加以控制和消除,并采用书面文件的形式作为工程项目安全控制的指导性文件,落实预防为主的方针。

3.落实项目安全技术措施计划

安全技术措施包括安全生产责任制、安全生产设施、安全教育和培训、安全信息的沟通和交流,通过安全控制使生产作业的安全状况处于可控制状态。

4.安全技术措施计划的验证

安全技术措施计划的验证包括安全检查、不符合因素纠正、安全记录检查、安全技术措施修改与再验证。

5.安全生产控制的持续改进

持续改进安全生产控制措施,直到工程项目全面工作的结束。

(五)施工安全控制的基本要求

(1)必须取得安全行政主管部门颁发的《安全施工许可证》后方可施工。

(2)总承包企业和每一个分包单位都应持有《施工企业安全资格审查认可证》。

(3)各类人员必须具备相应的执业资格才能上岗。

(4)新员工都必须经过安全教育和必要的培训。

(5)特种工种作业人员必须持有特种工种作业上岗证,并严格按期复查。

(6)对查出的安全隐患要做到5个落实:落实责任人、落实整改措施、落实整改时间、落实整改完成人、落实整改验收人。

(7)必须控制好安全生产的6个节点:技术措施、技术交底、安全教育、安全防护、安全检查、安全改进。

(8)现场的安全警示设施齐全,所有现场人员必须戴安全帽,高空作业人员必须系安全带等防护工具,并符合国家和地方的有关安全规定。

(9)现场施工机械尤其是起重机械等设备必须经安全检查合格后方可使用。

(六)施工安全控制的方法

危险源是可能导致人身伤害或疾病、财产损失、工作环境破坏,以及几种情况同时出现的危险和有害因素。

危险因素强调突发性和瞬时作用,有害因素强调在一定时间内的慢性损害和积累作用。危险源是安全控制的主要对象,也可以将安全控制称为危险源控制或安全风险控制。

危险源分为第一类危险源和第二类危险源。可能发生能量意外释放的载体或危险物质称为第一类危险源。造成约束、限制能量的措施破坏或失效的各种不安全因素称为第二类危险源,这类危险源包括3个方面:人的不安全行为,物的不安全状态,环境的不良条件。

对第一类危险源的控制方法：防止事故发生的方法有消除危险源、限制能量、对危险物质隔离；避免或减少事故损失的方法有隔离，个体防护，使能量或危险物质按事先要求释放，采取避难、援救措施。

对第二类危险源的控制方法：减少故障的方法有增加安全系数、提高可靠度、设置安全监控系统；故障安全设计包括最乐观方案（故障发生后，在没有采取措施前，使系统和设备处于安全的能量状态之下）和最悲观方案（故障发生后，系统处于最低能量状态，直到采取措施前，不能运转），以及最可能方案（保证采取措施前，设备、系统发挥正常功能）。

三、施工安全生产组织机构的建立

为了保证施工过程不发生安全事故，必须建立安全管理的组织机构，健全安全管理规章制度。统一施工生产项目的安全管理目标、安全措施、检查制度、考核办法、安全教育措施等。具体工作如下：

（1）成立以项目经理为首的安全生产施工领导小组，具体负责施工期间的安全工作。

（2）项目副经理、技术负责人、各科负责人和生产工段的负责人等作为安全小组成员，共同负责安全工作。

（3）设立专职安全员，聘用有国家安全员职业资格的人员或经培训持证上岗人员，专门负责施工过程中的工作安全，只要施工现场有施工作业人员，安全员就要上岗值班，在每个工序开工前，安全员要检查工程环境和设施情况，认定安全后方可进行工序施工。

（4）各技术及其他管理科室和施工段要设兼职安全员，负责本部门的安全生产预防和检查工作；各作业班组组长兼本班组的安全检查员，具体负责本班组的安全检查。

（5）工程项目部应定期召开安全生产工作会议，总结前期工作，找出问题，布置后面工作，利用施工空闲时间进行安全生产工作培训，在培训工作中和其他安全工作会议上，安全小组领导成员要讲解安全工作的重要意义，学习安全知识，增强员工安全警觉意识，把安全工作落实在预防阶段。根据工程的具体特点把不安全的因素和相应措施装订成册，便于全体员工学习和掌握。

（6）严格按国家有关安全生产规定，在施工现场设置安全警示标识，在不安全因素的部位设立警示牌,严格检查进场人员佩戴安全帽、高空作业系安全带情况,严格持证上岗工作,风雨天禁止高空作业,遵守施工设备专人使用制度,严禁在场内乱拉用电线路,严禁非电工人员从事电工工作。

(7)将安全生产工作和现场管理结合起来,同时进行,防止因管理不善而产生安全隐患,工地防风、防雨、防火、防盗、防疾病等预防措施要健全,都要有专人负责,以确保各项措施及时落实到位。

(8)完善安全生产考核制度,实行安全问题一票否决制、安全生产互相监督制,提高自检、自查意识,开展科室、班组经验交流和安全教育活动。

(9)对构件和设备吊装、爆破、高空作业、拆除、上下交叉作业、夜间作业、疲劳作业、带电作业、汛期施工、地下施工、脚手架搭设拆除等重要安全环节,必须在开工前进行技术交底、安全交底、联合检查后,确认安全,方可开工。在施工过程中,加强安全员的旁站检查,加强专职指挥协调工作。

四、施工安全技术措施计划与实施

(一)工程施工措施计划

施工措施计划的主要内容包括工程概况、控制目标、控制程序、组织机构、职责权限、规章制度、资源配置、安全措施、检查评价、激励机制等。

1. 特殊情况应考虑安全计划措施

对高空作业、井下作业等专业性强的作业,电器、压力容器等特殊工种的作业,应制定单项安全技术规程,并对管理人员和操作人员的安全作业资格和身体状况进行合格检查。对于结构复杂、施工难度大、专业性较强的工程项目,除制订总体安全保证计划外,还须制定单位工程和分部(分项)工程安全技术措施。

2. 制定和完善施工安全操作规程

制定和完善施工安全操作规程是编制各施工工种,特别是危险性大的工种的施工安全操作要求,作为施工安全生产规范和考核的依据。

3. 施工安全技术措施

施工安全技术措施包括安全防护设施和安全预防措施,主要有防火、防毒、防爆、防洪、防尘、防雷击、防触电、防坍塌、防物体打击、防机械伤害、防起重机械滑落、防高空坠落、防交通事故、防寒、防暑、防疫、防环境污染等方面的措施。

(二)施工安全措施计划的落实

1.安全生产责任制

安全生产责任制是指企业对项目经理部各部门、各类人员所规定的在他们各自职责范围内对安全生产应负责任的制度,建立安全生产责任制是施工安全技术措施的重要保证。

2.安全教育

要树立全员的安全意识,其要求包括广泛开展安全生产的宣传教育,使全体员工真正认识到安全生产的重要性和必要性;掌握安全生产的基础知识,牢固树立安全第一的思想;自觉遵守安全生产的各项法规和规章制度。安全教育的主要内容有安全知识、安全技能、设备性能、操作规程、安全法规等。对安全教育要建立经常性的安全教育考核制度。考核结果要记入员工人事档案。一些特殊工种,如电工、电焊工、架子工、司炉工、爆破工、机操工、起重工、机械司机、机动车辆司机等,除一般安全教育外,还要进行专业技能培训,经考试合格后,取得资格才能上岗工作。工程施工中采用新技术、新工艺、新设备,或人员调到新工作岗位时,也要进行安全教育和培训,否则不能上岗。

3.安全技术交底

安全技术交底的基本要求包括实行逐级安全技术交底制度,从上到下,直到全体作业人员;安全技术交底工作必须具体、明确、有针对性;交底的内容要针对分部(分项)工程施工中给作业人员带来的潜在危害;应优先采用新的安全技术措施;应将施工方法、施工程序、安全技术措施等优先向工段长、班级组长进行详细交底。定期向多工种交叉施工或多个作业队同时施工的作业队进行书面交底,并保持书面交底的交接书面签字记录。安全技术交底的主要内容有工程施工项目作业的特点和危险点、针对各危险点的具体措施、应注意的安全事项、对应的安全操作规程和标准、发生事故应及时采取的应急措施。

五、施工安全检查

施工安全检查的目的是消除安全隐患、防止安全事故发生、改善劳动条件及增强员工的安全生产意识,是施工安全控制工作的一项重要内容。通过安全检查可以发现工程中的危险因素,以便有计划地采取相应的措施,保证安全生产的顺利进行。项目的施工生产安全检查应由项目经理组织,定期进行检查。

(一)安全检查的类型

施工安全检查的类型分为日常性检查、专业性检查、季节性检查、节假日前后检查和不定期检查等。

1.日常性检查

日常性检查是经常的、普遍的检查,一般每年进行1～4次。项目部、科室每月至少进行1次,施工班组每周、每班次都应进行检查,专职安全技术人员的日常性检查应有计划、有部位、有记录、有总结地周期性进行。

2.专业性检查

专业性检查是指针对特种作业、特种设备、特殊场地进行的检查,如电焊、气焊、起重设备、运输车辆、锅炉压力容器、易燃易爆场所等,由专业检查员进行检查。

3.季节性检查

季节性检查是根据季节性的特点,为保障安全生产的特殊要求所进行的检查,如春季空气干燥、风大,重点检查防火、防爆;夏季多雨、雷电、高温,重点检查防暑降温、防汛、防雷击、防触电;冬季检查防寒、防冻等。

4.节假日前后检查

节假日前后检查是针对节假日期间容易产生麻痹思想的特点而进行的安全检查,包括假前的综合检查和假后的遵章守纪检查等。

5.不定期检查

不定期检查是指在工程开工前、停工前、施工中、竣工时、试运转时进行的安全检查。

(二)安全生产检查的主要内容

安全生产检查的主要内容是做好"五查"。

(1)查思想:主要检查企业干部和员工对安全生产工作的认识。

(2)查管理:主要检查安全管理是否有效,包括安全生产责任制、安全技术措施计划、安全组织机构、安全保证措施、安全技术交底、安全教育、持证上岗、安全设施、安全标志、操作规程、违规行为、安全记录等。

(3)查隐患:主要检查作业现场是否符合安全生产的要求,是否存在不安全因素。

(4)查事故:查明安全事故的原因、明确责任,对责任人做出处理,明确落实整改措施等要求。另外,检查对伤亡事故是否及时报告、认真调查、严肃处理。

(5)查整改:主要检查对过去提出的问题的整改情况。

六、安全事故的处理

安全事故处理程序包括以下几项。

(一)报告安全事故

事故发生后,事故现场有关人员应当立即向本单位负责人报告;单位负责人接到报告后,应当于1h内向事故发生地县级以上人民政府安全生产监督管理部门和负有安全生产监督管理职责的有关部门报告。

情况紧急时,事故现场有关人员可以直接向事故发生地县级以上人民政府安全生产监督管理部门和负有安全生产监督管理职责的有关部门报告。安全生产监督管理部门和负有安全生产监督管理职责的有关部门逐级上报事故情况,每级上报的时间不得超过2h。

安全事故报告内容包括事故发生单位概况;事故发生的时间、地点及事故现场情况;事故的简要经过;事故已经造成或可能造成的伤亡人数(包括下落不明的人数)和初步估计的直接经济损失;已经采取的措施;其他应当报告的情况。

(二)处理安全事故

事故发生单位负责人接到事故报告后,应当立即启动相应事故的应急预案或采取有效措施,组织抢救,防止事故扩大,减少人员伤亡和财产损失。

安全事故处理的原则是四不放过原则,即事故原因不清楚不放过、事故责任者和员工没受教育不放过、事故责任者没受处理不放过、没有制定防范措施不放过。

(三)进行安全事故调查

特别重大事故由国务院或国务院授权有关部门组织事故调查组进行调查。重大事故、较大事故、一般事故分别由事故发生地的省级人民政府、设区的市级人民政府、县级人民政府负责调查。省级人民政府、设区的市级人民政府、县级人民政府可以直接组织事故调查组进行调查,也可以授权或委托有关部门组织事故调查组进行调查。未造成人员伤亡的一般事故,县级人民政府也可以委托事故发生单位组织事故调查组进行调查。

(四)分析事故原因

通过调查分析,查明事故经过,按受伤部位、受伤性质、起因物、致害物、伤害方法等查清事故原因,通过直接和间接地分析,确定事故的直接责任者、间接责任者和主要责任者。

(五)制定预防措施

根据事故原因分析,制定防止类似事故再次发生的预防措施,根据事故后果和事故责任者应负的责任提出处理意见。

(六)提交事故调查报告

事故调查组应当自事故发生之日起 60 日内提交事故调查报告;在特殊情况下,经负责事故调查的人民政府批准,提交事故调查报告的期限可以适当延长,但延长的期限最长不超过 60 日。

事故调查报告应当包括事故发生单位概况,事故发生经过和事故救援情况,事故造成的人员伤亡和直接经济损失,事故发生的原因和事故性质,事故责任的认定及对事故责任者的处理建议,事故防范和整改措施。

(七)对事故责任者进行处理

重大事故、较大事故、一般事故,负责事故调查的人民政府应当自收到事故调查报告之日起 15 日内做出批复;特别重大事故,30 日内做出批复,在特殊情况下,批复时间可以适当延长,但延长的时间最长不超过 30 日。

有关机关应当按照人民政府的批复,依照法律、行政法规规定的权限和程序,对事故发生单位和有关人员进行行政处罚,对负有事故责任的国家工作人员进行处分。事故发生单位应当按照负责事故调查的人民政府的批复,对本单位负有事故责任的人员进行处理。

负有事故责任的人员涉嫌犯罪的,依法追究刑事责任。

第二节 环境安全管理

一、环境保护管理的概念及意义

(一)环境保护管理的概念

环境保护指的是根据法律、各级管理部门和企业的规定,对作业场所的环境进行保护和改进,同时控制场地内的粉尘、废水、固体垃圾、噪声、振动等对环境造成的污染和伤害。在文明建设中,环境的保护也被视为核心议题之一。

施工公司应当主动并积极地设定环境保护的目标,并构建相应的环境保护机制。在施工期间,我们必须严格执行国家和地方政府关于环境保护的法律法规和规定,确保本施工区的环境得到妥善保护。对于施工区域外的绿化树木和植被,我们应尽量维持其原始状态,以避免工程施工对附近环境造成污染。同时,我们还应积极进行尘埃、有毒物质和噪声的治理,合理地排放废弃物、生活污水和施工废水,以最大程度地减少施工活动对周边环境的不良影响。

环境保护的核心任务涵盖了对施工现场场地的规范化管理,以及确保作业环境维持在一个清洁和卫生的状态;通过科学的施工组织,确保生产流程的有序性;降低施工活动对当地居住者、经过的车辆、行人以及环境造成的不良影响;确保员工的身体健康与安全。

(二)现场环境保护的意义

(1)保护和改善施工环境是保证人们身体健康和社会文明的需要。采取专项措施防止粉尘、噪声和水源污染,保护好作业现场及其周围的环境是保证职工和相关人员身体健康、体现社会总体文明的一项利国利民的重要工作。

(2)保护和改善施工现场环境是消除外部干扰、保护施工顺利进行的需要。随着人们的法治观念和自我保护意识的增强,尤其对距离当地居民或公路等较近的项目,施工扰民和影响交通的问题比较突出,项目部应针对具体情况及时采取防治措施,减少对环境的污染和对他人的干扰,这也是施工生产顺利进行的基本条件。[①]

(3)保护和改善施工环境是现代化大生产的客观要求。现代化施工广泛应用新设备、新技术、新的生产工艺,对环境质量要求很高,若有粉尘或振动超标就可能损坏设备、影响功能发挥,使设备难以发挥作用。

(4)保护和改善施工环境是保护人类生存环境、保证社会和企业可持续发展的需要。人类社会即将面临环境污染危机的挑战。为了保护子孙后代赖以生存的环境,每个公民和企业都有责任和义务保护环境。良好的环境和生存条件也是企业发展的基础和动力。

二、环境保护的组织与管理

(一)组织和制度管理

(1)施工现场应成立以项目经理为第一责任人的文明施工管理组织。分包单位应服从总包单位的文明施工管理组织的统一管理,并接受监督检查。

(2)各项施工现场管理制度应有文明施工的规定,包括个人岗位责任制、经济责

---

① 李宗权,苗勇,陈忠.水利工程施工与项目管理[M].长春:吉林科学技术出版社,2022.

任制、安全检查制度、持证上岗制度、奖惩制度、竞赛制度和各项专业管理制度等。

(3)加强和落实现场文明检查、考核及奖惩管理,以促进施工文明和管理工作的提高。检查范围和内容应全面周到,包括生产区和生活区的场容场貌、环境文明及制度落实等内容。应对检查发现的问题采取整改措施。

(二)收集环境保护管理材料

(1)上级关于文明施工的标准、规定、法律法规等资料。

(2)施工组织设计(方案)中对施工环境保护的管理规定、各阶段施工现场环境保护的措施。

(3)施工环境保护自检资料。

(4)施工环境保护教育、培训、考核计划的资料。

(5)施工环境保护活动的各项记录资料。

(三)加强环境保护的宣传和教育

(1)在坚持岗位练兵的基础上,要采取派出去、请进来、短期培训、上技术课、登黑板报、听广播、看录像、看电视等方法狠抓教育工作。

(2)要特别注意对临时工的岗前教育。

(3)专业管理人员应熟练掌握文明施工的规定。

三、现场环境污染的防治

要达到环保管理的基本要求,主要是应防治施工现场的空气污染、水污染、噪声污染,同时对原有的及新产生的固体废弃物进行必要的处理。

(一)施工现场空气污染的防治

(1)施工现场的垃圾、渣土要及时清理。

(2)上部结构清理施工垃圾时,要使用封闭式的容器或采取其他措施处理高空废弃物,严禁临空随意抛撒。

(3)施工现场道路应指定专人定期洒水清扫,形成制度,防止道路扬尘。

(4)对于细颗粒散体材料(水泥、粉煤灰、白灰等)的运输、储存要注意遮盖、密封,防止和减少飞扬。

(5)车辆开出工地要做到不带泥沙,基本做到不洒土、不扬尘,减少对周围环境的污染。

(6)除设有符合规定的装置外,禁止在施工现场焚烧油毡、橡胶、塑料、皮革、树叶、枯草、各种包装物等废弃物品,以及其他会产生有毒、有害烟尘和恶臭气体的物质。

(7)机动车都要安装减少尾气排放的装置,确保符合国家标准。

(8)工地锅炉应尽量采用电热水器。若只能使用烧煤锅炉时,应选用消烟除尘型锅炉,大灶应选用消烟节能回风炉灶,使烟尘降至允许排放范围内。

(9)在离村庄较近的工地应当将搅拌站封闭严密,并在进料仓上方安装除尘装置,采用可靠措施控制工地粉尘污染。

(10)在拆除旧建筑物时,应适当洒水,防止扬尘。

(二)施工现场水污染的防治

水污染主要来源有工业污染源(各种工业废水向自然水体的排放)、生活污染源(食物废渣、食油、粪便、合成洗涤剂、杀虫剂、病原微生物等)、农业污染源(化肥、农药等)、施工现场废水和固体废弃物随水流流入水体的部分(泥浆、水泥、油罐、各种油类、混凝土外加剂、重金属、酸碱盐和非金属无机毒物等)。

施工过程水污染的防治措施如下:

(1)禁止将有毒、有害废弃物当作回填材料。

(2)施工现场搅拌站废水、现制水磨石的污水、电石(碳化钙)的污水必须经沉淀池沉淀合格后再排放,最好将沉淀水用于工地洒水降尘或采取措施回收利用。

(3)现场存放油料的,必须对库房地面进行防渗处理,如采用防渗混凝土地面、铺油毡等措施。使用时,要采取防止油料跑、冒、滴、漏的措施,以免污染水体。

(4)施工现场 100 人以上的临时食堂的污水排放处可设置简易有效的隔油池,定期清理,防止污染。

(5)工地临时厕所、化粪池应采取防渗漏措施。中心城市施工现场的临时厕所可采取水冲式厕所,并有防蝇、灭蛆措施,防止污染水体和环境。

(三)施工现场噪声的控制

1.施工现场噪声的控制措施

噪声控制技术可以从声源、传播途径、接收者的防护等方面来考虑。

(1)从噪声产生的声源上控制

尽量采用低噪声设备和工艺代替高噪声设备与工艺,如低噪声振捣器、风机、电机空压机、电锯等;在声源处安装消声器消声,即在通风机、压缩机、燃气机、内燃机及各类排气放空装置等进(出)风管的适当位置设置消声器。

（2）从噪声传播的途径上控制

吸声，即利用吸声材料（大多由多孔材料制成）或由吸声结构形成的共振结构（金属或木质薄板钻孔制成的空腔体）吸收声能，降低噪声；隔声，即应用隔声结构，阻碍噪声的传播，将接收者与噪声声源分隔，隔声结构包括隔声室、隔声罩、隔声屏障、隔声墙等；消声，利用消声器阻止传播，允许气流通过消声器降低噪声是防治空气动力性噪声的主要装置，如控制空气压缩机、内燃机产生的噪声等；减振，对来自振动引起的噪声，通过降低机械振动减小噪声，如将阻尼材料涂在振动源上或改变振动源与其他刚性结构的连接方式等。

（3）对接收者的防护措施

让处于噪声环境下的人员使用耳塞、耳罩等防护用品，减少相关人员在噪声环境中的暴露时间，以减轻噪声对人体的危害。

（4）严格控制人为噪声措施

进入施工现场不得高声呐喊、无故摔打模板、乱吹口哨，限制高音喇叭的使用，最大限度地减少噪声扰民。

（5）控制强噪声作业的时间

凡在居民稠密区进行强噪声作业的，严格控制作业时间。

2.施工现场噪声的控制标准

凡在人口稠密区进行强噪声作业时，须严格控制作业时间，一般晚 10 点至次日早 6 点之间停止强噪声作业。确系特殊情况必须昼夜施工时，尽量采取降低噪声的措施，并会同建设单位找当地居委会、村委会或当地居民协调，出安民告示，求得群众谅解。

（四）固体废弃物的处理

1.固体废弃物的种类

建筑工地常见的固体废弃物有建筑渣土，包括砖瓦、碎石、渣土、混凝土碎块、废钢铁、废屑、废弃材料等；废弃建筑材料，如袋装水泥、石灰等；生活垃圾，包括炊厨废弃物、丢弃食品、废纸、生活用具、碎玻璃、陶瓷碎片、废电池、废旧日用品、废塑料制品、煤灰渣、废交通工具等；以及设备、材料等的废弃包装材料。

2.固体废弃物的处理和处置

（1）回收利用：是对固体废弃物进行资源化、减量化处理的重要手段之一。建筑渣土可视其情况加以利用，废钢可按需要用作金属原材料，废电池等废弃物应分散回收，集中处理。

(2)减量化处理:是对已经产生的固体废弃物进行分选、破碎、压实浓缩、脱水等减少其最终处置量,从而降低处理成本,减小环境的污染。在减量化处理的过程中,也包括和其他处理技术相关的工艺方法,如焚烧、热解、堆肥等。

(3)焚烧技术:用于不适合再利用且不宜直接予以填埋处理的废弃物,尤其是对于已受到病菌、病毒污染的物品,可以用焚烧进行无害化处理。焚烧处理应使用符合环境要求的处理装置,注意避免对大气的二次污染。

(4)稳定的固化技术:指利用水泥、沥青等胶结材料,将松散的废物包裹起来,减少废物的毒性和可迁移性,减少二次污染。

(5)填埋:是固体废弃物处理的最终技术,经过无害化、减量化处理的废弃物残渣集中在填埋场进行处置。填埋场利用天然或人工屏障,尽量使需要处理的废弃物与周围的生态环境隔离,并注意废弃物的稳定性和长期安全性。

第十一章　水利工程施工用电管理与危险品管理

第一节　施工用电管理

一、施工现场临时用电的原则

(一)采用 TN-S 接零保护系统

TN-S 接零保护系统(简称 TN-S 系统)是指在施工现场临时用电工程中采用具有专用保护零线(PE 线)、电源中性点直接接地的 220/380V 三相四线制的低压电力系统,或称三相五线系统,该系统的主要技术特点如下:

(1)电力变压器低压侧中性点直接接地,接地电阻值不大于 4Ω。

(2)电力变压器低压侧共引出 5 条线,其中除引出三条分别为黄、绿、红的绝缘相线(火线)L_1、L_2、L_3(A、B、C)外,尚须于变压器二次侧中性点(N)接地处同时引出两条零线,一条叫工作零线(浅蓝色绝缘线)(N 线),另一条叫作保护零线(PE 线)。其中工作零线(N 线)和相线(L_1、L_2、L_3)一起作为三相四线制工作线路使用;保护零线(PE 线)只作电气设备接零保护使用,即只用于连接电气设备正常情况下不带电的金属外壳、基座等。两种零线(N 和 PE)不得混用,为防止无意识混用,保护零线(PE 线)应采用具有绿/黄双色绝缘标志的绝缘铜线,以与工作零线与相线区别。同时,为保证接零保护系统可靠,在整个施工现场的 PE 线上还应做不少于 3 处重复接地,并且每处接地电阻值不得大于 10Ω。

(二)采用三级配电系统

所谓三级配电系统是指施工现场从电源进线开始至用电设备中间应经过三级配电装置配送电力,即由总配电箱(配电室内的配电柜)经分配电箱(负荷或若干用电设备相对集中处),到开关箱(用电设备处)分三个层次逐级配送电力。而开关箱作为末级配电装置,与用电设备之间必须实行"一机一闸制",即每一台用电设备必须有自己专用的控制开关箱,而每一个开关箱只能用于控制一台用电设备。总配电箱、分配电箱内开关电器可设若干分路,且动力和照明宜分路设置。

(三)采用二级漏电保护系统

所谓二级漏电保护是指在整个施工现场临时用电工程中,总配电箱中必须装设漏电保护器,开关箱中也必须装设漏电保护器。这种由总配电箱和所有开关箱中的漏电保护器所构成的漏电保护系统称为二级漏电保护系统。

在施工现场临时用电工程中,除应记住有三项基本原则以外,还要理解有两道防线:一道防线是采用 TN−S 接零保护系统,另一道防线设立了两级漏电保护系统。在施工现场用电工程中采用 TN−S 系统,是在工作零线(N)以外又增加了一条保护零线(PE),是十分必要的。当三相火线用电量不均匀时,工作零线 N 就容易带电,而PE 线始终不带电,那么随着 PE 线在施工现场的敷设和漏电保护器的使用,就形成一个覆盖整个施工现场防止人身(间接接触)触电的安全保护系统。因此 TN−S 接零保护系统与两级漏电保护系统一起被称作防触电保护系统的两道防线。

二、施工现场临时用电管理

(一)施工现场用电组织设计

施工现场用电设备在 5 台及以上或设备总容量在 50kW 及以上者,应该编制用电组织设计。

临时用电组织设计及变更时,必须履行"编制、审核、批准"程序,由电气技术人员负责编制,经相关部门审核及具有法人资格企业的技术负责人批准后实施。变更用电组织设计时应补充有关图纸资料。

临时用电工程必须经编制、审核、批准部门和使用单位共同验收,合格后方可投入使用。

编制用电组织设计的目的是用以指导建造适应施工现场特点和用电特性的用电工程,并且指导所建用电工程的正确使用。用电组织设计应由电气工程技术人员组织编写。[①] 施工现场用电组织设计的基本内容如下:

(1)现场勘测。

(2)确定电源进线、变电所或配电室、配电装置、用电设备位置及线路走向。电源进线、变电所或配电室、配电装置、用电设备位置及线路走向的确定要依据现场勘测资料提供的技术条件综合确定。

---

① 史华.建筑工程施工技术与项目管理[M].武汉:华中科技大学出版社,2022.

(3)进行负荷计算。负荷是电力负荷的简称,是指电气设备(例如变压器、发电机、配电装置、配电线路、用电设备等)中的电流和功率。

负荷在配电系统设计中是选择电器、导线、电缆以及供电变压器和发电机的重要依据。

(4)选择变压器。施工现场电力变压器的选择主要是指为施工现场用电提供电力的 10/0.4kV 级电力变压器的型式和容量的选择。

(5)设计配电系统。配电系统主要由配电线路、配电装置和接地装置三部分组成。其中配电装置是整个配电系统的枢纽,经过配电线路、接地装置的连接,形成一个分层次的配电网络,这就是配电系统。

(6)设计防雷装置。施工现场的防雷主要是防止雷击,对于施工现场专设的临时变压器还要考虑防感应雷的问题。

施工现场防雷装置设计的主要内容是选择和确定防雷装置设置的位置、防雷装置的型式、防雷接地的方式和防雷接地电阻值,所有防雷冲击接地电阻值均不得大于 30Ω。

(7)确定防护措施。施工现场在电气领域里的防护主要是指施工现场输电线路和电气设备对易燃易爆物、腐蚀介质、机械损伤、电磁感应、静电等危险环境因素的防护。

(8)制定安全用电措施和电气防火措施。安全用电措施和电气防火措施是指为了正确使用现场用电工程,并且保证其安全运行,防止各种触电事故和电气火灾事故而制定的技术性和管理性规定。

对于用电设备在 5 台以下和设备总容量在 50kW 以下的小型施工现场,可以不系统编制用电组织设计,但仍应制定安全用电措施及电气防火措施,并且要履行与用电组织设计相同的"编、审、批"程序。

(二)建筑电工及用电人员

1.建筑电工

电工属于特种作业人员,必须经过按国家现行标准考核合格后,持证上岗工作;其他用电人员必须通过相关安全教育培训和技术交底,考核后方可上岗工作。

2.用电人员

用电人员是指施工现场操作用电设备的人员,诸如各种电动建筑机械和手持式电动工具的操作者和使用者。各类用电人员必须通过安全教育培训和技术交底,掌握安全用电基本知识,熟悉所用设备性能和操作技术,掌握劳动保护方法,并且考核合格。

(三)安全技术档案

施工现场用电安全技术档案应包括以下八个方面的内容,它们是施工现场用电安全管理工作重点的集中体现。

(1)用电组织设计的全部资料。

(2)修改用电组织设计资料。

(3)用电技术交底资料。

(4)用电工程检查验收表。

(5)电气设备检试、检验凭单和调试记录。

(6)接地电阻、绝缘电阻、漏电保护器、漏电动作参数测定记录表。

(7)定期检(复)查表。

(8)电工安装、巡检、维修、拆除工作记录。

临时用电工程定期检查应按分部、分项工程进行,对于安全隐患必须及时处理,并应履行复查验收手续。

三、用电设备

用电设备是配电系统的终端设备,是最终将电能转化为机械能、光能等其他形式能量的设备。在施工现场中,用电设备就是直接服务于施工作业的生产设备。

施工现场的用电设备基本上可分为四大类,即电动建筑机械、手持式电动工具、照明器和消防水泵等。

通常以触电危险程度来考虑,施工现场的环境条件可以分三大类。

(一)一般场所

相对湿度不大于 75% 的干燥场所,无导电粉尘场所,气温不高于 30℃ 场所,有不导电地板(干燥木地板、塑料地板、沥青地板等)场所等均属于一般场所。

(二)危险场所

相对湿度长期处于 75% 以上的潮湿场所,露天并且能遭受雨、雪侵袭的场所,气温高于 30℃ 的炎热场所,有导电粉尘场所,有导电泥、混凝土或金属结构地板场所,施工中常处于水湿润的场所等均属于危险场所。

(三)高度危险场所

相对湿度接近 100% 场所,蒸汽环境场所,有活性化学媒质放出腐蚀性气体或者液体场所,具有两个及以上危险场所特征(如导电地板和高温,或导电粉尘)场所等均属于高度危险场所。

四、施工现场用电安全管理

(一)接地(接零)与防雷安全技术

1.接地与接零

(1)保护零线除应在配电室或总配电箱处做重复接地外,还应在配电线路的中间处和末端处重复接地。保护零线每一重复接地装置的接地电阻值应不大于 10Ω。

(2)每一接地装置的接地线应采用两根以上导体,在不同点和接地装置做电气连接。不应用铝导体做接地体或地下接地线。垂直接地体宜采用角钢、钢管或圆钢,不宜采用螺纹钢材。

(3)电气设备应采用专用芯线做保护接零,此芯线严禁通过工作电流。

(4)手持式用电设备的保护零线,应在绝缘良好的多股铜线橡皮电缆内。其截面不应小于 1.5mm^2,其芯线颜色为绿/黄双色。

(5)I类手持式用电设备的插销上应具备专用的保护接零(接地)触头。所用插头应能避免将导电触头误作接地触头使用。

(6)施工现场所有用电设备,除做保护接零外,应该在设备负荷线的首端处设置有可靠的电气连接。

2.防雷

(1)在土壤电阻率低于 $200\Omega \cdot m$ 区域的电杆可不另设防雷接地装置,但在配电室的架空进线或出线处应将绝缘子铁脚与配电室的接地装置相连接。

(2)施工现场内的起重机、井字架及龙门架等机械设备,若在相邻建筑物、构筑物的防雷装置的保护范围以外,应按规定安装防雷装置。

(3)防雷装置应符合以下要求。

①施工现场内所有防雷装置的冲击接地电阻值不应该大于 30Ω。

②各机械设备的防雷引下线可利用该设备的金属结构体,但应保证电气连接。

③机械设备上的避雷针(接闪器)长度应为 $1\sim2\text{m}$。塔式起重机可不另设避雷针(接闪器)。

④安装避雷针的机械设备所用动力、控制、照明、信号及通信等线路,应采用钢管敷设,并将钢管与该机械设备的金属结构体做电气连接。

⑤防雷接地机械上的电气设备,所连接的 PE 线必须同时做重复接地,同一台机

械电气设备的重复接地和机械的防雷接地可以共用同一接地体,但接地电阻应符合重复接地电阻值的要求。

(二)变压器与配电室安全技术

1. 变压器安装与运行

(1)变压器安装

施工用的 10kV 及以下变压器装于地面时,应有 0.5m 的高台,高台的周围应装设栅栏,其高度不应低于 1.7m,栅栏与变压器外廓的距离不应小于 1m,杆上变压器安装的高度应不低于 2.5m,并挂"止步,高压危险"的警示标志。变压器的引线应采用绝缘导线。

(2)变压器的运行

变压器运行中应定期进行检查,主要包括以下内容。

①油的颜色变化、油面指示、有无漏油或渗油现象。

②响声是否正常,套管是否清洁,有无裂纹和放电痕迹。

③接头有无腐蚀或过热现象,检查油枕的集污器内有无积水和污物。

④有防爆管的变压器,要检查防爆隔膜是否完整。

⑤变压器外壳的接地线有无中断、断股或锈烂等情况。

2. 配电室设置

(1)一般要求

①配电室应靠近电源,并应设在无灰尘、无蒸汽、无腐蚀介质及振动的地方。

②成列的配电屏(盘)和控制屏(台)两端应与重复接地线及保护零线做电气连接。

③配电室应能自然通风,并应采取防止雨雪和动物进入措施。

④配电屏(盘)正面的操作通道宽度,单列布置应不小于 1.5m,双列布置应不小于 2m;配电屏(盘)后面的维护通道宽度,单列布置或双列面对面布置不小于 0.8m,双列背对背布置不小于 1.5m,个别地点有建筑物结构凸出的地方,则此点通道宽度可减少 0.2m;侧面的维护通道宽度应不小于 1m;盘后的维护通道应不小于 0.8m。

⑤在配电室内设值班室或检修室时,这个室距电屏(盘)的水平距离应大于 1m,并应采取屏障隔离。

⑥配电室的门应向外开,并上锁。

⑦配电室内的裸母线与地面垂直距离小于 2.5m 时,应采用遮挡隔离,遮挡下面通行道的高度应不小于 1.9m。

⑧配电室的围栏上端与垂直上方带电部分的净距,不应小于 0.075m。

⑨配电室的顶棚与地面的距离不低于 3m;配电装置的上端距天棚不应小于 0.5m。

⑩母线均应涂刷有色油漆。

配电室的建筑物和构筑物的耐火等级应不低于 3 级,室内应配置砂箱和适宜于扑救电气类火灾的灭火器。

(2)配电屏应符合的要求

①配电屏(盘)应装设有功、无功电度表,并且应分路装设电流、电压表。电流表与计费电度表不应共用一组电流互感器。

②配电屏(盘)应装设短路、过负荷保护装置及漏电保护器。

③配电屏(盘)上的各配电线路应编号,并应标明用途标记。

④配电屏(盘)或配电线路维修时,应悬挂"电器检修,禁止合闸"等警示标志;停、送电应由专人负责。

(3)电压为 400/230V 的自备发电机组应遵守的规定

①发电机组及其控制、配电、修理室等可分开设置;在保证电气安全距离和满足防火要求情况下可合并设置。

②发电机组的排烟管道必须伸出室外,机组及其控制配电室内严禁存放贮油桶。

③发电机组电源应和输电线路电源连锁,严禁并列运行。

④发电机组应采用三相四线制中性点直接接地系统和独立设置 TN-S 接零保护系统,并须独立设置,其接地阻值不应大于 4Ω。

⑤发电机供电系统应设置电源隔离开关及短路、过载、漏电保护电器。电源隔离开关分断时应有明显可见分断点。

⑥发电机并列运行时,应在机组同期后再向负荷供电。

⑦发电机控制屏宜装设下列仪表:交流电压表、交流电流表、有功功率表、电度表、功率因数表、频率表、直流电流表。

(三)线路架设安全技术

1.架空线路架设

(1)架空线必须采用绝缘导线。

(2)架空线应设在专用电杆上,严禁架设在树木、脚手架以及其他设施上。

(3)架空线导线截面的选择应符合下列要求:

①导线中的计算负荷电流不大于其长期连续负荷允许载流量。

②线路末端电压偏移不大于其额定电压的 5%。

③三相四线制线路的 N 线和 PE 线截面不要小于相线截面的 50%,单相线路的零线截面与相线截面相同。

④按机械强度要求,绝缘铜线截面不小于 $10mm^2$,绝缘铝线截面不小于 $16mm^2$。

⑤在跨越铁路、公路、河流、电力线路挡距内,绝缘铜线截面不小于 $16mm^2$,绝缘铝线截面不小于 $25mm^2$。

(4)架空线在一个挡距内,每层导线的接头数不得超过该层导线条数的 50%,且一根导线应只有一个接头。

在跨越铁路、公路、河流、电力线路挡距内,架空线不得有接头。

(5)架车线路相序排列应符合下列规定。

①动力、照明线在同一横担上架设时,导线相序排列是:面向负荷从左侧起依次为 L_1、N、L_2、L_3、PE。

②动力、照明线在二层横担上分别架设时,导线相序排列是:上层横担面向负荷从左侧起依次为 L_1、L_2、L_3;下层横担面向负荷从左侧起依次为 L_1(L_2、L_3)、N、PE。

(6)架空线路的挡距不得大于 35m。

(7)架空线路的线间距不得小于 0.3m,靠近电杆的两导线的间距不得小于 0.5m。

(8)架空线路宜采用钢筋混凝土杆或木杆。钢筋混凝土杆不得有露筋、宽度大于 0.4mm 的裂纹和扭曲;木杆不得腐朽,其梢径不应该小于 140mm。

(9)电杆埋设深度宜为杆长的 1/10 加 0.6m,回填土应分层夯实。在松软土质处宜加大埋入深度或采用卡盘等加固。

(10)直线杆和 15° 以下的转角杆,可采用单横担单绝缘子,但跨越机动车道时应采用单横担双绝缘子;15°~45° 的转角杆应采用双横担双绝缘子;45° 以上的转角杆,应该采用十字横担。

(11)架空线路绝缘子应按下列原则选择。

①直线杆采用针式绝缘子。

②耐张杆采用蝶式绝缘子。

(12)电杆的拉线宜采用镀锌钢丝,其截面不应小于 $3×\varphi4.0mm$。拉线与电杆的夹角应在 30°~45° 之间。拉线埋设深度不得小于 1m。电杆拉线如从导线之间穿过,应在高于地面 2.5m 处装设拉线绝缘子。

(13)因受地形环境限制不能装设拉线时,可采用撑杆代替拉线,撑杆埋设深度不得小于 0.8m,其底部应垫底盘或石块,撑杆与电杆的夹角宜为 30°。

(14)架空线路必须有短路保护。

采用熔断器做短路保护时,其熔体额定电流不要大于明敷绝缘导线长期连续负荷允许载流量的 1.5 倍。

采用断路器做短路保护时,其瞬动过流脱扣器脱扣电流整定值应小于线路末端单相短路电流。

(15)架空线路必须有过载保护。

采用熔断器或断路器做过载保护时,绝缘导线长期连续负荷允许载流量不应小于熔断器熔体额定电流或断路器长延时过流脱扣器脱扣电流整定值的 1.25 倍。

2.配电线路

(1)配电线路采用熔断器做短路保护时,熔体额定电流应不大于电缆或穿管绝缘导线允许载流量的 2.5 倍,或明敷绝缘导线允许载流量的 1.5 倍。

(2)配电线路采用自动开关做短路保护时,其过电流脱扣器脱扣电流整定值,应小于线路末端单相短路电流,并应能承受短路时过负荷电流。

(3)经常过负荷的线路、易燃易爆物邻近的线路、照明线路,应有过负荷保护。

(4)装设过负荷保护的配电线路,其绝缘导线的允许载流量,应不小于熔断器熔体额定电流或自动开关延长时过流脱扣器脱扣电流整定值的 1.25 倍。

3.电缆线路敷设

电缆线路敷设应遵守下列规定:

(1)电缆干线应采用埋地或架空敷设,严禁沿地面明设,并应避免机械损伤和介质腐蚀。

(2)电缆在室外直接埋地敷设的深度应不小于 0.6m,并且应在电缆上下各均匀铺设不小于 50mm 厚的细砂,然后覆盖砖等硬质保护层。

(3)电缆穿越建筑物、构筑物、道路、易受机械损伤的场所及引出地面从 2m 高度至地下 0.2m 处,应加设防护套管。

(4)埋地敷设电缆的接头应设在地面上的接线盒内,接线盒应能防水、防尘、防机械损伤并应远离易燃、易腐蚀场所。

(5)橡皮电缆架空敷设时,应沿墙壁或电杆设置,并用绝缘子固定,严禁使用金属裸线作绑线。固定点间距应保证橡皮电缆能承受自重所带来的荷重。橡皮电缆的最大弧垂距地不应小于 2.5m。

(6)电缆接头应牢固可靠,并应做绝缘包扎,保持绝缘强度,不应该承受张力。

4.室内配线

安装在现场办公室、生活用房、加工厂房等暂设建筑内的配电线路,通称为室内配电线路,简称室内配线。室内配线应遵守下列规定。

(1)室内配线必须采用绝缘导线或电缆。

(2)室内配线应根据配线类型采用瓷瓶、瓷(塑料)夹、嵌绝缘槽、穿管或钢索敷设。潮湿场所或埋地非电缆配线必须穿管敷设,管口和管接头应密封;当采用金属管敷设时,金属管必须做等电位连接,且必须与 PE 线相连接。

(3)室内非埋地明敷主干线距地面高度不得小于 2.5m。

(4)架空进户线的室外端应采用绝缘子固定,过墙处应穿管保护,距地面高度不得小于 2.5m,并应采取防雨措施。

(5)室内配线所用导线或电缆的截面应根据用电设备或线路的计算负荷确定,但铜线截面不应小于 1.5mm,铝线截面不应小于 2.5mm^2。

(6)钢索配线的吊架间距不宜大于 12m。采用瓷夹固定导线时,导线间距不应小于 35mm,瓷夹间距不应大于 800mm;采用瓷瓶固定导线时,导线间距不应小于 100mm,瓷瓶间距不应大于 1.5m 采用护套绝缘导线或电缆时,可直接敷设于钢索上。

(7)室内配线必须有短路保护和过载保护。对于穿管敷设的绝缘导线线路,其短路保护熔断器的熔体额定电流不应大于穿管绝缘导线长期连续负荷允许载流量的 2.5 倍。

第二节　危险品管理

一、危险化学品基础知识

危险化学品,是指具有毒害、腐蚀、爆炸、燃烧及助燃等性质,对人体、设施、环境具有危害的剧毒化学品和其他化学品。

(一)危险化学品的主要危险特性

1.燃烧性

爆炸品、压缩气体和液化气体中的可燃性气体、易燃液体、易燃固体、自燃物品、遇湿易燃物品、有机过氧化物等,在条件具备时均可能发生燃烧。

2.爆炸性

爆炸品、压缩气体和液化气体、易燃液体、易燃固体、自燃物品、遇湿易燃物品、氧化剂和有机过氧化物等危险化学品均可能由于其化学活性或易燃性引发爆炸事故。

3.毒害性

许多危险化学品可通过一种或多种途径进入人体和动物体内,当其在人体累积到一定量时,便会扰乱或破坏肌体的正常生理功能,引起了暂时性或持久性的病理改变,甚至危及生命。

4.腐蚀性

强酸、强碱等物质能对人体组织、金属等物品造成损坏,接触到人的皮肤、眼睛或肺部、食道等时,会引起表皮组织坏死而造成灼伤。内部器官被灼伤后可引起炎症,甚至会造成死亡。

5.放射性

放射性危险化学品通过放出的射线可阻碍和伤害人体细胞活动机能并导致细胞死亡。

(二)危险化学品的事故预防控制措施

1.危险化学品的中毒、污染事故的预防控制措施

目前,预防危险化学品的中毒、污染事故采取的主要措施是替代、变更工艺、隔离、通风、个体防护及保持卫生。

(1)替代

选用无毒或低毒的化学品代替有毒有害化学品,选用可燃化学品代替易燃化学品。例如,用甲苯替代喷漆中的苯。

(2)变更工艺

采用新技术、改变原料配方,消除或降低危险化学品的危害。例如,以往用乙炔制乙醛,采用汞做催化剂,现用乙烯为原料,通过氧化或氧氯化制乙醛,不需用汞做催化剂,通过变更工艺,彻底消除了汞害。

(3)隔离

将生产设备封闭起来,或设置屏障,避免作业人员直接暴露于有害环境中。最常用的隔离方法是将生产或使用的设备完全封闭起来,使工人在操作中不接触危险化学品,或者把生产设备和操作室隔离开,也就是把生产设备的管线阀门、电控开关放在与生产地点完全隔离的操作室内。

（4）通风

借助于有效的通风，使作业场所空气中有害气体、蒸气或粉尘的浓度降低，通风分局部排风和全面通风两种。局部排风适用于点式扩散源，将污染源置于通风罩控制范围内；全面通风适用于面式扩散源，通过提供新鲜空气，将污染物分散稀释。

对于点式扩散源，一般采用局部通风；面式扩散源，通常采用全面通风（也称稀释通风）。例如，实验室中的通风橱，采用的通风管和导管为局部通风设备；冶炼厂中熔化的物质从一端流向另一端时散发出有毒的烟和气，两种通风系统都有使用。

（5）个体防护

个体防护只能作为一种辅助性措施，是一道阻止有害物质进入人体的屏障。防护用品主要有呼吸防护器具、头部防护器具、眼防护器具、身体防护器具、手足防护用品等。

防护用品主要有头部防护器具、呼吸防护器具、眼防护器具、躯干防护用品及手足防护用品等。

（6）保持卫生

保持卫生包括保持作业场所清洁和作业人员个人卫生两个方面。[1] 经常清洗作业场所，对废物、溢出物及时处置；作业人员养成良好的卫生习惯，防止有害物质附着在皮肤上。

2.危险化学品火灾、爆炸事故的预防措施

防止火灾、爆炸事故发生的基本原则主要有以下三点。

（1）防止燃烧、爆炸系统的形成

①替代。

②密闭。

③惰性气体保护。

④通风置换。

⑤安全监测及连锁。

（2）消除点火源

能引发事故的点火源有明火、高温表面、冲击、摩擦、自燃、发热、电气火花、静电火花、化学反应热、光线照射等。具体做法如下：

①控制明火和高温表面。

---

[1] 王东升,徐培蓁.水利水电工程施工安全生产技术[M].徐州:中国矿业大学出版社,2018.

②防止摩擦和撞击产生火花。

③火灾爆炸危险场所采用防爆电气设备避免电气火花。

(3)限制火灾、爆炸蔓延扩散的措施

限制火灾、爆炸蔓延扩散的措施包括阻火装置、防爆泄压装置及防火防爆分隔等。

(三)危险化学品的储存和运输安全

1.危险化学品储存的安全技术和要求

(1)储存危险化学品必须遵照国家法律法规和其他有关规定。

(2)危险化学品必须储存在经公安部门批准设置的专门的危险化学品仓库内,经销部门自管仓库储存危险化学品及储存数量必须经公安部门批准,没有经批准不得随意设置危险化学品储存仓库。

(3)危险化学品露天堆放,应符合防火、防爆的安全要求;爆炸物品、一级易燃物品、遇湿燃烧物品、剧毒物品不得露天堆放。

(4)储存危险化学品的仓库必须配备有专业知识的技术人员,其库房及场所应设专人管理,管理人员必须配备可靠的个人安全防护用品。

(5)储存的危险化学品应有明显的标志,同一区域储存两种或两种之上不同级别的危险化学品时,应按最高等级危险化学品的性能标志。

(6)危险化学品储存方式分为三种:隔离储存、隔开储存及分离储存。

(7)根据危险化学品性能分区、分类、分库储存。各类危险化学品不得与禁忌物混合储存。

(8)储存危险化学品的建筑物、区域内严禁吸烟和使用明火。

2.危险化学品运输的安全技术和要求

化学品在运输中发生事故的情况比较常见,全面了解并掌握有关化学品的安全运输规定,对降低运输事故具有重要意义。

(1)国家对危险化学品的运输实行资质认定制度,未经资质认定,不得运输危险化学品。

(2)托运危险物品必须出示有关证明,在指定的铁路、公路交通、航运等部门办理手续。托运物品必须与托运单上所列的品名相符。

(3)危险物品的装卸人员,应按装运危险物品的性质,佩戴相应的防护用品,装卸时必须轻装轻卸,严禁摔拖、重压和摩擦,不得损毁包装容器,并注意标志,堆放稳妥。

(4)危险物品装卸前,应对车(船)搬运工具进行必要的通风和清扫,不得留有残渣,对装有剧毒物品的车(船),卸车(船)之后必须洗刷干净。

(5)装运爆炸、剧毒、放射性、易燃液体、可燃气体等物品,必须使用符合安全要求的运输工具;禁忌物料不得混运;禁止用电瓶车、翻斗车、铲车、自行车等运输爆炸物品。运输强氧化剂、爆炸品及用铁桶包装的一级易燃液体时,没有采取可靠的安全措施时,不得用铁底板车及汽车挂车;禁止用叉车、铲车、翻斗车搬运易燃、易爆液化气体等危险物品;温度较高地区装运液化气体和易燃液体等危险物品,要有防晒设施;放射性物品应用专用运输搬运车和抬架搬运,装卸机械应按规定负荷降低 25% 的装卸量;遇水燃烧物品及有毒物品,禁止用小型机帆船、小木船和水泥船承运。

(6)运输爆炸、剧毒和放射性物品,应指派专人押运,押运人员不得少于 2 人。

(7)运输危险物品的车辆,必须保持安全车速,保持车距,严禁超车、超速和强行会车。运输危险物品的行车路线,必须事先经过当地公安交通部门批准,按指定的路线和时间运输,不可在繁华街道行驶和停留。

(8)运输易燃、易爆物品的机动车,其排气管应装阻火器,并悬挂"危险品"标志。

(9)运输散装固体危险物品,应根据性质,采取了防火、防爆、防水、防粉尘飞扬和遮阳等措施。

(10)禁止利用内河以及其他封闭水域运输剧毒化学品。如果要通过公路运输剧毒化学品,托运人必须向目的地的县级人民政府公安部门提交申请,以获取剧毒化学品公路运输通行证。在办理危险化学品公路运输通行证的过程中,托运人有责任向公安部门提交关于危险化学品的详细信息,包括品名、数量、起始和目的地、运输路线、运输单位、驾驶员、押运员、经营单位以及购买单位的资质状况等相关材料。

(11)运输危险化学品需要添加抑制剂或者稳定剂的,托运人交付托运时应当添加抑制剂或者稳定剂,并告知承运人。

(12)危险化学品运输企业,应当对其驾驶员、船员、装卸管理人员、押运人员进行有关安全知识培训。驾驶员、装卸管理人员、押运人员必须掌握危险化学品运输的安全知识,并经所在地设区的市级人民政府交通部门考核合格;船员经海事管理机构考核合格,取得上岗资格证,才可上岗作业。

(四)危险化学品的储存和运输安全

1.泄漏处理及火灾控制

(1)泄漏处理

①泄漏源控制。利用截止阀切断泄漏源,在线堵漏减少泄漏量或利用备用泄料装置使其安全释放。

②泄漏物处理。现场泄漏物要及时地进行覆盖、收容、稀释、处理。在处理时,还应按照危险化学品特性,采用合适的方法处理。

(2)灭火一般注意事项

①正确选择灭火剂并充分发挥其效能。通常的灭火剂有水、蒸汽、二氧化碳、干粉和泡沫等。由于灭火剂的种类较多,效能各不相同,所以在扑救火灾时,一定要根据燃烧物料的性质、设备设施的特点、火源点部位(高、低)及其火势等情况,要选择冷却、灭火效能特别高的灭火剂扑救火灾,充分地发挥灭火剂各自的冷却与灭火的最大效能。

②注意保护重点部位。例如,当某个区域内有大量易燃易爆或毒性化学物质时,就应该把这个部位作为重点保护对象,在实施冷却保护的同时,要尽快地组织力量消灭其周围的火源点,以防灾情扩大。

③防止复燃复爆。将火灾消灭以后,要留有必要数量的灭火力量继续冷却燃烧区内的设备、设施、建(构)筑物等,消除着火源,同时将泄漏出的危险化学品及时处理。对可以用水灭火的场所要尽量使用蒸汽或喷雾水流稀释,排除空间内残存的可燃气体或蒸气,以防止复燃复爆。

④防止高温危害。火场上高温的存在不仅造成火势蔓延扩大,也会威胁灭火人员安全。可以使用喷水降温、利用掩体保护、穿隔热服装保护、定时组织换班等方法避免高温危害。

⑤防止毒害危害。发生火灾时,可能出现一氧化碳、二氧化碳、二氧化硫、光气等有毒物质。在扑救时,应当设置警戒区,进入警戒区的抢险人员应当佩戴个体防护装备,并采取适当的手段消除毒物。

(3)几种特殊化学品火灾扑救注意事项

①扑救气体类火灾时,切忌盲目扑灭火焰,在没有采取堵漏措施的情况下,必须保持稳定燃烧。否则,大量可燃气体泄漏出来与空气混合,遇到火源就会发生爆炸,造成严重后果。

②扑救爆炸物品火灾时,切忌用沙土盖压,以免增强爆炸物品的爆炸威力;另外扑救爆炸物品堆垛火灾时,水流应采用吊射,避免强力水流直接冲击堆垛,以免堆垛倒塌引起再次爆炸。

③扑救遇湿易燃物品火灾时,绝对禁止用水、泡沫、酸碱等湿性灭火剂扑救。一般可使用干粉、二氧化碳、卤代烷扑救,但钾、钠、铝、镁等物品用二氧化碳、卤代烷无效。固体遇湿易燃物品应使用水泥、干砂、干粉、硅藻土等覆盖。对镁粉、铝粉等粉

尘,切忌喷射有压力的灭火剂,以防止将粉尘吹扬起来,引起粉尘爆炸。

④扑救易燃液体火灾时,比水轻又不溶于水的液体用直流水、雾状水灭火往往无效,可用普通蛋白泡沫或轻泡沫扑救;水溶性液体最好用抗溶性泡沫扑救。

⑤扑救毒害和腐蚀品的火灾时,应尽量使用低压水流或雾状水,避免腐蚀品、毒害品溅出;遇酸类或碱类腐蚀品最好调制相应的中和剂稀释中和。

⑥易燃固体、自燃物品火灾一般可用水和泡沫扑救,只要控制住燃烧范围,逐步扑灭即可。但有少数易燃固体、自燃物品的扑救方法比较特殊。如二硝基萘、萘等是易升华的易燃固体,受热放出易燃蒸气,能与空气形成爆炸性混合物,尤其是在室内,易发生爆炸。在扑救过程中应不时向燃烧区域上空及周围喷射雾状水,并消除周围一切火源。

2.废弃物销毁

(1)固体废弃物的处置

①危险废弃物。使危险废弃物无害化采用的方法是使它们变成高度不溶性的物质,也就是固化、稳定化的方法。目前常用的固化、稳定化方法有:水泥固化、石灰固化、塑性材料固化、有机聚合物固化、自凝胶固化、熔融固化和陶瓷固化。

②工业固体废弃物。工业固体废弃物是指在工业、交通等生产过程中产生的固体废弃物。一般工业废弃物可以直接进入填埋场进行填埋。对于粒度很小的固体废弃物,为了防止填埋过程中引起粉尘污染,可以装入编织袋后填埋。

(2)爆炸性物品的销毁

凡确认不能使用的爆炸性物品,必须予以销毁,在销毁以前应报告当地公安部门,选择适当的地点、时间及销毁方法。通常可采用以下 4 种方法:爆炸法、烧毁法、溶解法、化学分解法。

3.有机过氧化物废弃物处理

有机过氧化物是一种易燃、易爆品。其废弃物应从作业场所清除并销毁,其方法主要取决于该过氧化物的物化性质,根据其特性选择合适的方法处理,以免发生意外事故。处理方法主要有:分解,烧毁并填埋。

二、水利水电施工企业危险品管理

(一)水利水电施工企业危险化学品管理一般要求

(1)贮存、运输和使用危险化学品的单位,应建立健全危险化学品安全管理制度,建立事故应急救援预案,配备应急救援人员和必要的应急救援器材、设备、物资,并应定期组织演练。

（2）贮存、运输和使用危险化学品的单位，应当根据消防安全要求，配备消防人员，配置消防设施以及通信、报警装置。

（3）仓库应有严格的保卫制度，人员出入应有登记制度。

（4）贮存危险化学品的仓库内严禁吸烟和使用明火，对于进入库区内的机动车辆应采取防火措施。

（5）严格执行有毒有害物品入库验收，出库登记和检查制度。

（6）使用危险化学品的单位，应根据化学危险品的种类、性质，设置相应的通风、防火、防爆、防毒、监测、报警、降温、防潮、避雷、防静电、隔离操作等安全设施。

（7）危险化学品仓库四周，应有良好的排水，设置刺网或围墙，高度不小于2m，与仓库保持规定距离，库区内严禁有其他可燃物品。

（8）危险化学品应分类分项存放，堆垛之间的主要通道应有安全距离，不应超量储存。

（二）水利水电施工企业易燃物品的安全管理

1. 易燃物品的储存

（1）贮存易燃物品的仓库应执行审批制度的有关规定，并遵守下列规定：

①库房建筑宜采用单层建筑；应采用防火材料建筑；库房应有足够的安全出口，不宜少于两个；所有门窗应向外开。

②库房内不宜安装电器设备，如需安装时，应该根据易燃物品性质，安装防爆或密封式的电器及照明设备，并按规定设防护隔墙。

③仓库位置宜选择在有天然屏障的地区，或设在地下、半地下，宜选在生活区和生产区间主导风向的下风侧。

④不应设在人口集中的地方，与周围建筑物间，应留有足够的防火间距。

⑤应设置消防车通道和与贮存易燃物品性质相适应的消防设施；库房地面应采用不易打出火花的材料。

⑥易燃液体库房，应设置防止液体流散的设施。

⑦易燃液体的地上或半地下贮罐应按有关规定设置防火堤。

（2）应分类存放在专门仓库内。与一般物品以及性质互相抵触和灭火方法不同的易燃、可燃物品，应分库贮存，并标明贮存物品名称、性质与灭火方法。

（3）堆存时，堆垛不应过高、过密，堆垛之间，以及堆垛与垛墙之间，应留有一定距，通道和通风口，主要通道的宽度不应小于2m，每个仓库应规定贮存限额。

（4）遇水燃烧、爆炸和怕冻、易燃、可燃的物品，不应存放在潮湿、露天、低温和容易积水的地点。库房应有防潮、保温等措施。

（5）受阳光照射容易燃烧、爆炸的易燃、可燃物品，不应在露天或高温的地方存放。应存放在温度较低、通风良好的场所，并应设专人定时测温，必要时采取降温及隔热措施。

（6）包装容器应当牢固、密封，发现破损、残缺、变形、渗漏及物品变质、分解等情况时，应立即进行安全处理。

（7）在入库前，应有专人负责检查，对可能带有火险隐患的易燃、可燃物品，应另行存放，经检查确无危险后，方可入库。

（8）性质不稳定、容易分解和变质以及混有杂质而容易引起燃烧、爆炸的易燃、可燃物品，应经常进行检查、测温、化验，防止燃烧、爆炸。

（9）贮存易燃、可燃物品的库房，露天堆垛，贮罐规定的安全距离内，严禁进行试验、分装、封焊、维修及动用明火等可能引起火灾的作业和活动。

（10）库房内不应设办公室、休息室，不应住人，不应用可燃材料搭建货架；仓库区应严禁烟火。

（11）库房不宜采暖，如贮存物品需防冻时，可用暖气采暖；散热器与易燃、可燃物品堆垛应保持安全距离。

（12）对散落的易燃、可燃物品应及时清除出库。

（13）易燃、可燃液体贮罐的金属外壳应接地，防止静电效应起火，接地电阻应不大于 10Ω。

2.易燃物品的使用

（1）使用易燃物品，应有安全防护措施和安全用具，建立和执行安全技术操作规程和各种安全管理制度，严格用火管理制度。

（2）易燃、易爆物品进库、出库、领用，应该有严格的制度。

（3）使用易燃物品应指定专人管理。

（4）使用易燃物品时，应加强对电源、火源的管理，作业场所应备足相应的消防器材，严禁烟火。

（5）遇水燃烧、爆炸的易燃物品，使用时应防潮、防水。

（6）怕晒的易燃物品，使用时应采取防晒、降温、隔热等措施。

（7）怕冻的易燃物品，使用时应保温、防冻。

（8）性质不稳定、容易分解和变质以及性质互相抵触和灭火方法不同易燃物品应经常检查,分类存放,发现可疑情况时,及时进行安全处理。

(9)作业结束后,应及时将散落、渗漏的易燃物品清除干净。

(三)水利水电施工企业有毒有害物品的安全管理

1.有毒有害物品的储存

(1)有毒有害物品贮存库房应符合下列要求。

①化学毒品应贮存于专设的仓库内,库内严禁存放与其性能有抵触的物品。

②库房墙壁应用防火防腐材料建筑;应有避雷接地设施,应有与毒品性质相适应的消防设施。

③仓库应保持良好的通风,有足够的安全出口。

④仓库内应备有防毒、消毒、人工呼吸设备及备有足够的个人防护用具。

⑤仓库应与车间、办公室、居民住房等保持一定安全防护距离。安全防护距离应同当地公安局、劳动、环保等主管部门根据具体情况决定,但不宜少于100m。

(2)有毒有害物品应储存在专用仓库、专用储存室(柜)内,并设专人管理,剧毒化学品应实行双人收发、双人保管制度。

(3)化学毒品库,应建立严格的进、出库手续,详细记录入库、出库情况。记录内容应包括:物品名称,入库时间,数量来源和领用单位、时间、用途,领用人,仓库发放人等。

(4)对性质不稳定,容易分解和变质以及混有杂质可以引起燃烧、爆炸的化学毒品,应经常进行检查、测量、化验、防止燃烧爆炸。

2.有毒有害物品的使用

(1)使用有毒物品作业的单位应当使用符合国家标准的有毒物品,不应在作业场所使用国家明令禁止使用的有毒物品或者使用不符合国家标准的有毒物品。

(2)使用有毒物品作业场所,除应当符合职业病防治法规定的职业卫生要求外,还应符合下列要求。

①作业场所与生活场所分开,作业场所不应住人。

②有害作业场所与无害作业场所分开,高毒作业场所与其他作业场所隔离。

③设置有效的通风装置;可能突然泄漏大量有毒物品或者易造成急性中毒的作业场所,设置自动报警装置和事故通风设施。

④高毒作业场所设置应急撤离通道和必要的泄险区。

⑤在其醒目位置,设置警示标志和中文警示说明;警示说明应该载明产生危害的种类、后果、预防以及应急救治措施等内容。

⑥使用有毒物品作业场所应当设置黄色区域警示线、警示标志;高毒作业场所应当设置红色区域警示线、警示标志。

(3)从事使用高毒物品作业的用人单位,应当配备应急救援人员和必要的应急救援器材、设备、物资,制定事故应急救援预案,并根据实际情况变化对应急救援预案适时进行修订,定期组织演练。

(4)使用单位应当确保职业中毒危害防护设备、应急救援设施、通信报警装置处于正常使用状态,不应擅自拆除或者停止运行。对其进行经常性的维护、检修,定期检测其性能和效果,以确保其处于良好运行状态。

(5)有毒物品的包装应当符合国家标准,并以易于劳动者理解的方式加贴或者拴挂有毒物品安全标签。有毒物品的包装应有醒目的警示标志和中文警示说明。

(6)使用化学危险物品,应当根据化学危险物品的种类、性能,设置相应的通风、防火、防爆、防毒、监测、报警、降温、防潮、避雷、防静电、隔离操作等安全设施。并根据需要,建立消防和急救组织。

(7)盛装有毒有害物品的容器,在使用前后,应进行检查,消除隐患,防止火灾、爆炸、中毒等事故发生。

(8)化学毒品领用,应遵守下列规定:

①化学毒品应经单位主管领导批准,才可领取,如发现丢失或被盗,应立即报告。

②使用保管化学毒品的单位,应指定专人负责,领发人员有权负责监督投入生产情况。一次领用量不应超过当天所用数量。

③化学毒品应放在专用的橱柜内,并加锁。

(9)禁止在使用化学毒品的场所,吸烟、就餐及休息等。

(10)使用化学毒品的工作人员,应穿戴专用工作服、口罩、橡胶手套、围裙、防护眼镜等个人防护用品;工作完毕,应更衣洗手、漱口或洗澡;应定期进行体检。

(11)使用化学毒品场所、车间还应备有防毒用具、急救设备。操作者应熟悉中毒急救常识和有关安全卫生常识;发生事故应采取紧急措施,保护好现场,并及时报告。

(12)使用化学毒品场所或车间,应有良好的通风设备,保证空气清洁,各种工艺设备应尽量密闭,并遵守有关的操作工艺规程;工作场所应有消防设施,并注意防火。

(13)工作完毕,应清洗工作场所和用具;按照规定妥善处理废水、废气、废渣。

(14)销毁、处理有燃烧、爆炸、中毒和其他危险的废弃有毒有害物品,应当采取安全措施,并征得所在地公安和环境保护等部门同意。

(四)水利水电施工企业油库的安全管理

(1)应根据实际情况,建立油库安全管理制度、用火管理制度、外来人员登记制度、岗位责任制和具体实施办法。

(2)油库员工应懂得所接触油品的基本知识,熟悉油库管理制度及油库设备技术操作规程。

(3)在油库与其周围不应使用明火;因特殊情况需要用火作业的,应当按照用火管理制度办理用火证,用火证审批人应亲自到现场检查,防火措施落实后,方可批准。危险区应指定专人防火,防火人员有权根据情况变化停止用火。用火人接到用火证后,要逐项检查防火措施,全部落实后方可用火。

(4)罐装油品的贮存保管,应遵守下列规定。

①油罐应逐个建立分户保管账,及时准确记载油品的收、发及存数量,做到账货相符。

②油罐储油不应超过安全容量。

③对不同品种不同规格的油品,应实行专罐储存。

(5)桶装油品的贮存保管,应遵守下列规定。

①保管要求。

第一,应执行夏秋、冬春季定量灌装标准,并做到标记清晰、桶盖拧紧、无渗漏。

第二,对不同品种、规格、包装的油品,应实行分类堆码,建立货堆卡片,逐月盘点数量,定期检验质量,做到货、卡相符。

第三,润滑脂类,变压器油、电容器油、汽轮机油、瓶装油品和工业用汽油等应入库保管,不应露天存放。

②库内堆垛要求。

第一,油桶应立放,宜双行并列,桶身紧靠。

第二,油品闪点在28℃以下的,不应超过2层;闪点在28~45℃的,不应超过3层,闪点在45℃以上的,不应超过4层。

第三,桶装库的主通道宽度不应小于1.8m,垛与垛的间距不应小于1m,垛与墙的间距不应小于0.25~0.5m。

③露天堆垛要求。

第一,堆放场地应坚实平整,高出周围地面0.2m,四周有排水设施。

第二,卧放时应做到:双行并列,底层加垫,桶口朝外,大口向上,垛高不超过3层;放时要做到:下部加垫,桶身与地面成75°角,大口向上。

第三,堆垛长度不应超过25m,宽度不应超过15m,堆垛内排与排的间距,不应小于1m;垛与垛的间距,不应小于3m。

第四,汽、煤油要斜放,不应卧放。润滑油要卧放,立放时应该加以遮盖。

(6)油库消防器材的配置与管理。

①灭火器材的配置。

第一,加油站油罐库罐区,应配置石棉被、推车式泡沫灭火机、干粉灭火器及相关灭火设备。

第二,各油库、加油站应根据实际情况制定应急救援预案,成立应急组织机构。消防器材摆放的位置、品名、数量应绘成平面图并加强管理,不应随便移动和挪作他用。

②消防供水系统的管理和检修。

第一,消防水池要经常存满水。池内不应有水草杂物。

第二,地下供水管线要常年充水,主干线阀门要常开。地下管线每隔2~3年,要局部挖开检查,每半年应冲洗一次管线。

第三,消防水管线(包括消火栓),每年要做一次耐压试验,试验压力应不低于工作压力的1.5倍。

第四,每天巡回检查消火栓。每月做一次消火栓出水试验。距消火栓5m范围内,严禁堆放杂物。

第五,固定水泵要常年充水,每天做一次试运转,消防车要每天发动试车并且按规定进行检查、养护。

第六,消防水带要盘卷整齐,存放在干燥的专用箱里,防止受潮霉烂。每半年对全部水带按额定压力做一次耐压试验,持续5min,不漏水者合格。使用后的水带要晾干收好。

③消防泡沫系统的管理和检修。

第一,灭火剂的保管:空气泡沫液应储存于温度在5~40℃的室内,禁止靠近一切热源,每周检查一次泡沫液沉淀状况。化学泡沫粉应储存在干燥通风的室内,防止潮结。酸碱粉(甲、乙粉)要分别存放,堆高不应超过1.5m,每半年将储粉容器颠倒放置一次。灭火剂每半年抽验一次质量,发现问题及时处理。

第二,对化学泡沫发生器的进出口,每年做一次压差测定;空气泡沫混合器,每半年做一次检查校验;化学泡沫室和空气泡沫产生器的空气滤网,应经常刷洗,保持不堵不烂,隔封玻璃要保持完好。

第三,各种泡沫枪、钩管、升降架等,使用后都应擦净、加油,每季进行一次全面的检查。

第四,泡沫管线,每半年用清水冲洗一次;每年要进行一次分段试压,试验压力应不小于 1.18MPa,5min 无渗漏。

第五,各种灭火器,应避免暴晒、火烤,冬季应有防冻措施,应定期换药,每隔 1～2 年进行一次筒体耐压试验,发现问题及时维修。

第十二章　水利工程建设项目验收

第一节　水利工程建设项目验收管理规定

水利水电工程无论是江河治理、城市防洪、除涝，还是蓄水灌溉、解决饮水、开发水电，其质量好坏都关系到国计民生和城乡人民生命、财产的安全。由于水利工程具有投资多、规模大、建设周期长、生产环节多、多方参与等特点，根据工程的进展情况，及时组织验收工作来控制工程质量是非常必要的。

一、验收的分类

(一)按验收主持单位性质不同分类

水利工程建设项目验收，按验收主持单位性质不同分为法人验收和政府验收。

法人验收是指在项目建设过程中由项目法人组织进行的验收。法人验收是政府验收的基础。

政府验收是指由有关人民政府、水行政主管部门或其他有关部门组织进行的验收。政府验收包括专项验收、阶段验收和竣工验收。

(二)按工程建设的不同阶段分类

按工程建设的不同阶段对工程的验收分为阶段验收和交工验收。

阶段验收包括工程导(截)流、水库下闸蓄水、引(调)排水工程通水、首(末)台机组启动等关键阶段进行的验收。

另外还有专项验收，按照国家有关规定，环境保护、水土保持、移民安置及工程档案等在工程竣工验收前要组织专项验收。经有关部门同意，专项验收可以与竣工验收一并进行。

二、验收依据

水利工程建设项目验收的依据如下：

（1）国家有关法律法规、规章和技术标准。

（2）有关主管部门的规定。

（3）经批准的工程立项文件、初步设计文件、调整概算文件。

（4）经批准的设计文件及相应的工程变更文件。

（5）施工图纸及主要设备技术说明书等。

（6）法人验收还应当以施工合同为验收依据。

三、验收组织

（1）验收主持单位应当成立验收委员会（验收工作组）进行验收，验收结论应当经三分之二以上的验收委员会成员同意。

验收委员会成员应当在验收鉴定书上签字。验收委员会成员对验收结论持有异议的，应当将保留意见在验收鉴定书上明确记载并签字。

（2）验收中发现的问题，其处理原则由验收委员会协商确定。主任委员（组长）对争议问题有裁决权。但是，半数以上验收委员会成员不同意裁决意见的，法人验收应当报请验收监督管理机关决定，政府验收应当报请竣工验收主持单位决定。

（3）验收委员会对工程验收不予通过的，应当明确不予通过的理由并提出整改意见。有关单位应当及时组织处理有关问题，完成整改，并按照程序重新申请验收。

（4）项目法人及其他参建单位应当提交真实、完整的验收资料，并对提交的资料负责。

四、法人验收

（1）工程建设完成分部工程、单位工程、单项合同工程，或者中间机组启动前，应当组织法人验收。项目法人可以根据工程建设的需要增设法人验收的环节。

（2）项目法人应当在开工报告批准后60个工作日内，制订法人验收工作计划，报法人验收监督管理机关和竣工验收主持单位备案。

（3）施工单位在完成相应工程后，应当向项目法人提出验收申请。项目法人经检查认为建设项目具备相应验收条件的，应当及时组织验收。

（4）法人验收由项目法人主持。验收工作组由项目法人、设计、施工、监理等单位的代表组成，必要时可以邀请工程运行管理单位等参建单位以外的代表及专家参加。

项目法人可以委托监理单位主持分部工程验收，有关委托权限应当在监理合同或委托书中明确。

(5)分部工程验收的质量结论应当报该项目的质量监督机构核备;未经核备的,项目法人不得组织下一阶段的验收。

单位工程及大型枢纽主要建筑物的分部工程验收的质量结论应当报该项目的质量监督机构核定;未经核定的,项目法人不得通过法人验收;核定不合格的,项目法人应当重新组织验收。质量监督机构应当自收到核定材料之日起 20 个工作日内完成核定。

(6)项目法人应当自法人验收通过之日起 30 个工作日内,制作法人验收鉴定书,发送参加验收的单位并报送法人验收监督管理机关备案。法人验收鉴定书是政府验收的备查资料。

(7)单位工程投入使用验收和单项合同工程完工验收通过后,项目法人应当与施工单位办理工程的有关交接手续。

工程保修期从通过单项合同工程完工验收之日算起,保修期限按合同约定执行。

五、政府验收

(一)验收主持单位

(1)阶段验收、竣工验收由竣工验收主持单位主持。竣工验收主持单位可以根据工作需要委托其他单位主持阶段验收。专项验收依照国家有关规定执行。

国家重点水利工程建设项目,竣工验收主持单位依照国家有关规定确定。

(2)除前两款规定以外,在国家确定的重要江河、湖泊建设的流域控制性工程和流域重大骨干工程建设项目,竣工验收主持单位为水利部。

除前两款规定外的其他水利工程建设项目,竣工验收主持单位按照以下原则确定。

第一,水利部或流域管理机构负责初步设计审批的中央项目,竣工验收主持单位为水利部或流域管理机构。

第二,水利部负责初步设计审批的地方项目,以中央投资为主的,竣工验收主持单位为水利部或流域管理机构;以地方投资为主的,竣工验收主持单位为省级人民政府或其委托的单位,省级人民政府水行政主管部门或其委托的单位。

第三,地方负责初步设计审批的项目,竣工验收主持单位为省级人民政府水行政主管部门或其委托的单位。

竣工验收主持单位为水利部或流域管理机构的,可以根据工程实际情况,会同省级人民政府或有关部门共同主持。

竣工验收主持单位应当在工程开工报告的批准文件中明确。

(二)专项验收

(1)在枢纽工程导(截)流、水库下闸蓄水等阶段验收前,涉及移民安置的,应当完成相应的移民安置专项验收。

工程竣工验收前,应当按照国家有关规定,进行环境保护、水土保持、移民安置及工程档案等专项验收。经有关部门同意,专项验收可以与竣工验收一并进行。

(2)项目法人应当自收到专项验收成果文件之日起10个工作日内,将专项验收成果文件报送竣工验收主持单位备案。

专项验收成果文件是阶段验收或竣工验收成果文件的组成部分。

(三)阶段验收

(1)工程建设进入枢纽工程导(截)流、水库下闸蓄水、引(调)排水工程通水首(末)台机组启动等关键阶段,应当组织进行阶段验收。竣工验收主持单位根据工程建设的实际需要,可以增设阶段验收的环节。

(2)阶段验收的验收委员会由验收主持单位、该项目的质量监督机构和安全监督机构、运行管理单位的代表及有关专家组成;必要时,应当邀请项目所在地的地方人民政府及有关部门参加。

工程参建单位是被验收单位,应当派代表参加阶段验收工作。

(3)大型水利工程在进行阶段验收前,可以根据需要进行技术预验收。技术预验收参照有关竣工技术预验收的规定进行。

(4)在水库下闸蓄水验收前,项目法人应当按照有关规定完成蓄水安全鉴定。

(5)验收主持单位应当自阶段验收通过之日起30个工作日内,制作阶段验收鉴定书,发送参加验收的单位并报送竣工验收主持单位备案。

阶段验收鉴定书是竣工验收的备查资料。

(四)竣工验收

(1)竣工验收应当在工程建设项目全部完成并满足一定运行条件后1年内进行。不能按期进行竣工验收的,经竣工验收主持单位同意,可以适当延长期限,但最长不得超过6个月。逾期仍不能进行竣工验收的,项目法人应当向竣工验收主持单位做出专题报告。

(2)竣工财务决算应当由竣工验收主持单位组织审查和审计。竣工财务决算审计通过15日后,方可进行竣工验收。

（3）工程具备竣工验收条件的，项目法人应当提出竣工验收申请，经法人验收监督管理机关审查后报竣工验收主持单位。竣工验收主持单位应当自收到竣工验收申请之日起 20 个工作日内决定是否同意进行竣工验收。

（4）竣工验收原则上按照经批准的初步设计所确定的标准和内容进行。

项目有总体初步设计又有单项工程初步设计的，原则上按照总体初步设计的标准和内容进行，也可以先进行单项工程竣工验收，最后按照总体初步设计进行总体竣工验收。

项目有总体可行性研究但没有总体初步设计而有单项工程初步设计的，原则上按照单项工程初步设计的标准和内容进行竣工验收，建设周期长或因故无法继续实施的项目，对已完成的部分工程可以按单项工程或分期进行竣工验收。

（5）竣工验收分为竣工技术预验收和竣工验收 2 个阶段。

（6）大型水利工程在竣工技术预验收前，项目法人应当按照有关规定对工程建设情况进行竣工验收技术鉴定。中型水利工程在竣工技术预验收前，竣工验收主持单位可以根据需要决定是否进行竣工验收技术鉴定。

（7）竣工技术预验收由竣工验收主持单位及有关专家组成的技术预验收专家组负责。工程参建单位的代表应当参加竣工技术预验收，汇报并解答有关问题。

（8）竣工验收的验收委员会由竣工验收主持单位、有关水行政主管部门和流域管理机构、有关地方人民政府和部门、该项目的质量监督机构和安全监督机构、工程运行管理单位的代表及有关专家组成。工程投资方代表可以参加竣工验收委员会。

（9）竣工验收主持单位可以根据竣工验收的需要，委托具有相应资质的工程质量检测机构对工程质量进行检测。

（10）项目法人全面负责竣工验收前的各项准备工作，设计、施工、监理等工程参建单位应当做好有关验收准备和配合工作，派代表出席竣工验收会议，负责解答验收委员会提出的问题，并作为被验收单位在竣工验收鉴定书上签字。

（11）竣工验收主持单位应当自竣工验收通过之日起 30 个工作日内，制作竣工验收鉴定书，并发送有关单位。竣工验收鉴定书是项目法人完成工程建设任务的凭据。

（五）验收遗留问题处理与工程移交

（1）项目法人和其他有关单位应当按照竣工验收鉴定书的要求妥善处理竣工验收遗留问题和完成尾工。

验收遗留问题处理完毕和尾工完成并通过验收后，项目法人应当将处理情况和验收成果报送竣工验收主持单位。

（2）工程通过竣工验收、验收遗留问题处理完毕和尾工完成并通过验收的，竣工验收主持单位向项目法人颁发工程竣工证书。工程竣工证书格式由水利部统一制定。

（3）项目法人与工程运行管理单位不同，工程通过竣工验收后，应当及时办理移交手续。工程移交后，项目法人及其他参建单位应当按照法律法规的规定和合同约定，承担后续的相关质量责任。项目法人已经撤销的，由撤销该项目法人的部门承接相关的责任。

六、验收监督

（一）水利部负责全国水利工程建设项目验收的监督管理工作

水利部所属流域管理机构按照水利部授权，负责流域内水利工程建设项目验收的监督管理工作。

县级以上地方人民政府水行政主管部门按照规定权限负责本行政区域内水利工程建设项目验收的监督管理工作。

（二）法人验收监督管理机关对项目的法人验收工作实施监督管理

由水行政主管部门或流域管理机构组建项目法人的，该水行政主管部门或流域管理机构是本项目的法人验收监督管理机关；由地方人民政府组建项目法人的，该地方人民政府水行政主管部门是本项目的法人验收监督管理机关。

七、罚则

（1）违反相关规定，项目法人不按时限要求组织法人验收或不具备验收条件而组织法人验收的，由法人验收监督管理机关责令改正。

（2）项目法人及其他参建单位提交验收资料不真实导致验收结论有误的，由提交不真实验收资料的单位承担责任。竣工验收主持单位收回验收鉴定书，对责任单位予以通报批评；造成严重后果的，依照有关法律法规处罚。

（3）参加验收的专家在验收工作中玩忽职守、徇私舞弊的，由验收监督管理机关予以通报批评；情节严重的，取消其参加验收的资格；构成犯罪的，依法追究刑事责任。

（4）国家机关工作人员在验收工作中玩忽职守、滥用职权、徇私舞弊，尚不构成犯罪的，依法给予行政处分；构成犯罪的，依法追究刑事责任。

第二节　水利工程建设项目验收

加强水利水电工程建设质量管理,保证工程施工质量,统一质量检验及评定方法,使施工质量评定工作标准化、规范化。

一、总体要求

(一)验收主持单位

水利水电建设工程验收按验收主持单位可分为法人验收和政府验收。法人验收应包括分部工程验收、单位工程验收、水电站(泵站)中间机组启动验收、合同工程完工验收等;政府验收应包括阶段验收、专项验收、竣工验收等。验收主持单位可根据工程建设需要增设验收的类别和具体要求。

政府验收应由验收主持单位组织成立的验收委员会负责;法人验收应由项目法人组织成立的验收工作组负责。验收委员会由有关单位代表和有关专家组成。

(二)验收依据

工程验收应以下列文件为主要依据。

(1)国家现行有关法律法规、规章和技术标准。

(2)有关主管部门的规定。

(3)经批准的工程立项文件、初步设计文件、调整概算文件。

(4)经批准的设计文件及相应的工程变更文件。

(5)施工图纸及主要设备技术说明书等。

(6)法人验收还应以施工合同为依据。

(三)验收的主要内容

工程验收应包括以下主要内容。

(1)检查工程是否按照批准的设计进行建设;

(2)检查已完工程在设计、施工、设备制造安装等方面的质量及相关资料的收集、整理和归档情况;

(3)检查工程是否具备运行或进行下一阶段建设的条件;

(4)检查工程投资控制和资金使用情况;

(5)对验收遗留问题提出处理意见;

(6)对工程建设做出评价和结论。

(四)验收的成果

验收的成果性文件是验收鉴定书,验收委员会成员应在验收鉴定书上签字。对验收结论持有异议的,应将保留意见在验收鉴定书上明确记载并签字。

(五)其他

(1)工程项目中需要移交非水利行业管理的工程,验收工作宜同时参照相关行业主管部门的有关规定。

(2)当工程具备验收条件时,应及时组织验收。未经验收或验收不合格的工程不得交付使用或进行后续工程施工。验收工作应相互衔接,不应重复进行。

(3)工程验收应在施工质量检验与评定的基础上,对工程质量提出明确结论意见。

(4)验收资料制备由项目法人统一组织,有关单位应按要求及时完成并提交。项目法人应对提交的验收资料进行完整性、规范性检查。

(5)验收资料分为应提供的资料和需备查的资料。有关单位应保证其提交资料的真实性并承担相应责任。

(6)工程验收的图纸、资料和成果性文件应按竣工验收资料要求制备。除图纸外,验收资料的规格宜为国际标准 A4(210mm×297mm)。文件正本应加盖单位印章且不得采用复印件。

(7)水利水电建设工程的验收除应遵守本规程外,还应符合国家现行有关标准的规定。

二、工程验收监督管理

水利部负责全国水利工程建设项目验收的监督管理工作。水利部所属流域管理机构按照水利部授权,负责流域内水利工程建设项目验收的监督管理工作。县级以上地方人民政府水行政主管部门按照规定权限负责本行政区域内水利工程建设项目验收的监督管理工作。

法人验收监督管理机关应对工程的法人验收工作实施监督管理。

由水行政主管部门或流域管理机构组建项目法人的,该水行政主管部门或流域管理机构是本工程的法人验收监督管理机关;由地方人民政府组建项目法人的,该地方人民政府水行政主管部门是本工程的法人验收监督管理机关。

工程验收监督管理的方式应包括现场检查、参加验收活动、对验收工作计划与验收成果性文件进行备案等。

水行政主管部门、流域管理机构及法人验收监督管理机关可根据工作需要到工程现场检查工程建设情况、验收工作开展情况及对接到的举报进行调查处理等。

当发现工程验收不符合有关规定时,验收监督管理机关应及时要求验收主持单位予以纠正,必要时可要求暂停验收或重新验收并同时报告竣工验收主持单位。

法人验收监督管理机关应对收到的验收备案文件进行检查,不符合有关规定的备案文件应要求有关单位进行修改、补充和完善。

项目法人应在开工报告批准后 60 个工作日内,制订法人验收工作计划,报法人验收监督管理机关备案。当工程建设计划进行调整时,法人验收工作计划也应相应地进行调整并重新备案。

法人验收过程中发现的技术性问题原则上应按合同约定进行处理。合同约定不明确的,按国家或行业技术标准规定处理。当国家或行业技术标准暂无规定时,由法人验收监督管理机关负责协调解决。

三、分部工程验收

(一)验收组织

分部工程验收应由项目法人(委托监理单位)主持。验收工作组由项目法人、勘测、设计、监理、施工、主要设备制造(供应)商等单位的代表组成。运行管理单位可根据具体情况决定是否参加。

质量监督机构宜派代表列席大型枢纽工程主要建筑物的分部工程验收会议。大型工程分部工程验收工作组成员应具有中级及以上技术职称或相应执业资格;其他工程的验收工作组成员应具有相应的专业知识或执业资格。参加分部工程验收的每个单位代表人数不宜超过 2 名。

分部工程具备验收条件时,施工单位应向项目法人提交验收申请报告。项目法人应在收到验收申请报告之日起 10 个工作日内决定是否同意进行验收。

(二)验收条件

分部工程验收应具备以下条件。

(1)所有单元工程已完成。

(2)已完单元工程的施工质量经评定全部合格,有关质量缺陷已处理完毕或有监理机构批准的处理意见。

(3)合同约定的其他条件。

(三)验收程序

分部工程验收应按以下程序进行。

(1)听取施工单位工程建设和单元工程质量评定情况的汇报。

(2)现场检查工程完成情况和工程质量。

(3)检查单元工程质量评定及相关档案资料。

(4)讨论并通过分部工程的验收鉴定书。

项目法人应在分部工程验收通过之日后 10 个工作日内,将验收质量结论和相关资料报质量监督机构核备。大型枢纽工程主要建筑物分部工程的验收质量结论应报质量监督机构核定。质量监督机构应在收到验收质量结论之日后 20 个工作日内,将核备(定)意见书面反馈给项目法人。

分部工程验收鉴定书正本数量可按参加验收单位、质量和安全监督机构各一份及归档所需要的份数确定。自验收鉴定书通过之日起 30 个工作日内,由项目法人发送到有关单位,并报送法人验收监督管理机关备案。

四、单位工程验收

(一)验收组织

单位工程验收应由项目法人主持。验收工作组由项目法人、勘测、设计、监理、施工、主要设备制造(供应)商、运行管理等单位的代表组成。必要时,可邀请上述单位以外的专家参加。

单位工程验收工作组成员应具有中级及以上技术职称或相应执业资格,每个单位代表人数不宜超过 3 名。

单位工程完工并具备验收条件时,施工单位应向项目法人提出验收申请报告。项目法人应在收到验收申请报告之日起 10 个工作日内决定是否同意进行验收,在项目法人组织单位工程验收时,应提前 10 个工作日通知质量和安全监督机构。主要建筑物单位工程验收应通知法人验收监督管理机关,法人验收监督管理机关可视情况决定是否列席验收会议,质量和安全监督机构应派员列席验收会议。

(二)验收条件

单位工程验收应具备以下条件:

(1)所有单位工程已完建并验收合格。

(2)单位工程验收遗留问题已处理完毕并通过验收,未处理的遗留问题不影响单位工程质量评定并有处理意见。

(3)合同约定的其他条件。

(三)验收主要内容

单位工程验收应包括以下主要内容。

(1)检查工程是否按批准的设计内容完成。

(2)评定工程施工质量等级。

(3)检查单位工程验收遗留问题的处理情况及相关记录。

(4)对验收中发现的问题提出处理意见。

(四)验收程序

单位工程验收应按以下程序进行:

(1)听取工程参建单位工程建设有关情况的汇报。

(2)现场检查工程完成情况和工程质量。

(3)检查单位工程验收有关文件及相关档案资料。

(4)讨论并通过单位工程验收鉴定书。

(五)单位工程提前投入使用验收

需要提前投入使用的单位工程应进行单位工程投入使用验收。单位工程投入使用验收由项目法人主持,根据工程具体情况,经竣工验收主持单位同意,单位工程投入使用验收也可由竣工验收主持单位或其委托的单位主持。

单位工程投入使用验收除满足基本条件外,还应满足以下条件:工程投入使用后,不影响其他工程正常施工,且其他工程施工不影响该单位工程安全运行;已经初步具备运行管理条件,需移交运行管理单位的,项目法人与运行管理单位已签订提前使用协议书。

单位工程投入使用验收还应对工程是否具备安全运行条件进行检查。

项目法人应在单位工程验收通过之日起 10 个工作日内,将验收质量结论和相关资料报质量监督机构核定。质量监督机构应在收到验收质量结论之日起 20 个工作日内,将核定意见反馈给项目法人。

五、合同工程完工验收

合同工程完成后,应进行合同工程完工验收。当合同工程仅包含一个单位工程(分部工程)时,宜将单位工程(分部工程)验收与合同工程完工验收一并进行,但应同时满足相应的验收条件。

(一)验收组织

合同工程完工验收应由项目法人主持。验收工作组由项目法人,以及与合同工程有关的勘测、设计、监理、施工、主要设备制造(供应)商等单位的代表组成。

合同工程具备验收条件时,施工单位应向项目法人提出验收申请报告。项目法人应在收到验收申请报告之日起 20 个工作日内决定是否同意进行验收。

(二)验收条件

合同工程完工验收应具备以下条件。

(1)合同范围内的工程项目已按合同约定完成。

(2)工程已按规定进行了有关验收。

(3)观测仪器和设备已测得初始值及施工期各项观测值。

(4)工程质量缺陷已按要求进行处理。

(5)工程完工结算已完成。

(6)施工现场已经进行清理。

(7)需移交项目法人的档案资料已按要求整理完毕。

(8)合同约定的其他条件。

六、阶段验收

(一)一般规定

阶段验收应包括枢纽工程导(截)流验收、水库下闸蓄水验收、引(调)排水工程通水验收、水电站(泵站)首(末)台机组启动验收、部分工程投入使用验收及竣工验收主持单位根据工程建设需要增加的其他验收。

1.阶段验收组织

阶段验收应由竣工验收主持单位或其委托的单位主持。阶段验收委员会由验收主持单位、质量和安全监督机构、运行管理单位的代表及有关专家组成,必要时,可邀请地方人民政府及有关部门参加。

工程参建单位应派代表参加阶段验收,并作为被验收单位在验收鉴定书上签字。工程建设具备阶段验收条件时,项目法人应向竣工验收主持单位提出阶段验收申请报告。竣工验收主持单位应自收到申请报告之日起 20 个工作日内决定是否同意进行阶段验收。

2.阶段验收内容

阶段验收应包括以下主要内容。

(1)检查已完工程的形象面貌和工程质量。

(2)检查在建工程的建设情况。

(3)检查后续工程的计划安排和主要技术措施落实情况,以及是否具备施工条件。

(4)检查拟投入使用工程是否具备运行条件。

(5)检查历次验收遗留问题的处理情况。

(6)鉴定已完工程施工质量。

(7)对验收中发现的问题提出处理意见。

(8)讨论并通过阶段验收鉴定书。

(9)阶段验收的工作程序可参照竣工验收的规定进行。

(二)枢纽工程导(截)流验收

在枢纽工程导(截)流前,应进行导(截)流验收。

1.导(截)流验收条件

(1)导流工程已基本完成,具备过流条件,投入使用(采取措施后)不影响其他未完工程继续施工。

(2)满足截流要求的水下隐蔽工程已完成。

(3)截流设计已获批准,截流方案已编制完成,并做好各项准备工作。

(4)工程度汛方案已由具有管辖权的防汛指挥部门批准,相关措施已落实。

(5)截流后雍高水位以下的移民搬迁安置和库底清理已完成并通过验收。

(6)有航运功能的河道,碍航问题已得到解决。

2.导(截)流验收的主要内容

(1)检查已完成水下工程、隐蔽工程、导(截)流工程是否满足导(截)流要求。

(2)检查建设征地、移民搬迁安置和库底清理完成情况。

(3)审查导(截)流方案,检查导(截)流措施和准备工作落实情况。

(4)检查为解决碍航等问题而采取的工程措施落实情况。

(5)鉴定与截流有关已完成工程的施工质量,对验收中发现的问题提出处理意见。

(6)讨论并通过阶段验收鉴定书。

(7)工程分期导(截)流时,应分期进行导(截)流验收。

(三)水库下闸蓄水验收

在水库下闸蓄水前,应进行下闸蓄水验收。

1.下闸蓄水验收的条件

(1)挡水建筑物的形象面貌满足蓄水位的要求。

(2)蓄水淹没范围内的移民搬迁安置和库底清理已完成并通过验收。

(3)蓄水后需要投入使用的泄水建筑物已基本完成,具备过流条件。

(4)有关观测仪器、设备已按设计要求安装和调试,并已测得初始值和施工期观测值。

(5)蓄水后未完成工程的建设计划和施工措施已落实。

(6)蓄水安全鉴定报告已提交。

(7)蓄水后可能影响工程安全运行的问题已处理,有关重大技术问题已有结论。

(8)蓄水计划、导流洞封堵方案等已编制完成,并做好各项准备工作。

(9)年度度汛方案(调度运用方案)已经由具有管辖权的防汛指挥部门批准,相关措施已落实。

2.下闸蓄水验收的主要内容

(1)检查已完工程是否满足蓄水要求。

(2)检查建设征地、移民搬迁安置和库区清理完成情况。

(3)检查近坝库岸处理情况。

(4)检查蓄水准备工作落实情况。

(5)鉴定与蓄水有关的已完工程施工质量。

(6)对验收中发现的问题提出处理意见。

(7)讨论并通过阶段验收鉴定书。

(四)引(调)排水工程通水验收

在引(调)排水工程通水前,应进行通水验收。

1.通水验收应具备的条件

(1)引(调)排水建筑物的形象面貌满足通水的要求。

(2)通水后未完成工程的建设计划和施工措施已落实。

(3)引(调)排水位以下的移民搬迁安置和障碍物清理已完成并通过验收。

(4)引(调)排水的调度运用方案已编制完成。

(5)度汛方案已得到有管辖权的防汛指挥部门批准,相关措施已落实。

2.通水验收应包括的主要内容

(1)检查已完工程是否满足通水的要求。

(2)检查建设征地、移民搬迁安置和清障完成情况。

(3)检查通水准备工作落实情况。

(4)鉴定与通水有关的工程施工质量。

(5)对验收中发现的问题提出处理意见。

(6)讨论并通过阶段验收鉴定书。

(五)水电站(泵站)首(末)台机组启动验收

在水电站(泵站)每台机组投入运行前,应进行机组启动验收。

1.主持单位

首(末)台机组启动验收应由竣工验收主持单位或其委托单位组织的机组启动验收委员会负责;中间机组启动验收应由项目法人组织的机组启动验收工作组负责。验收委员会应有所在地区电力部门的代表参加。根据机组规模情况,竣工验收主持单位也可委托项目法人主持首(末)台机组启动验收。

2.机组试运行

在机组启动验收前,项目法人应组织、成立机组启动试运行工作组,开展机组启动试运行工作。在首(末)台机组启动试运行前,项目法人应将试运行工作安排报验收主持单位备案,必要时,验收主持单位可派专家到现场收集有关资料,指导项目法人进行机组启动试运行工作。机组启动试运行工作组应主要进行以下工作。

(1)审查批准施工单位编制的机组启动试运行试验文件和机组启动试运行操作规程等。

(2)检查机组及相应附属设备安装、调试、试验,以及分部试运行情况,决定是否进行充水试验和空载试运行。

(3)检查机组充水试验和空载试运行情况。

(4)检查机组带主变压器与高压配电装置试验和并列及负荷试验情况,决定是否进行机组带负荷连续运行。

(5)检查机组带负荷连续运行情况。

(6)检查带负荷连续运行结束后消缺处理情况。

(7)审查施工单位编写的机组带负荷连续运行情况报告。

3.机组带负荷连续运行的要求

(1)水电站机组带额定负荷连续运行时间为72h。

(2)泵站机组带额定负荷连续运行时间为 24h 或 7 天内累计运行时间为 48h,包括机组无故障停机次数不少于 3 次。

(3)受水位或水量限制无法满足上述要求时,经过项目法人组织论证并提出专门报告报验收主持单位批准后,可适当降低机组启动运行负荷及减少连续运行的时间。

4.技术预验收

首(末)台机组启动验收前,验收主持单位应组织进行技术预验收,技术预验收应在机组启动试运行完成后进行。

技术预验收应具备以下条件。

(1)与机组启动运行有关的建筑物基本完成,满足机组启动运行要求。

(2)与机组启动运行有关的金属结构及启闭设备安装完成,并经过调试合格,可满足机组启动运行要求。

(3)过水建筑物已具备过水条件,满足机组启动运行要求。

(4)压力容器、压力管道及消防系统等已通过有关主管部门的检测或验收。

(5)机组、附属设备,以及油、水、气等辅助设备安装完成,经调试合格并经分部试运转,满足机组启动运行要求。

(6)必要的输配电设备安装调试完成,并通过电力部门组织的安全性评价或验收,送(供)电准备工作已就绪,通信系统满足机组启动运行要求。

(7)机组启动运行的测量、监测、控制和保护等电气设备已安装完成并调试合格。

(8)有关机组启动运行的安全防护措施已落实,并准备就绪。

(9)按设计要求配备的仪器、仪表、工具及其他机电设备已能满足机组启动运行的需要。

(10)机组启动运行操作规程已编制,并得到批准。

(11)水库水位控制与发电水位调度计划已编制完成,并得到相关部门的批准。

(12)运行管理人员的配备可满足机组启动运行的要求。

(13)水位和引水量满足机组启动运行的最低要求。

(14)机组按要求完成带负荷连续运行。

技术预验收应包括以下主要内容。

(1)听取有关建设、设计、监理、施工和试运行情况报告。

(2)检查评价机组及其辅助设备质量、有关工程施工安装质量。

(3)检查试运行情况和消缺处理情况。

(4)对验收中发现的问题提出处理意见。

(5)讨论形成机组启动技术预验收工作报告。

5.首(末)台机组启动验收应具备的条件

(1)技术预验收工作报告已提交。

(2)技术预验收工作报告中提出的遗留问题已处理。

6.首(末)台机组启动验收应包括的主要内容

(1)听取工程建设管理报告和技术预验收工作报告。

(2)检查机组和有关工程施工,设备安装及运行情况。

(3)鉴定工程施工质量。

(4)讨论并通过机组启动验收鉴定书。

(六)部分工程投入使用验收

项目施工工期因故拖延并预期完成计划不确定的工程项目,以及需要投入使用的部分已完成工程,应进行部分工程投入使用验收。在部分工程投入使用验收申请报告中,应包含项目施工工期拖延的原因、预期完成计划的有关情况和部分已完成工程提前投入使用的理由等内容。

1.部分工程投入使用验收应具备的条件

(1)拟投入使用工程已按批准设计文件规定的内容完成并已通过相应的法人验收。

(2)拟投入使用工程已具备运行管理条件。

(3)工程投入使用后,不影响其他工程的正常施工,且其他工程施工不影响部分工程安全运行,包括采取防护措施。

(4)项目法人与运行管理单位已签订部分工程提前使用协议。

(5)工程调度运行方案已编制完成。

(6)度汛方案已由具有管辖权的防汛指挥部门批准,相关措施已落实。

2.部分工程投入使用验收应包括的主要内容

(1)检查拟投入使用工程是否已按批准设计完成。

(2)检查工程是否已具备正常运行条件,鉴定工程施工质量。

(3)检查工程的调度运用、度汛方案落实情况。

(4)对验收中发现的问题提出处理意见。

(5)讨论并通过部分工程投入使用的验收鉴定书。

七、专项验收

在工程竣工验收前,应按有关规定进行专项验收。专项验收主持单位应按国家和相关行业的有关规定确定。

项目法人应按国家和相关行业主管部门的规定,向有关部门提出专项验收申请报告,并做好有关准备和配合工作。

专项验收应具备的条件、验收主要内容、验收程序及验收成果性文件的具体要求等应执行国家及相关行业主管部门有关规定。

专项验收成果性文件应是工程竣工验收成果性文件的组成部分。当项目法人提交竣工验收申请报告时,应附相关专项验收成果性文件的复印件。

八、竣工验收

(一)总要求

竣工验收应在工程建设项目全部完成并满足一定运行条件后1年内进行。不能按期进行竣工验收的,经竣工验收主持单位同意,可适当延长期限,但最长不得超过6个月。

一定运行条件是指:泵站工程经过一个排水或抽水期;河道疏浚工程完成后;其他工程经过6个月(经过一个汛期)至12个月。

当工程具备验收条件时,项目法人应向竣工验收主持单位提出竣工验收申请报告。竣工验收申请报告应经法人验收监督管理机关审查后报竣工验收主持单位,竣工验收主持单位应自收到申请报告后20个工作日内决定是否同意进行竣工验收。

工程未能按期进行竣工验收的,项目法人应提前30个工作日向竣工验收主持单位提出延期竣工验收专题申请报告。申请报告应包括延期竣工验收的主要原因及计划延长的时间等内容。

项目法人编制完成竣工财务决算后,应报送竣工验收主持单位财务部门进行审查、审计部门进行竣工审计。审计部门应出具竣工审计意见,项目法人应对审计意见中提出的问题进行整改并提交整改报告。

竣工验收分为竣工技术预验收和竣工验收2个阶段。

大型水利工程在竣工技术预验收前,应按照有关规定进行竣工验收技术鉴定。对于中型水利工程,竣工验收主持单位可以根据需要决定是否进行竣工验收技术鉴定,竣工验收应具备以下条件。

(1)工程已按批准设计全部完成。

(2)工程重大设计变更已经由具有审批权的单位批准。

(3)各单位工程能正常运行。

(4)历次验收所发现的问题已基本处理完毕,各专项验收已通过。

(5)工程投资已全部到位。

(6)竣工财务决算已通过竣工审计,审计意见中提出的问题已整改并提交了整改报告。

(7)运行管理单位已明确,管理养护经费已基本落实。

(8)质量和安全监督工作报告已提交,工程质量达到合格标准。

(9)竣工验收资料已准备就绪。

工程有少量建设内容未完成,但不影响工程正常运行且能符合财务有关规定,项目法人已对尾工做出安排的,经竣工验收主持单位同意,可进行竣工验收,竣工验收应按以下程序进行。

(1)项目法人组织进行竣工验收自查。

(2)项目法人提交竣工验收申请报告。

(3)竣工验收主持单位批复竣工验收申请报告。

(4)进行竣工技术预验收。

(5)召开竣工验收会议。

(6)印发竣工验收鉴定书。

(二)竣工验收自查

在申请竣工验收前,项目法人应组织竣工验收自查。自查工作由项目法人主持,勘测、设计、监理、施工、主要设备制造(供应)商及运行管理等单位的代表参加。

竣工验收自查应包括以下主要内容。

(1)检查有关单位的工作报告。

(2)检查工程建设情况,评定工程项目施工质量等级。

(3)检查历次验收、专项验收的遗留问题和工程初期运行所发现问题的处理情况。

(4)确定工程尾工内容及其完成期限和责任单位。

(5)对竣工验收前应完成的工作做出安排。

(6)讨论并通过竣工验收自查工作报告。

项目法人组织工程竣工验收自查前,应提前 10 个工作日通知质量和安全监督机构,同时向法人验收监督管理机关报告。质量和安全监督机构应派员列席自查工作会议。

项目法人应在完成竣工验收自查工作之日起 10 个工作日内,将自查的工程项目质量结论和相关资料报质量监督机构核备。

填写竣工验收自查工作报告,参加竣工验收自查的人员应在自查工作报告上签字。项目法人应自竣工验收自查工作报告通过之日起 30 个工作日内,将自查报告报法人验收监督管理机关。

(三)工程质量抽样检测

根据竣工验收的需要,竣工验收主持单位可以委托具有相应资质的工程质量检测单位对工程质量进行抽样检测。项目法人应与工程质量检测单位签订工程质量检测合同。检测所需费用由项目法人列支,质量不合格工程所发生的检测费用由责任单位承担。

工程质量检测单位不得与参与工程建设的项目法人、设计、监理、施工、设备制造(供应)商等单位隶属同一经营实体。

根据竣工验收主持单位的要求和项目的具体情况,项目法人应负责提出工程质量抽样检测的项目、内容和数量,经质量监督机构审核后报竣工验收主持单位核定。

工程质量检测单位应按照有关技术标准对工程进行质量检测,按合同要求及时提出质量检测报告并对检测结论负责。项目法人应自收到检测报告 10 个工作日内将检测报告报竣工验收主持单位。

对抽样检测中发现的质量问题,项目法人应及时组织有关单位研究处理。在影响工程安全运行及使用功能的质量问题未处理完毕前,不得进行竣工验收。

(四)竣工技术预验收

竣工技术预验收应由竣工验收主持单位组织的专家组负责。竣工技术预验收专家组成员应具有高级技术职称或相应执业资格,2/3 以上的成员应来自工程非参建单位。工程参建单位的代表应参加竣工技术预验收,负责回答专家组提出的问题。

竣工技术预验收专家组可下设专业工作组,并在各专业工作组检查意见的基础上形成竣工技术预验收工作报告。

竣工技术预验收应包括以下主要内容。

(1)检查工程是否按批准的设计完成。

(2)检查工程是否存在质量隐患和影响工程安全运行的问题。

(3)检查历次验收、专项验收的遗留问题和工程初期运行中所发现问题的处理情况。

(4)对工程重大技术问题做出评价。

(5)检查工程尾工安排情况。

(6)鉴定工程施工质量。

（7)检查工程投资、财务情况。

（8)对验收中发现的问题提出处理意见。

竣工技术预验收应按以下程序进行。

(1)现场检查工程建设情况并查阅有关工程建设资料。

（2)听取项目法人、设计、监理、施工、质量和安全监督机构、运行管理等单位的工作报告。

（3)听取竣工验收技术鉴定报告和工程质量抽样检测报告。

（4)专业工作组讨论并形成各专业工作组意见。

（5)讨论并通过竣工技术预验收工作报告。

（6)讨论并形成竣工验收鉴定书初稿。

(五)竣工验收

竣工验收委员会可设主任委员1名,副主任委员及委员若干名,主任委员应由验收主持单位代表担任。竣工验收委员会由竣工验收主持单位、有关地方人民政府和部门、有关水行政主管部门和流域管理机构、质量和安全监督机构、运行管理单位的代表及有关专家组成。工程投资方代表可参加竣工验收委员会。

项目法人、勘测、设计、监理、施工和主要设备制造(供应)商等单位应派代表参加竣工验收,负责解答验收委员会提出的问题,并作为被验收单位代表在验收鉴定书上签字。

竣工验收会议应包括以下主要内容和程序。

(1)现场检查工程建设情况及查阅有关资料。

（2)召开大会。

（3)宣布验收委员会组成人员名单。

（4)观看工程建设声像资料。

（5)听取工程建设管理工作报告。

（6)听取竣工技术预验收工作报告。

（7)听取验收委员会确定的其他报告。

（8)讨论并通过竣工验收鉴定书。

（9)验收委员会委员和被验收单位代表在竣工验收鉴定书上签字。

工程项目质量达到合格以上等级的,竣工验收的质量结论意见为合格。

准备竣工验收鉴定书,数量按验收委员会组成单位、工程主要参建单位各1份及归档所需份数确定。自鉴定书通过之日起 30 个工作日内,由竣工验收主持单位发送有关单位。

九、工程移交及遗留问题处理

(一)工程交接

在合同工程完工验收或投入使用验收后,项目法人与施工单位应在 30 个工作日内组织专人负责工程的交接工作,交接过程应有完整的文字记录并有双方交接负责人签字。

项目法人与施工单位应在施工合同或验收鉴定书约定的时间内完成工程及其档案资料的交接工作。

在办理具体交接手续的同时,施工单位应向项目法人递交工程质量保修书。保修书的内容应符合合同约定的条件。

工程质量保修期从工程通过合同工程完工验收后开始计算,但合同另有约定的除外。在施工单位递交了工程质量保修书、完成施工场地清理及提交有关竣工资料后,项目法人应在 30 个工作日内向施工单位颁发合同工程完工证书。

(二)工程移交

工程通过投入使用验收后,项目法人宜及时将工程移交运行管理单位管理,并与其签订工程提前启用协议。

在竣工验收鉴定书印发后 60 个工作日内,项目法人与运行管理单位应完成工程移交手续。

工程移交应包括工程实体、其他固定资产和工程档案资料等,应按照初步设计等有关批准文件进行逐项清点,并办理移交手续。

办理工程移交,应有完整的文字记录和双方法定代表人签字。

(三)验收遗留问题及尾工处理

有关验收成果性文件应对验收遗留问题有明确的记载。影响工程正常运行的,不得作为验收遗留问题处理。

验收遗留问题和尾工的处理由项目法人负责。项目法人应按照竣工验收鉴定书、合同约定等要求,督促有关责任单位完成处理工作。

验收遗留问题和尾工处理完成后,有关单位应组织验收,并形成验收成果性文件。项目法人应参加验收并负责将验收成果性文件报竣工验收主持单位。

在工程竣工验收后,应由项目法人负责处理的验收遗留问题,项目法人已撤销的,由组建或批准组建项目法人的单位及其指定的单位处理完成。

(四)工程竣工证书颁发

工程质量保修期满后 30 个工作日内,项目法人应向施工单位颁发工程质量保修责任终止证书。但保修责任范围内未处理完成的质量缺陷除外。

工程质量保修期满,以及验收遗留问题和尾工处理完成后,项目法人应向工程竣工验收主持单位申请领取竣工证书。申请报告应包括以下内容。

(1)工程移交情况。

(2)工程运行管理情况。

(3)验收遗留问题和尾工处理情况。

(4)工程质量保修期有关情况。

竣工验收主持单位应自收到项目法人申请报告后 30 个工作日内决定是否颁发工程竣工证书。

颁发竣工证书应符合以下条件。

(1)竣工验收鉴定书已印发。

(2)工程遗留问题和尾工处理已完成并通过验收。

(3)工程已全面移交运行管理单位管理。

工程竣工证书是项目法人全面完成工程项目建设管理任务的证书,也是工程参建单位完成相应工程建设任务的最终证明文件。

工程竣工证书数量按正本 3 份和副本若干份颁发,正本由项目法人、运行管理单位和档案部门保存,副本由工程主要参建单位保存。

第三节　水利工程建设项目质量评定

一、项目划分

(一)项目名称

水利水电工程质量检验与评定应进行项目划分,项目按级划分为单位工程、分部工程、单元(工序)工程 3 级。

工程中永久性房屋(管理设施用房)、专用公路、专用铁路等工程项目,可按相关行业标准划分和确定项目名称。

(二)项目划分原则

水利水电工程项目划分应结合工程结构特点、施工部署及施工合同要求进行,划分结果应有利于保证施工质量及施工质量管理。

1.单位工程项目的划分

(1)枢纽工程,一般以每座独立的建筑物为一个单位工程。当工程规模大时,可将一个建筑物中具有独立施工条件的一部分划分为一个单位工程。

(2)堤防工程,按招标标段或工程结构划分单位工程。规模较大的交叉联结建筑物及管理设施以每座独立的建筑物为一个单位工程。

(3)引水(渠道)工程,按招标标段或工程结构划分单位工程。大、中型引水(渠道)建筑物以每座独立的建筑物为一个单位工程。

(4)除险加固工程,按招标标段、加固内容并结合工程量划分单位工程。

2.分部工程项目的划分

(1)枢纽工程,土建部分按设计的主要组成部分划分。金属结构及启闭机安装工程和机电设备安装工程按组合功能划分。

(2)堤防工程,按长度或功能划分。

(3)引水(渠道)工程中的河(渠)道按施工部署或长度划分。大、中型建筑物按工程结构的主要组成部分划分。

(4)除险加固工程,按加固内容或部位划分。

在同一单位工程中,各个分部工程的工程量(投资)不宜相差太大,每个单位工程中的分部工程数目不宜少于5个。

(三)项目划分程序

(1)由项目法人组织监理、设计及施工等单位进行工程项目划分,并确定主要单位工程、主要分部工程、重要隐蔽单元工程和关键部位单元工程。项目法人在主体工程开工前应将项目划分表及说明书报相应工程质量监督机构确认。

(2)工程质量监督机构收到项目划分书面报告后,应在14个工作日内对项目划分进行确认并将确认结果书面通知项目法人。

(3)在工程实施过程中,需对单位工程、主要分部工程、重要隐蔽单元工程和关键部位单元工程的项目划分进行调整时,项目法人应重新报送工程质量监督机构确认。

二、施工质量检验

(一)基本规定

(1)承担工程检测业务的检测机构应具有水行政主管部门颁发的资质证书。其设备和人员的配备应与所承担的任务相适应,有健全的管理制度。

(2)工程施工质量检验中使用的计量器具、试验仪器仪表及设备应定期进行检定,并具备有效的检定证书。国家规定需强制检定的计量器具应经县级以上计量行政部门认定的计量检定机构或其授权设置的计量检定机构进行检定。

计量器具是指能用以直接和间接测出被测对象量值的装置、仪器、仪表、量具和用于统一量值的标准物质。包括计量基准、计量标准和工作计量器具。

(3)检测人员应熟悉检测业务,了解被检测对象的性质和所用仪器、设备的性能,经考核合格后,持证上岗。参与中间产品及混凝土(砂浆)试件质量资料复核的人员应具有工程师以上工程系列技术职称,并从事过相关试验工作。

检测人员主要指从事水利水电工程施工质量检验的项目法人、监理单位、设计单位、质量检测机构的检测人员及施工单位的专职质检人员。检测人员的素质(职业道德及业务水平)直接影响检测数据的真实性、可靠性,因此须对检测人员的素质提出要求。鉴于进行中间产品资料复核的人员应具有较高的技术水平和较丰富的实践经验,因此规定应具有工程师及以上工程系列技术职称,并从事过相关试验工作。

(4)工程质量检验数据应真实可靠,检验记录及签证应完整齐全。

(5)工程中的永久性房屋、专用公路、专用铁路等项目的施工质量检验与评定可按相应行业标准执行。

水利水电工程种类繁多,内容丰富,工程项目所涉及的有房屋建筑、交通、铁路、通信等行业方面的建筑物。其设计、施工标准及质量检验标准也有别于水利工程。为保证工程施工质量,应依据这些行业有关的质量检验评定标准执行。

(6)项目法人、监理、设计、施工和工程质量监督等单位根据工程建设需要,可委托具有相应资质等级的水利工程质量检测单位进行工程质量检测。

(7)堤防工程竣工验收前,项目法人应委托具有相应资质等级的质量检测单位进行抽样检测,工程质量抽检项目和数量由工程质量监督机构确定。凡抽检不合格的工程,必须按有关规定进行处理,不得进行验收。处理完毕后,由项目法人将处理报告连同质量检测报告一并提交竣工验收委员会。对涉及工程结构安全的试块、试件及有关材料,应实行见证取样。见证取样资料由施工单位制备,记录应真实齐全,参与见证的取样人员应在相关文件上签字。

工程中出现检验不合格的项目时,应按以下规定进行处理。

(1)当原材料、中间产品的一次抽样检验不合格时,应及时对同一取样批次另取两倍数量进行检验,如仍不合格,则该批次原材料或中间产品应定为不合格,不得使用。

(2)当单元(工序)工程质量不合格时,应按合同要求进行处理或返工重做,并经重新检验且合格后方可进行后续工程施工。

(3)当混凝土(砂浆)试件抽样检验不合格时,应委托具有相应资质等级的质量检测单位对相应工程部位进行检验。如仍不合格,应由项目法人组织有关单位进行研究,并提出处理意见。

(4)对于工程完工后的质量抽检不合格或其他检验不合格的工程,应按有关规定进行处理,合格后才能进行验收或后续工程施工。

(二)质量检验职责范围

(1)永久性工程包括主体工程及附属工程。

施工单位应坚持三检制,一般情况下,由班组自检、施工队复检、项目经理部专职质检机构终检。

跟踪检测指在承包人进行试样检测前,监理机构对其检测人员、仪器设备,以及拟订的检测程序和方法进行审核;在承包人对试样进行检测时,实施全过程的监督,确认其程序、方法的有效性及检测结果的可信性,并对该结果进行确认。

平行检测指监理机构在承包人对试样自行检测的同时,独立抽样进行的检测,核验承包人的检测结果。

监理机构对工程质量的抽检属于复核性质,其检验数量以能达到核验工程质量为准,以主要检查、检测项目作为复测重点,一般项目也应复测。监理机构应有独立的抽检资料,主要指原材料、中间产品和混凝土(砂浆)试件的平行检测资料,以及对各工序的现场抽检记录。

在施工过程中,监理机构应监督施工单位规范填写施工质量评定表。

项目法人对工程施工质量有相应的检查职责,主要是按照合同对施工单位自检和监理机构抽检的过程进行督促检查。

质量监督机构对参建各方的质量体系的建立及其质量行为的监督检查和对工程实物质量的抽查主要体现在以下几个方面。

①对项目法人质量行为的监督检查,主要是对其开展的施工质量管理工作的抽

查监督,检查贯穿整个工程建设期间。

②对监理单位质量行为的监督检查,主要是对其开展的施工质量控制工作的抽查,重点是对施工现场监理工作的监督检查;

③对施工单位质量行为的监督检查,主要是对其施工过程中质量行为的监督检查,重点是质量保证体系落实情况、主要工序、主要检查检测项目、重要隐蔽工程和工程关键部位等施工质量的抽查。

④对设计单位质量行为的监督检查,主要是对其服务保证体系的落实情况及设计的现场服务工作进行监督检查。

⑤对其他参建单位质量行为的监督检查,主要是对其参建资质和质量体系的建立健全情况、关键岗位人员的持证上岗情况和质量检验资料的真实完整性进行抽查。

⑥对工程实物质量的监督检查包括原材料、中间产品及工程实体质量的监督检查,视具体情况,委托有资质的水利行业质量检测单位进行随机抽检和定向质量检查工作。

(2)临时工程质量检验及评定标准,应由项目法人组织监理、设计及施工等单位根据工程特点,参照相关标准确定,并报相应的工程质量监督机构核备。临时工程(围堰、导流隧洞、导流明渠等)质量直接影响主体工程质量、进度与投资,应予以重视,不同的工程对临时工程质量要求也不同,故无法作统一规定。因此,条文规定应由项目法人、监理、设计及施工单位根据工程特点,参照《水利水电工程单元工程施工质量验收评定标准》的要求研究决定,并报相应的工程质量监督机构核备,同时也应按照本章有关规定对其进行质量检验和评定。

(三)质量检验内容

(1)质量检验包括施工准备检查,原材料与中间产品质量检验,水工金属结构、启闭机及机电产品质量检查,单元(工序)工程质量检验,质量事故检查和质量缺陷备案,工程外观质量检验等。

"水工金属结构产品"指由有生产许可证的工厂(工地加工厂)制造的压力钢管、拦污栅、闸门等,"机电产品"指由厂家生产的水轮发电机组及其辅助设备、电气设备、变电设备等。

(2)主体工程开工前,施工单位应组织人员进行施工准备检查,并经项目法人或监理单位确认合格且履行相关手续后,才能进行主体工程施工,施工准备检查的主要内容如下列所述。

①质量保证体系落实情况,主要管理和技术人员的数量及资格是否与施工合同

文件一致,规章制度的制定及关键岗位施工人员的到位情况。

②进场施工设备的数量、规格、性能是否符合施工合同要求。

③进场原材料及构配件的质量、规格、性能是否符合有关技术标准和合同技术条款的要求,原材料的储存量是否满足工程开工后的需求。

④工地试验室的建立情况是否满足工程开工后的需要。

⑤测量基准点的复核和施工测量控制网的布设情况。

⑥砂石料系统、混凝土拌和系统,以及场内道路、供水、供电、供风、供油及其他施工辅助设施的准备情况。

⑦附属工程及大型临时设施的防冻、降温措施,养护、保护措施,防自然灾害预案等准备情况。

⑧是否制订了完善的施工安全、环境保护措施计划。

⑨施工组织设计的编制和要求进行的施工工艺参数试验结果是否经过监理单位的确认。

⑩施工图及技术交底工作的进行情况。

⑪其他施工准备工作。

与原规程的相应条文比较,主要是增加履行相关手续的要求。在实际操作中,一般施工准备的各项工作应经项目法人和监理机构现场确认,由监理机构根据确认情况签发开工许可证。

(3)施工单位应按有关技术标准对水泥、钢材等原材料与中间产品的质量进行检验,并报监理单位复核。不得使用不合格产品。

(4)水工金属结构、启闭机及机电产品进场后,有关单位应按有关合同进行交货检查和验收。安装前,施工单位应检查产品是否有出厂合格证、设备安装说明书及有关技术文件,对在运输和存放过程中发生的变形、受潮、损坏等问题应做好记录,并进行妥善处理。无出厂合格证或不符合质量标准的产品不得用于工程中。

水工金属结构、启闭机及机电产品的质量状况直接影响安装后的工程质量是否合格,因此,上述产品进场后应进行交货验收。条文中列出了交货验收的主要内容及质量要求,交货验收办法应按有关合同条款进行。

(5)施工单位应按相关规定检验工序及单元工程质量,做好书面记录,在自检合格后,填写工程施工质量评定表报监理单位复核。监理单位根据抽检资料核定单元(工序)工程质量等级。发现不合格单元(工序)工程,应要求施工单位及时进行处理,合格后才能进行后续工程施工。

对施工中的质量缺陷应书面记录备案,进行必要的统计分析,并在相应单元(工序)工程质量评定表"评定意见"栏内注明。

(6)施工单位应及时将原材料、中间产品及单元(工序)工程质量检验结果报监理单位复核,并按月将施工质量情况报监理单位,由监理单位汇总分析后报项目法人和工程质量监督机构。

(7)单位工程完工后,项目法人应组织监理、设计、施工及工程运行管理等单位组成工程外观质量评定组,现场进行工程外观质量检验评定,并将评定结论报工程质量监督机构核定。参加工程外观质量评定的人员应具有工程师以上技术职称或相应执业资格。

工程外观质量是水利水电工程质量的重要组成部分,在单位工程完工后,进行外观质量检验与评定,由项目法人组织外观质量检验所需仪器、工具和测量人员,并主持外观质量检验评定工作。规定了参加外观质量评定组的单位及最少人数,目的是保证外观质量检验评定结论的公正客观。外观质量检验评定的项目、评定标准、评定办法及评定结果由项目法人及时报送工程质量监督机构进行核定。外观质量评定项目、标准及办法按相关规定执行。

(四)质量事故检查和质量缺陷备案检查

(1)水利水电工程质量事故分为一般质量事故、较大质量事故、重大质量事故和特大质量事故四类。

(2)质量事故发生后,有关单位应按"四不放过"原则,调查事故原因,研究处理措施,查明事故责任者,并根据相关规定做好事故处理工作。

"四不放过"原则是指事故原因不查清不放过,事故责任人未受到处理不放过,主要事故责任者和职工未受到教育不放过,补救和防范措施不落实不放过。

在质量事故发生后,事故单位要严格保护现场,采取有效措施抢救人员和财产,防止事故扩大。项目法人应及时按照管理权限向上级主管部门报告。

质量事故的调查应按照管理权限组织调查组进行调查,查明事故原因,提出处理意见,提交事故调查报告。一般质量事故由项目法人组织设计、施工、监理等单位进行调查,调查结果报项目主管部门核备。较大质量事故由项目主管部门组织调查组进行调查,调查结果报上级主管部门批准并报省级水行政主管部门核备。重大质量事故由省级以上水行政主管部门组织调查组进行调查,调查结果报水利部核备。特大质量事故由水利部组织调查。

质量事故的处理按以下规定执行。

①一般质量事故,由项目法人负责组织有关单位制订处理方案并实施,报上级主管部门备案。

②较大质量事故,由项目法人负责组织有关单位制订处理方案,经上级主管部门审定后实施,报省级水行政主管部门或流域机构备案。

③重大质量事故,由项目法人负责组织有关单位提出处理方案,征得事故调查组意见后,报省级水行政主管部门或流域机构审定后实施。

④特大质量事故,由项目法人负责组织有关单位提出处理方案,征得事故调查组意见后,报省级水行政主管部门或流域机构审定后实施,并报水利部备案。

事故处理需要进行设计变更的,需原设计单位或有资质的单位提出设计变更方案。需要进行重大设计变更的,必须经原设计审批部门审定后实施。

(3)在施工过程中,因特殊原因使得工程个别部位或局部达不到技术标准和设计要求,但不影响使用且未能及时进行处理的工程质量缺陷问题(质量评定仍定为合格),应以工程质量缺陷备案形式进行记录备案。

(4)质量缺陷备案表由监理单位组织填写,内容应真实、准确、完整。各工程参建单位代表应在质量缺陷备案表上签字,若有不同意见应明确记载。质量缺陷备案表应及时报工程质量监督机构备案。质量缺陷备案资料按竣工验收的标准制备。工程竣工验收时,项目法人应向竣工验收委员会汇报并提交历次质量缺陷备案资料。

(5)在工程质量事故处理后,应由项目法人委托具有相应资质等级的工程质量检测单位检测,并按照处理方案确定的质量标准重新进行工程质量评定。

质量事故处理完成后的检验、评定和验收,对保证质量事故发生部位在今后能按设计工况正常运行十分重要,按照《水利工程质量事故处理暂行规定》的要求,质量事故处理情况应按照管理权限经过质量评定与验收,方可投入使用或进入下一阶段施工。为保证处理质量,规定由项目法人委托有相应资质的质量检测机构进行检验。

(五)数据处理

(1)测量误差的判断和处理应符合相关规定。

(2)数据保留位数应符合国家及行业有关试验规程及施工规范的规定。计算合格率时,小数点后保留1位。

(3)数值修约应符合相关规定。

(4)在检验和分析数据可靠性时,应符合下列要求。

①检查取样应具有代表性。

②检验方法及仪器设备应符合国家及行业规定,操作应准确无误。

（5）实测数据是评定质量的基础资料，严禁伪造或随意舍弃检测数据。对于可疑数据，应检查分析原因并做出书面记录。

（6）单元（工序）工程检测成果按《单元工程质量评定标准》规定进行计算。

（7）水泥、钢材、外加剂、混合材及其他原材料的检测数量与数据统计方法应按现行国家和行业有关标准执行。

（8）砂石骨料、石料及混凝土预制件等中间产品的检测数据统计方法应符合相关标准的规定。

（9）混凝土强度的检验评定应符合以下规定。

①普通混凝土试块组数较少或对结论有怀疑时，也可采取其他措施进行检验。

②碾压混凝土质量检验与评定按相关规定执行。

③喷射混凝土抗压强度的检验与评定应符合喷射混凝土抗压强度检验评定标准。

（10）砂浆、砌筑用混凝土强度检验评定标准。

条文中试块组数超过 30 组和不足 30 组的最小值要求不一样，主要原因是试块组数不足 30 组的情况一般不会发生在砌石坝、挡水坝等主要建筑物上，对其试块强度的最小值要求应相对降低。

三、施工质量评定

（一）合格标准

（1）合格标准是工程验收标准。不合格工程必须进行处理且达到合格标准后，才能进行后续工程施工或验收。水利水电工程施工质量等级评定的主要依据如下所述。

①国家及相关行业技术标准。

②经批准的设计文件、施工图纸、金属结构设计图样与技术条件、设计修改通知书、厂家提供的设备安装说明书及有关技术文件。

③工程承（发）包合同中约定的技术标准。

④工程施工期及试运行期的试验和观测，分析成果评定依据，增加施工期的试验和观测分析成果。

技术标准、设计文件、图纸、质检资料、合同文件等是工程施工质量评定的依据。试运行期的观测资料可综合反映工程建设质量，是评定工程施工质量的重要依据。

（2）单元（工序）工程施工质量合格标准应按照相关标准或合同约定的合格标准

执行。当达不到合格标准时,应及时处理。处理后的质量等级应按下列规定重新确定。

①全部返工重做的,可重新评定质量等级。

②经加固补强并经设计和监理单位鉴定能达到设计要求时,其质量评为合格。

③处理后的工程部分质量指标仍达不到设计要求时,经设计复核,项目法人及监理单位确认能满足安全和使用功能要求,可不再进行处理;经加固补强后,改变了外形尺寸或造成工程永久性缺陷的,经项目法人、监理及设计单位确认能基本满足设计要求,其质量可定为合格,但应按规定进行质量缺陷备案。

(3)分部工程施工质量同时满足下列标准时,其质量评为合格。

①所含单元工程的质量全部合格。质量事故及质量缺陷已按要求处理,并经检验合格。

②原材料、中间产品及混凝土(砂浆)试件质量全部合格,金属结构及启闭机制造质量合格,机电产品质量合格。

(4)单位工程施工质量同时满足下列标准时,其质量评为合格。

①所含分部工程质量全部合格。

②质量事故已按要求进行处理。

③工程外观质量得分率达到 70% 以上(含 70%),外观质量得分率＝实际得分/应该得分×100%,小数点后保留一位。

④单位工程施工质量检验与评定资料基本齐全。

⑤工程施工期及试运行期,单位工程观测资料分析结果符合国家和行业技术标准及合同约定的标准要求。

施工质量检验与评定资料基本齐全是指单位工程的质量检验与评定资料的类别或数量不够完善,但已有资料仍能反映其结构安全和使用功能符合实际要求者。对达不到"基本齐全"要求的单位工程,尚不具备单位工程质量合格等级的条件。

(5)工程项目施工质量同时满足下列标准时,其质量评为合格。

①单位工程质量全部合格。

②工程施工期及试运行期,各单位工程观测资料分析结果均符合国家和行业技术标准及合同约定的标准要求。

(二)优良标准

(1)优良等级是为工程项目质量创优而设置。其评定标准为推荐性标准,是为鼓励工程项目质量创优或执行合同约定而设置。

（2）单元工程施工质量优良标准应按照相关标准及合同约定的优良标准执行。全部返工重做的单元工程，经检验达到优良标准时，可评为优良等级。

（3）分部工程施工质量同时满足下列标准时，其质量评为优良。

所含单元工程质量全部合格，其中70％以上达到优良等级，重要隐蔽单元工程和关键部位单元工程质量优良率达90％以上，且未发生过质量事故。

中间产品质量全部合格，混凝土（砂浆）试件质量达到优良等级（当试件组数小于30时，试件质量合格）。原材料质量、金属结构及启闭机制造质量合格，机电产品质量合格。

（4）单位工程施工质量同时满足下列标准时，其质量评为优良。

①所含分部工程质量全部合格，其中70％以上达到优良等级，主要分部工程质量全部优良，且施工中未发生过较大质量事故。

②质量事故已按要求进行处理。

③外观质量得分率达到85％以上。

④单位工程施工质量检验与评定资料齐全。

⑤工程施工期及试运行期，单位工程观测资料分析结果符合国家和行业技术标准及合同约定的标准要求。

（5）工程项目施工质量同时满足下列标准时，其质量评为优良。

①单位工程质量全部合格，其中70％以上的单位工程质量达到优良等级且主要单位工程质量全部优良。

②工程施工期及试运行期，各单位工程观测资料分析结果均符合国家和行业技术标准及合同约定的标准要求。

（三）质量评定工作的组织与管理

（1）单元（工序）工程质量在施工单位自评合格后，由监理单位复核，监理工程师核定质量等级并签证认可。施工质量由承建该工程的施工单位负责，因此规定单元工程质量由施工单位质检部门组织评定，监理单位复核。其具体做法是：单元（工序）工程在施工单位自检合格填写表格，在终检人员签字后，由监理工程师复核评定。

（2）重要隐蔽单元工程及关键部位单元工程质量经施工单位自评合格、监理单位抽检后，由项目法人（委托监理）、监理、设计、施工、工程运行管理等单位组成联合小组，共同检查、核定其质量等级并填写签证表，报工程质量监督机构核备。

（3）分部工程质量，在施工单位自评合格后，由监理单位复核，项目法人认定。分部工程验收的质量结论由项目法人报工程质量监督机构核备。大型枢纽工程主要建筑物的分部工程验收的质量结论由项目法人报工程质量监督机构核定。

分部工程施工质量评定增加了项目法人认定的规定。一般分部工程由施工单位质检部门按照分部工程质量评定标准自评,填写分部工程质量评定表,监理单位复核后交项目法人认定。分部工程验收后,由项目法人将验收质量结论报工程质量监督机构核备。核备的主要内容是:检查分部工程质量检验资料的真实性及其等级评定是否准确,如发现问题,应及时通知监理单位重新复核。

大型枢纽主要建筑物的分部工程验收的质量结论需报工程质量监督机构核定。

(4)单位工程质量,在施工单位自评合格后,由监理单位复核,项目法人认定。单位工程验收的质量结论由项目法人报工程质量监督机构核定。

单位工程施工质量评定增加了项目法人认定的规定。即施工单位质检部门按照单位工程质量评定标准自评,并填写单位工程质量评定表,监理单位复核,项目法人认定。单位工程验收的质量结论由项目法人报工程质量监督机构核定。

(5)在单位工程质量评定合格后,由监理单位进行统计并评定工程项目质量等级,经项目法人认定后,报工程质量监督机构核定。

工程项目施工质量评定增加了工程项目质量评定的条件、监理单位和项目法人的责任。工程项目质量评定表由监理单位填写。

(6)在阶段验收前,工程质量监督机构应提交工程质量评价意见。

在进行阶段验收时,工程项目一般没有全部完成,验收范围内的工程有时构不成完整的分部工程或单位工程。

(7)工程质量监督机构应按有关规定在工程竣工验收前提交工程质量监督报告,工程质量监督报告应有工程质量是否合格的明确结论。

第四节　竣工决算

竣工决算是反映建设项目实际工程造价的技术经济文件,应包括建设项目的投资使用情况和投资效果,以及项目从筹建到竣工验收的全部费用,即建筑工程费、安装工程费、设备费、临时工程费、独立费用、预备费、建设期融资利息和水库淹没处理补偿费,以及水保、环保费用等。

竣工决算是竣工验收报告的重要组成部分。竣工决算的主要作用包括总结竣工项目设计概算和实际造价的情况、考核水利投资效益,经审定的竣工决算是正确核定新增资产价值、资产移交和投资核销的依据。

竣工决算的时间是项目建设的全过程,包括从筹建到竣工验收的全部时间;其范围是整个建设项目,包括主体工程、附属工程,以及建设项目前期费用和相关的全部费用。

竣工决算应由项目法人(建设单位)编制,项目法人应组织财务、计划、统计工程技术和合同管理等专业人员,组成专门机构,共同完成此项工作。设计、监理、施工等单位应积极配合,向项目法人提供有关资料。

项目法人一般应在项目完建后规定的期限内完成竣工决算的编制工作,大、中型项目的规定期限为 3 个月,小型项目的规定期限为 1 个月。竣工决算是建设项目重要的经济档案,内容和数据必须真实、可靠,项目法人应对竣工决算的真实性、完整性负责。

所有水利基本建设竣工项目,不论投资来源、投资主体规模大小,不论工程项目、非工程项目或利用外资的水利项目,只要列入国家基本建设投资计划都应按这一新规程编制竣工决算。

一、竣工决算编制的依据

(1)国家法律法规等有关规定。

(2)经批准的设计文件。

(3)主管部门下达的年度投资计划,基本建设支出预算。

(4)经批复的年度财务决算。

(5)项目合同(协议)。

(6)会计核算及财务管理资料。

(7)其他有关项目的管理文件。

二、竣工决算的编制要求

(1)建设项目应按相关规定的内容、格式编制竣工财务决算。非工程类项目可根据项目的实际情况和有关规定适当简化。

(2)项目法人应从项目筹建起,指定专人负责竣工财务决算的编制工作,并应明确财务、计划、工程技术等部门的相应职责。竣工财务决算的编制人员应保持相对稳定。

(3)竣工财务决算应区分大、中、小型项目,应按项目规模分别编制。包括两个或两个以上独立概算的单项工程的建设项目,在单项工程竣工时,可编制单项工程竣工财务决算。建设项目全部竣工后,应编制该项目的竣工财务总决算。

建设项目是大、中型项目而单项工程是小型项目的,应按大、中型项目的编制要求编制单项工程竣工财务决算。

(4)未完工程投资及预留费用可预计纳入竣工财务决算。大、中型项目应控制在总概算的 3% 以内,小型项目应控制在 5% 以内。

三、竣工决算的编制内容

竣工财务决算应包括封面及目录,竣工工程的平面示意图及主体工程照片,竣工决算说明书及竣工财务决算报表等部分。

(一)竣工决算说明书

竣工决算说明书是竣工决算的重要文件,它是反映竣工项目建设过程、建设成果的书面文件,其主要内容如下所述。

(1)项目基本情况:主要包括项目建设历史沿革、原因、依据、项目设计、建设过程及"三项制度"(项目法人责任制、招标投标制、建设监理制)的实施情况。

(2)基本建设的支出预算、投资计划和资金到位情况。

(3)概(预)算执行情况。

(4)招(投)标及政府采购情况。

(5)合同(协议)履行情况。

(6)征地补偿和移民安置情况。

(7)预备费动用情况。

(8)未完工程投资及预留费用情况。

(9)财务管理方面情况。

(10)其他需说明的事项。

(11)报表说明。

(二)竣工财务决算报表

竣工财务决算报表应包括八个报表,如下列所述。

(1)水利基本建设竣工项目概况表,反映竣工项目的主要特性、建设过程和建设成果等基本情况。

(2)水利基本建设项目竣工财务决算表,反映竣工项目的财务收支状况。

(3)水利基本建设竣工项目投资分析表,反映竣工项目建设概(预)算的执行情况。

（4）水利基本建设竣工项目未完工程及投资预留费用表，反映预计纳入竣工财务决算的未完工程投资及预留费用的明细情况。

（5）水利基本建设竣工项目成本表，反映竣工项目建设成本的构成情况。

（6）水利基本建设竣工项目交付使用资产表，反映竣工项目向不同资产接收单位交付使用资产情况。

（7）水利基本建设竣工项目待核销基建支出表，反映竣工项目发生的待核销基建支出明细情况。

（8）水利基本建设竣工项目转出投资表，反映竣工项目发生的转出投资明细情况。

四、竣工决算的编制方法

竣工决算的编制拟分为三个阶段进行。

（一）准备阶段

建设项目完成后，项目法人必须着手验收项目竣工决算工作，进入验收项目竣工决算准备阶段。这一阶段的重点是做好各项基础工作，主要内容如下所述。

（1）资金、计划的核实与核对工作。

（2）财产物资、已完工程的清查工作。

（3）合同清理工作。

（4）价款结算、债权债务的清理、包干结余及竣工结余资金的分配等清理工作。

（5）竣工年财务决算的编制工作。

（6）有关资料的收集、整理工作。

（二）编制阶段

在各项基础资料收集整理后，即进入编制阶段。该阶段的重点是三个方面：一是工程造价的比较分析；二是正确分摊待摊费用；三是合理分摊项目建设成本。

1.工程造价的比较分析

经批准的概（预）算是考核实际建设工程造价的依据，在分析时，可将决算报表中所提供的实际数据和相关资料与批准的概（预）算指标进行对比，以反映竣工项目总造价和单位工程造价是节约还是超支，并找出节约或超支的具体内容和原因，总结经验，吸取教训，以利改进。

2.正确分摊待摊费用

对能够确定由某项资产负担的待摊费用，直接计入该资产成本；不能确定负担对象的待摊费用,应根据项目特点采用合理的方法,分摊计入受益的各项资产成本。目前常用的方法有 2 种:按概算额的比例分摊、按实际数的比例分摊。

3.合理分摊项目建设成本

一般水利工程均同时具有防洪、发电、灌溉、供水等多种效益,因此,应根据项目实际,合理分摊建设成本,分摊的方法有以下 3 种:

(1)采用受益项目效益比例进行分摊。

(2)采用占用水量进行分摊。

(3)采用剩余效益进行分摊。

(三)总结汇编阶段

在竣工决算说明书撰写及八个报表填写后,即可汇编,加上目录及附图,装订成册,即成为建设项目竣工决算,上报主管部门及验收委员会审批。

第十三章　水利工程施工应急管理

第一节　应急管理概述

一、基本概念

"应急管理"是指政府、企业以及其他公共组织，为了保护公众生命财产安全，维护公共安全、环境安全和社会秩序，在突发事件事前、事发、事中、事后所进行的预防、响应、处置、恢复等活动的总称。

近几十年，在突发事件应对实践中，世界各国逐渐形成了现代应急管理的基本理念，主要包括如下十大理念。

(1)生命至上，保护生命安全成为首要目标。

(2)主体延伸，社会力量成为核心依托。

(3)重心下沉，基层一线成为重要基石。

(4)关口前移，预防准备重于应急处置。

(5)专业处置，岗位权力大于级别权力。

(6)综合协调，打造跨域合作的拳头合力。

(7)依法应对，将应急管理纳入法治化轨道。

(8)加强沟通，第一时间让社会各界知情。

(9)注重学习，发现问题并总结经验更重要。

(10)依靠科技，从"人海战术"到科学应对。

这些理念代表了目前应急管理的发展方向，对水利工程的应急管理有着重要的启发作用。

二、基本任务

(一)预防准备

应急管理的首要任务是预防突发事件的发生，要通过应急管理预防行动和准备行动,建立突发事件源头防控机制,建立健全应急管理体制、制度,有效控制突发事件的发生,做好突发事件应对准备工作。

(二)预测预警

及时预测突发事件的发生并向社会预警是减少突发事件损失的最有效措施,也是应急管理的主要工作。采取传统与科技手段相结合的办法进行预测,将突发事件消除在萌芽状态。一旦发现不可消除的突发事件,及时向社会预警。

(三)响应控制

突发事件发生后,能够及时启动应急预案,实施有效的应急救援行动,防止事件的进一步扩大和发展,是应急管理的重中之重。特别是发生在人口稠密区域的突发事件,应快速组织相关应急职能部门联合行动,控制事件继续扩展。

(四)资源协调

应急资源是实施应急救援和事后恢复的基础,应急管理机构应在合理布局应急资源的前提下,建立科学的资源共享与调配机制,有效利用可用的资源,防止在应急过程中出现资源短缺的情况。

(五)抢险救援

确保在应急救援行动中,及时、有序、科学地实施现场抢救,安全转送人员,以降低伤亡率、减少突发事件损失,这是应急管理的重要任务。尤其是突发事件具有突然性,发生后的迅速扩散以及波及范围广、危害性大的特点,要求应急救援人员及时指挥和组织群众采取各种措施进行自身防护,并迅速撤离危险区域或可能发生危险的区域,同时在撤离过程中积极开展公众自救与互救工作。[1]

(六)信息管理

突发事件信息的管理既是应急响应和应急处置的源头工作,也是避免引起公众恐慌的重要手段。应急管理机构应当以现代信息技术为支撑,如综合信息应急平台,保持信息的畅通,以协调各部门、各单位的工作。

(七)善后恢复

善后虽然在应急管理中占有的比重不大,但是非常重要,应急处置后,应急管理的重点应该放在安抚受害人员及其家属、清理受灾现场、尽快使工程及时恢复或者部分恢复上,并及时调查突发事件的发生原因和性质,评估危害范围和危险程度。

---

[1]　陈功磊,张蕾,王善慈.水利工程运行安全管理[M].长春:吉林科学技术出版社,2022.

第二节　应急救援体系

一、基本概况

我国现有的应急救援指挥机构基本是由政府领导牵头、各有关部门负责人组成的临时性机构,但在应急救援中仍然具有很高的权威性和效率性。应急救援指挥机构不同于应急委员会和应急专项指挥机构,它具有现场处置的最高权力,各类救援人员必须服从应急救援指挥机构命令,以便统一步调,高效救援。

应急救援执行体系包括武装力量、综合应急救援队伍、专业应急救援队伍和社会应急救援队伍,而在水利工程施工过程中,专业应急救援队伍和综合应急救援队伍是必不可少的,必要时还可以向社会求助,组建由各种社会组织、企业以及各类由政府或有关部门招募建立的有成年志愿者组成的社会应急救援队伍。在突发事件多样性、复杂性形势下,仅靠单一救援力量开展应急救援已不适应形势需要。大量应急救援实践表明,改革应急救援管理模式、组建一支以应急救援骨干力量为依托、多种救援力量参与的综合应急救援队伍势在必行。

突发事件的应对是一个系统工程,仅仅依靠应急管理机构的力量是远远不够的。需要动员和吸纳各种社会力量,整合和调动各种社会资源共同应对突发事件,形成社会整体应对网络,这个网络就是应急管理组织体系。

水利工程建设项目应将项目法人、监理单位、施工企业纳入应急组织体系中,实现统一指挥、统一调度、资源共享、共同应急。

各参建单位中,以项目法人为龙头,总揽全局,以施工单位为核心,监理单位等其他单位为主体,积极采取有效方式形成有力的应急管理组织体系,提升施工现场应急能力。同时需要积极加强同周围的联系,充分利用社会力量,全面提高应急管理水平。

二、应急管理体系建设的原则

应急管理体系建设的原则如下。

(一)条块结合,属地为主

项目法人及施工企业应按照属地为主原则,结合实际情况建立完善安全生产事故灾难应急救援体系,满足应急救援工作需要。救援体系建立以就近为原则,建立专业应急救援体系,发挥专业优势,有效应对特别重大事故的应急救援。

(二)统筹规划,资源共享

根据工程特点、危险源分布、事故灾难类型和有关交通地理条件,对应急指挥机构、救援队伍以及应急救援的培训演练、物资储备等保障系统的布局、规模和功能等进行统筹规划。有关企业按规定标准建立企业应急救援队伍,参建各方应根据各自的特点建立储备物资仓库,同时在运用上统筹考虑,实现资源共享。对于工程中建设成本较高,专业性较强的内容,可以依托政府、骨干专业救援队伍、其他企业加以补充和完善。

(三)整体设计,分步实施

水利工程建设中可以结合地方行业规划和布局对各工程应急救援体系的应急机构、区域应急救援基地和骨干专业救援队伍、主要保障系统进行总体设计,并根据轻重缓急分期建设。具体建设项目,要严格按照国家有关要求进行,注重实效。

(四)统一领导,分级管理

对于政府层面的应急管理体系应从上到下在各自的职责范围内建立对应的组织机构,对于工程建设来说,应按照项目法人责任制的原则,以项目法人为龙头,统一领导应急救援工作,并按照相应的工作职责分工,各参建单位承担各自的职责。施工企业可以根据自身特点合理安排项目应急管理内容

三、应急救援体系的框架

水利工程建设应急救援体系主要由组织体系、运作机制、保障体系、法规制度等部分组成。

(一)应急组织体系

水利工程建设项目应将项目法人、监理单位、施工企业等各参建单位纳入应急组织体系中,实现统一指挥、统一调度、资源共享、统一协调。

项目法人作为龙头积极组织各参建单位,明确各参建单位职责,明确相关人员职责,共同应对事故,形成强有力的水利工程建设应急组织体系,提升施工现场应急能力。同时,水利工程建设项目应成立防汛组织机构,以保证汛期抗洪抢险、救灾工作的有序进行,安全度汛。

(二)应急运行机制

应急运行机制是应急救援体系的重要保障,目标是实现统一领导、分级管理、分

级响应、统一指挥、资源共享、统筹安排,积极动员全员参与,加强应急救援体系内部的应急管理,明确和规范响应程序,保证应急救援体系运转高效、应急反应灵敏,取得良好的抢救效果。

应急救援活动分为预防、准备、响应和恢复这 4 个阶段,应急机制与这 4 个阶段的应急活动密切相关。涉及事故应急救援的运行机制众多,但最关键、最主要的是统一指挥、分级响应、属地为主和全员参与等机制。

统一指挥是事故应急活动的最基本原则。应急指挥一般可分为集中指挥与现场指挥,或场外指挥与场内指挥,不管采用哪一种指挥系统,都必须在应急指挥机构的统一组织协调下行动,有令则行,有禁则止,统一号令,步调一致。

分级响应要求水利工程建设项目的各级管理层充分利用自己管辖范围内的应急资源,尽最大努力实施事故应急救援。

属地为主是强调"第一反应"的思想和以现场应急指挥为主的原则,应急反应就近原则。

全员参与机制是水利工程建设应急运作机制的基础,也是整个水利工程建设应急救援体系的基础,是指在应急救援体系的建立及应急救援过程中要充分考虑并依靠参建各方人员的力量,使所有人员都参与到救援过程中来,人人都成为救援体系的一部分。在条件允许的情况、在充分发挥参建各方的力量之外,还可以考虑让利益相关方各类人员积极参与其中。

(三)应急保障体系

应急保障体系是体系运转必备的物质条件和手段,是应急救援行动全面展开和顺利进行的强有力的保证。应急保障一般包括通信信息保障、应急人员保障、应急物资装备保障、应急资金保障、技术储备保障以及其他保障。

1. 通信信息保障

应急通信信息保障是安全生产管理体系的组成部分,是应急救援体系基础建设之一。事故发生时,要保证所有预警、报警、警报、报告、指挥等行动的快速、顺畅、准确,同时要保证信息共享。通信信息是保证应急工作高效、顺利进行的基础。信息保障系统要及时检查,确保通信设备 24h 正常畅通。

应急通信工具有:电话(包括手机、可视电话、座机电话等)、无线电、电台、传真机、移动通信、卫星通信设备等。水利工程建设各参建单位应急指挥机构及人员通信方式应在应急预案中明确体现,应当报项目法人应急指挥机构备案。

2.应急人员保障

建立由水利工程建设各参建单位人员组成的工程设施抢险队伍,负责事故现场的工程设施抢险和安全保障工作。

人员组成可以由参建单位组成的勘察、设计、施工、监理等单位工作人员,也可以聘请其他有关专业技术人员组成专家咨询队伍,研究应急方案,提出相应的应急对策和意见。

3.应急物资设备保障

根据可能突发的重大质量与安全事故性质、特征、后果及其应急预案要求,项目法人应当组织工程有关施工企业配备充足的应急机械、设备、器材等物资设备,以保障应急救援调用。发生事故时,应当首先充分利用工程现场既有的应急机械、设备、器材。同时在地方应急指挥机构的调度下,动用工程所在地公安、消防、卫生等专业应急队伍和其他社会资源。[①]

4.应急资金保障

水利工程建设项目应明确应急专项经费的来源、数量、使用范围和监督管理措施,制定明确的使用流程,切实保障应急状态时应急经费能及时到位。

5.技术储备保障

加强对水利工程事故的预防、预测、预警、预报和应急处置技术研究,提高应急监测、预防、处置及信息处理的技术水平,增强技术储备。水利工程事故预防、预测、预警、预报和处置技术研究和咨询依托有关专业机构进行。

6.其他保障

水利工程建设项目应根据事故应急工作的需要,确定其他与事故应急救援相关的保障措施,如交通运输保障、治安保障、医疗保障和后勤保障等其他社会保障。

第三节 应急救援具体措施

一、事故应急救援的任务

事故应急救援的基本任务:①立即组织营救受害人员;②迅速控制事态发展;③消除危害后果,做好现场恢复;④查清事故原因,评估危害程度。

---

① 刘学应,王建华.水利工程施工安全生产管理[M].北京:中国水利水电出版社,2018.

事故应急救援以"对紧急事件做出的；控制紧急事件发生与扩大；开展有效救援，减少损失和迅速组织恢复正常状态"为工作目标。救援对象主要是突发性和后果与影响严重的公共安全事故、灾害与事件。这些事故、灾害或事件主要来源于重大水利工程等突发事件。立即组织营救受害人员，组织撤离或者采取其他措施保护危险危害区域的其他人员；迅速控制事态，并对事故造成的危险、危害进行监测、检测，测定事故的危害区域、危害性质及维护程度；消除危害后果，做好现场恢复；查明事故原因，评估危害程度。

二、现场急救的基本步骤

现场急救的基本步骤如下。

（一）脱离险区

首先要使伤病员脱离险区，移至安全地带，如将因滑坡、塌方砸伤的伤员搬运至安全地带；对急性中毒的病人应尽快使其离开中毒现场，转移至空气流通的地方；对触电的患者，要立即脱离电源等。

（二）检查病情

现场救护人员要沉着冷静，切忌惊慌失措。应尽快对受伤或中毒的伤病员进行认真仔细的检查，确定病情。检查内容包括：意识、呼吸、脉搏、血压、瞳孔是否正常，有无出血、休克、外伤、烧伤，是否伴有其他损伤等。检查时不要给伤病员增加无谓的痛苦，如检查伤员的伤口，切勿一见病人就脱其衣服，若伤口部位在四肢或躯干上，可沿着衣裤线剪开或撕开，暴露其伤口部位即可。

（三）对症救治

根据迅速检查出的伤病情况，立即进行初步对症救治。对于外伤出血病人，应立即进行止血和包扎；对于骨折或疑似骨折的病人，要及时固定和包扎，如果现场没有现成的救护包扎用品，可以在现场找适宜的替代品使用；对那些心跳、呼吸骤停的伤病员，要分秒必争地实施胸外心脏按压和人工呼吸；对于急性中毒的病人要有针对性地采取解毒措施。在救治时，要注意纠正伤病员的体位，有时伤病员自己采用的所谓舒适体位，可能促使病情加重或恶化，甚至造成不幸死亡，如被毒蛇咬伤下肢时，要使患肢放低，绝不能抬高，以减缓毒液的蔓延；上肢出血要抬高患肢，防止增加出血量等。救治伤病员较多时，一定要分清轻重缓急，优先救治伤重垂危者。

（四）安全转移

对伤病员，要根据不同的伤情，采用适宜的担架和正确的搬运方法。在运送伤病员的途中,要密切注视伤病情的变化,并且不能中止救治措施,将伤病员迅速而平安地运送到后方医院做后续抢救。

三、紧急伤害的现场急救

(一)高空坠落急救

高空坠落是水利工程建设施工现场常见的一种伤害,多见于土建工程施工和闸门安装等高空作业。若不慎发生高空坠落伤害,则应注意以下方面。

(1)去除伤员身上的用具和衣袋中的硬物。

(2)在搬运和转送伤者过程中,颈部和躯干不能前屈或扭转,而应使脊柱伸直,禁止一个人抬肩另一个人抬腿的搬法,以免发生或加重截瘫。

(3)应注意摔伤及骨折部位的保护,避免因不正确的抬送,使骨折错位造成二次伤害。

(4)创伤局部妥善包扎,但对疑似颅底骨折和脑脊液渗漏患者切忌做填塞,以免导致颅内感染。

(5)复合伤要求平仰卧位,保持呼吸道畅通,解开衣领扣;快速平稳地送医院救治。

(二)物体打击急救

物体打击是指失控的物体在惯性力或重力等其他外力的作用下产生运动,打击人体而造成的人身伤亡事故。发生物体打击应注意如下方面。

(1)对严重出血的伤者,可使用压迫带止血法现场止血。这种方法适用于头、颈、四肢动脉大血管出血的临时止血。即用手或手掌用力压住比伤口靠近心脏更近部位的动脉跳动处(止血点)。四肢大血管出血时,应采用止血带(如橡皮管、纱巾、布带、绳子等)止血。

(2)发现伤者有严重骨折时,一定要采取正确的骨折固定方法。固定骨折的材料可以用木棍、木板、硬纸板等,固定材料的长短要以能固定住骨折处上下两个关节或不使断骨错动为准;对于脊柱或颈部骨折,不能搬动伤者,应快速联系医生,等待携带医疗器材的医护人员来搬动。

(3)抬运伤者,要多人同时缓缓用力平托,运送时,必须用木板或硬材料,不能用布担架,不能用枕头。怀疑颈椎骨折的,伤者的头要放正,两旁用沙袋夹住,不让头部晃动。

(三)机械伤害急救

机械伤害主要指机械设备运动(静止)部件、工具、加工件直接与人体接触引起的夹击、碰撞、剪切、卷入、绞、碾、割、刺等形式的伤害。各类转动机械的外露传动部分(如齿轮、轴、履带等)和往复运动部分都有可能对人体造成机械伤害。若不慎发生机械伤害,则应注意以下方面。

(1)发生机械伤害事故后,现场人员不要害怕和慌乱,要保持冷静,迅速对受伤人员进行检查。急救检查应先查看神志、呼吸,接着摸脉搏、听心跳,再查看瞳孔,有条件者测血压。检查局部有无创伤、出血、骨折、畸形等变化,根据伤者的情况,有针对性地采取人工呼吸、心脏按压、止血、包扎、固定等临时应急措施。

(2)遵循"先救命、后救肢"的原则,优先处理颅脑伤、胸伤、肝、脾破裂等危及生命的内脏伤,然后处理肢体出血、骨折等伤害。

(3)让患者平卧并保持安静,如有呕吐同时无颈部骨折时,应将其头部侧向一边以防止噎塞。不要给昏迷或半昏迷者喝水,以防液体进入呼吸道而导致窒息,也不要用拍击或摇动的方式试图唤醒昏迷者。

(4)如果伤者出血,进行必要的止血及包扎。大多数伤员可以按常规方式抬送至医院,但对于颈部、背部严重受损者要慎重,以防止其进一步受伤。

(5)动作轻缓地检查患者,必要时剪开其衣服,避免突然挪动增加患者痛苦。

(6)事故中伤者发生断肢(指)的,在急救的同时,要保存好断肢(指),具体方法是:将断肢(指)用清洁纱布包好,不要用水冲洗,也不要用其他溶液浸泡,若有条件,可将包好的断肢(指)置于冰块中,冰块不能直接接触断肢(指),将断肢(指)随同伤者一同送往医院进行修复。

(四)塌方伤急救

塌方伤是指包括塌方、工矿意外事故或房屋倒塌后伤员被掩埋或被落下的物体压迫之后的外伤,除易发生多发伤和骨折外,尤其要注意挤压综合征问题,即一些部位长期受压,组织血供受损,缺血缺氧,易引起坏死。故在抢救塌方多发伤的同时,要防止急性肾功能衰竭的发生。

急救方法:将受伤者从塌方中救出,必须紧急送医院抢救,及时采取防治肾功能衰竭的措施。

(五)触电伤害急救

在水利工程建设施工现场,常常会因员工违章操作而导致被触电。触电伤害急救方法如下：

(1)先迅速切断电源，此前不能触摸受伤者，否则会造成更多的人触电。若一时不能切断电源，救助者应穿上胶鞋或站在干的木板凳上，双手戴上厚的塑胶手套，用干木棍或其他绝缘物把电源拨开，尽快将受伤者与电源隔离。

(2)脱离电源后迅速检查病人，如呼吸心跳停止应立即进行人工呼吸和胸外心脏按压。

(3)在心跳停止前禁用强心剂，应用呼吸中枢兴奋药，用手掐人中穴。

(4)雷击时，如果作业人员孤立地处于空旷暴露区并感到头发竖起，应立即双腿下蹲，向前曲身，双手抱膝自行救护。

处理电击伤伤口时应先用碘酒纱布覆盖包扎，然后按烧伤处理。电击伤的特点是伤口小、深度大，所以要防止继发性大出血。

(六)淹溺急救

淹溺又称溺水，是人淹没于水或其他液体介质中并受到伤害的状况。水充满呼吸道和肺泡引起缺氧窒息；吸收到血液循环的水引起血液渗透压改变、电解质紊乱和组织损害；最后造成呼吸停止和心脏停搏而死亡。淹溺急救方法如下：

(1)发现溺水者后应尽快将其救出水面，但施救者不了解现场水情，不可轻易下水，可充分利用现场器材，如绳、竿、救生圈等救人。

(2)将溺水者平放在地面，迅速撬开其口腔，清除其口腔和鼻腔异物，如淤泥、杂草等，使其呼吸道保持通畅。

(3)倒出腹腔内吸入物，但要注意不可一味倒水而延误抢救时间。倒水方法：将溺水者置于抢救者屈膝的大腿上，头部朝下，按压其背部迫使呼吸道和胃里的吸入物排出。当溺水者呼吸停止或极为微弱时，应立即实施人工呼吸法，必要时施行胸外心脏按压法。

(七)烧伤或烫伤急救

烧伤是一种意外事故。一旦被火烧伤，要迅速离开致伤现场。衣服着火，应立即倒在地上翻滚或翻入附近的水沟中或潮湿地上。这样可迅速压灭或冲灭火苗，切勿喊叫、奔跑，以免风助火威，造成呼吸道烧伤。最好的方法是用自来水冲洗或浸泡伤患，可避免受伤面扩大。

肢体被沸水或蒸汽烫伤时，应立即剪开已被沸水湿透的衣服和鞋袜，将受伤的肢体浸于冷水中，可起到止痛和消肿的作用。如贴身衣服与伤口粘在一起时，切勿强行撕脱，以免使伤口加重，可用剪刀先剪开，然后慢慢将衣服脱去。

不管是烧伤或烫伤,创面严禁用红汞、碘酒和其他未经医生同意的药物涂抹,而应用消毒纱布覆盖在伤口上,并迅速将伤员送往医院救治。

(八)中暑急救

迅速将病人移到阴凉通风的地方,解开衣扣、平卧休息;用冷水毛巾敷头部,或用30%酒精擦身降温,喝一些淡盐水或清凉饮料,清醒者也可服人丹、十滴水、藿香正气水等。昏迷者用手掐人中或立即送医院。[①]

四、主要灾害紧急避险

(一)台风灾害紧急避险

浙江地处沿海,经常遭遇台风,台风由于风速大,会带来强降雨等恶劣天气,再加上强风和低气压等因素,容易使海水、河水等强力堆积,潮位水位猛涨,风暴潮与天文大潮相遇,将可能导致水位漫顶,冲毁各类设施。具体防范措施如下:

(1)密切关注台风预报,及时了解台风路径及预测登陆地点,储备必需的物资,做好各项防范措施。

(2)根据台风响应级别,及时启动应急预案。及时安排船只等回港避风、固锚;及时将人员、设备等转移到安全地带。

(3)严禁在台风天气继续作业,同时人员撤离前及时加固各类无法撤离的机械设备。台风警报解除前,禁止私自进入施工区域,警报解除后应先在现场进行特别检查,确保安全后方可恢复生产。

(二)山洪灾害

水利工程较多处于山区,因为暴雨或拦洪设施泄洪等原因,在山区河流及溪沟形成暴涨暴落洪水及伴随发生的各类灾害。山洪灾害来势凶猛,破坏性强,容易引发山体滑坡、泥石流等现象。在水利工程建设期间,对工程及参建各方均有较大影响,应采取以下方式进行紧急避险。

(1)在遭遇强降雨或连续降雨时,需特别关注水雨情信息,准备好逃生物品。

(2)遭遇山洪时,一定保持冷静,迅速判断周边环境,尽快向山上或较高地方转移。

(3)山洪暴发,溪河洪水迅速上涨时,不要沿着行洪道逃生,而要向行洪道的两侧

---

① 贺小明.水利水电工程建设安全生产资格考核培训指导书[M].北京:中国水利水电出版社,2018.

快速躲避;不要轻易涉水过河。被困山中,及时与 110 或当地防汛部门取得联系。

(三)山体滑坡紧急避险

当遭遇山体滑坡时,首先要沉着冷静,不要慌乱。然后采取必要措施迅速撤离到安全地点。

(1)迅速撤离到安全的避难场地。避难场地应选择在易滑坡两侧边界外围。遇到山体崩滑时要朝垂直于滚石前进的方向跑。切记不要在逃离时朝着滑坡方向跑。更不要不知所措,随滑坡滚动。千万不要将避难场地选择在滑坡的上坡或下坡,也不要未经全面考察,从一个危险区跑到另一个危险区。同时,要听从统一安排,不要自择路线。

(2)跑不出去时应躲在坚实的障碍物下。遇到山体崩滑且无法继续逃离时,应迅速抱住身边的树木等固定物体。可躲避在结实的障碍物下,或蹲在地坎、地沟里。应注意保护好头部,可利用身边的衣物裹住头部。立刻将灾害发生的情况报告单位或相关政府部门,及时报告对减轻灾害损失非常重要。

(四)火灾事故应急逃生

在水利工程建设中,有许多容易引起火灾的客观因素,如现场施工中的动火作业以及易燃化学品、木材等可燃物,而对于水利工程建设现场人员的临时住宅区域和临时厂房,由于消防设施缺乏,都极易酿成火灾。发生火灾时,应采取以下措施。

(1)当火灾发生时,如果发现火势并不大,可采取措施立即扑灭,千万不要惊慌失措地乱叫乱窜,置小火于不顾而酿成大火灾。

(2)突遇火灾且无法扑灭时,应沉着镇静,及时报警,并迅速判断危险地与安全地,注意各种安全通道与安全标志,谨慎选择逃生方式。

(3)逃生时经过充满烟雾的通道时,要防止烟雾中毒和窒息。由于浓烟常在离地面约 30cm 处四散,可向头部、身上浇凉水或用湿毛巾、湿棉被、湿毯子等将头、身裹好,低姿势逃生,最好爬出浓烟区。

(4)逃生要走楼道,千万不可乘坐电梯逃生。如果发现身上已着火,切勿奔跑或用手拍打,因为奔跑或拍打时会形成风势,加速氧气的补充,促旺火势。此时,应赶紧设法脱掉着火的衣服,或就地打滚压灭火苗;如有可能跳进水中或让人向身上浇水,喷灭火剂效果更好。

(五)有毒有害物质泄漏场所紧急避险

发生有毒有害物质泄漏事故后,假如现场人员无法控制泄漏,则应迅速报警并选择安全逃生。

(1)现场人员不可恐慌,应按照平时应急预案的演练步骤,各司其职,有序地撤离。

(2)逃生时要根据泄漏物质的特性,佩戴相应的个体防护用品。假如现场没有防护用品,也可应急使用湿毛巾或湿衣物捂住口鼻进行逃生。

(3)逃生时要沉着冷静确定风向,根据有毒有害物质泄漏位置,向上风向或侧风向转移撤离,即逆风逃生。

(4)假如泄漏物质(气态)的密度比空气大,则选择往高处逃生,相反,则选择往低处逃生,但切忌在低洼处滞留。有毒气泄漏可能的区域,应该在最高处安装风向标。发生泄漏事故后,风向标可以正确指导逃生方向。还应在每个作业场所至少设置 2 个紧急出口,出口与通道应畅通无阻并有明显标志。

第四节　应急预案

一、应急预案的基本要求

单位主要负责人负责组织编制和实施本单位的应急预案,并对应急预案的真实性和实用性负责;各分管负责人应当按照职责分工落实应急预案规定的职责。生产经营单位组织应急预案编制过程中,应当根据法律法规、规章的规定或者实际需要,征求相关应急救援队伍、公民、法人或其他组织的意见。具体应符合如下要求。

(一)适用性

应急预案的内容及要求是否符合单位实际情况。

(二)符合性

应急预案的内容是否符合有关法规、标准和规范的要求。

(三)针对性

应急预案是否针对可能发生的事故类别、重大危险源、重点岗位部位。

(三)科学性

应急预案的组织体系、预防预警、信息报送、响应程序和处置方案是否合理。

(四)完整性

应急预案的要素是否符合评审表规定的要素。

(五)衔接性

综合应急预案、专项应急预案、现场处置方案以及其他部门或单位预案是否衔接。

(六)规范性

应急预案的层次结构、内容格式、语言文字等是否简洁明了,便于阅读和理解。

二、应急预案的内容

应急预案可分为综合应急预案、专项应急预案和现场处置方案三个层次。

(一)综合应急预案

综合应急预案是指生产经营单位为应对各种生产安全事故而制定的综合性工作方案,是本单位应对生产安全事故的总体工作程序、措施和应急预案体系的总纲。综合应急预案包括应急组织机构及职责、应急预案体系、事故风险描述、预警及信息报告、应急响应、保障措施、应急预案管理等内容。

(二)专项应急预案

专项应急预案是指生产经营单位为应对某一种或者多种类型的生产安全事故,或者针对重要生产设施、重大危险源、重大活动防止生产安全事故而制定的专项性工作方案。专项应急预案主要包括事故风险分析、应急指挥机构及职责、处置程序和措施等内容。

(三)现场处置方案

现场处置方案是指生产经营单位根据不同的生产安全事故类型,针对具体场所、装置或者设施所制定的应急处置措施。其主要包括事故风险分析、应急工作职责、应急处置和注意事项等内容。

项目法人应当综合分析现场风险,应急行动、措施和保障等基本要求和程序,组织参建单位制定本建设项目的生产安全事故应急救援的综合应急预案,项目法人领导审批,向监理单位、施工企业发布。

监理单位与项目法人分析工程现场的风险类型(如人身伤亡),起草编写专项应急预案,相关领导审核,向各施工企业发布。

施工企业应编制水利工程建设项目现场处置方案,并由监理单位审核,项目法人备案。

三、应急预案的工作流程

(一)成立预案编制工作组

根据工程实际情况成立由本单位主要负责人任组长,工程相关人员作为成员,尤其是需要吸收有现场处置经验的人员积极参与其中,增加可操作性,也可以吸收与应急预案有关的水行政主管等职能部门和单位的人员参加,同时可以根据实际情况邀请本单位欠缺的医疗、安全等方面专家参与其中。工作组应及时制订工作计划,做好工作分工,明确编制任务,积极开展编制工作。

(二)风险评估

水利工程风险评估就是要对工程施工现场的各类危险因素分析、进行危险源辨识,确定工程建设项目的危险源、可能发生的事故后果,进行事故风险分析,并同时指出事故可能产生的次生、衍生事故及后果形成分析报告,同时要针对目前存在的问题提出具体的防范措施。[①]

(三)应急能力评估

应急能力评估主要包括应急资源调查等内容。应急资源调查,是指全面调查本地区、本单位第一时间可以调用的应急资源状况和合作区域内可以请求援助的应急资源状况,并结合事故风险评估结论制定应急措施的过程。应急资源调查应从"人、财、物"三个方面进行调查,通过对应急资源的调查,分析应急资源基本情况,同时对于急需但工程周围不具备的,应积极采取有效措施予以弥补。

应急资源一般包括:应急人力资源(各级指挥员、应急队伍、应急专家等)、应急通信与信息能力、人员防护设备(呼吸器、防毒面具、防酸服、便携式一氧化碳报警器等)消灭或控制事故发展的设备(消防器材等)、防止污染的设备、材料(中和剂等)、检测、监测设备、医疗救护机构与救护设备、应急运输与治安能力、其他应急资源。

(四)应急预案编制

依据生产经营单位风险评估以及应急能力评估结果,组织编制应急预案。应急预案编制应注重系统性和可操作性,做到与相关部门和单位应急预案相衔接。应急预案的编制格式和要求应按照如下进行。

1.封面

应急预案封面主要包括应急预案编号、应急预案版本号、生产经营单位名称、应

---

① 张慧,王连勇,龙辉.水利工程技术与审查创新研究[M].北京:现代出版社,2023.

急预案名称、编制单位名称、颁布日期等内容。

2.批准页

应急预案应经生产经营单位主要负责人(或分管负责人)批准方可发布。

3.目次

应急预案应设置目次,目次中所列的内容及次序如下:

——批准页。

——章的编号、标题。

——带有标题的条的编号、标题(需要时列出)。

附件,用序号表明其顺序。

4.印刷与装订

应急预案推荐采用 A4 版面印刷,活页装订。

针对工作场所、岗位的特点,编制简明、实用、有效的应急处置卡。

应急处置卡应当规定重点岗位、人员的应急处置程序和措施,以及相关联络人员和联系方式,便于从业人员携带。

(五)应急预案评审

应急预案编制完成后,应进行评审或者论证。内部评审由本单位主要负责人组织有关部门和人员进行;外部评审由本单位组织外部有关专家进行,并可邀请地方政府有关部门、水行政主管部门等有关人员参加。应急评审合格后,由本单位主要负责人签署发布,并按规定报有关部门备案。

水利工程建设项目应参照相关规定对应急预案进行评审。

1.评审方法

应急预案评审分为形式评审和要素评审,评审可采取符合、基本符合、不符合 3 种方式简单判定。对于基本符合和不符合的项目,应提出指导性意见或建议。

(1)形式评审

依据有关规定和要求,对应急预案的层次结构、内容格式、语言文字和制定过程等内容进行审查。形式评审的重点是应急预案的规范性和可读性。

(2)要素评审

依据有关规定和标准,从符合性、适用性、针对性、完整性、科学性、规范性和衔接性等方面对应急预案进行评审。要素评审包括关键要素和一般要素。为细化评审,可采用列表方式分别对应急预案的要素进行评审。评审应急预案时,将应急预案的要素内容与表中的评审内容及要求进行对应分析,判断是否符合表中要求,发现存在的问题及不足。

2.评审程序

应急预案编制完成后,应在广泛征求意见的基础上,采取会议评审的方式进行审查,会议审查规模和参加人员根据应急预案涉及范围和重要程度确定。

(1)评审准备

应急预案评审应做好下列准备工作:成立应急预案评审组,明确参加评审的单位或人员。通知参加评审的单位或人员具体的评审时间。将被评审的应急预案在评审前送达参加评审的单位或人员。

(2)会议评审

会议评审可按照下列程序进行:介绍应急预案评审人员构成,推选会议评审组组长。应急预案编制单位或部门向评审人员介绍应急预案编制或修订情况。评审人员对应急预案进行讨论,提出修改和建设性意见。应急预案评审组根据会议讨论情况,提出会议评审意见。讨论通过会议评审意见,参加会议评审人员签字。

(3)意见处理

评审组组长负责对各评审人员的意见进行协调和归纳,综合提出预案评审的结论性意见。按照评审意见,对应急预案存在的问题以及不合格项进行分析研究,并对应急预案进行修订或完善。反馈意见要求重新审查的,应按照要求重新组织审查。

(六)应急预案管理

1.应急预案备案

依照国家有关规定对已报批准的应急预案备案。

中央管理的总公司(总厂、集团公司、上市公司)的综合应急预案和专项应急预案,报国务院国有资产监督管理部门、国务院安全生产监督管理部门和国务院有关主管部门备案;其所属单位的应急预案分别抄送所在地的省、自治区、直辖市或者设区的市人民政府安全生产监督管理部门和有关主管部门备案。其他单位按照相应的管理权限备案。

水利工程建设项目参建各方申请应急预案备案,应当提交下列材料:应急预案备案申报表;应急预案评审或者论证意见;应急预案文本及电子文档;风险评估结果和应急资源调查清单。

受理备案登记的安全生产监督管理部门及有关主管部门应当对应急预案进行形式审查,经审查符合要求的,予以备案并出具应急预案备案登记表;不符合要求的,不予备案并说明理由。

2.应急预案宣传与培训

水利工程建设参建各方应采取不同方式开展安全生产应急管理知识和应急预案的宣传和培训工作。对本单位负责应急管理工作的人员以及专职或兼职应急救援人员进行相应知识和专业技能培训,同时,加强对安全生产关键责任岗位员工的应急培训,使其掌握生产安全事故的紧急处置方法,增强自救互救和第一时间处置事故的能力。在此基础上,确保所有从业人员具备基本的应急技能,熟悉本单位的应急预案,掌握本岗位事故防范与处置措施和应急处置程序,提高应急水平。

3.应急预案演练

应急预案演练是应急准备的一个重要环节。通过演练,可以检验应急预案的可行性和应急反应的准备情况;通过演练,可以发现应急预案存在的问题,完善应急工作机制,提高应急反应能力;通过演练,可以锻炼队伍,提高应急队伍的作战能力,熟悉操作技能;通过演练,可以教育参建人员,增强其危机意识,提高安全生产工作的自觉性。为此,预案管理和相关规章中都应有对应急预案演练的要求。

4.应急预案修订与更新

应急预案必须与工程规模、机构设置、人员安排、危险等级、管理效率及应急资源等状况相一致。随着时间的推移,应急预案中包含的信息可能会发生变化。因此,为了不断完善和改进应急预案并保持预案的时效性,水利工程建设参建各方应根据本单位实际情况,及时更新和修订应急预案。

应就下列情况对应急预案进行定期和不定期的修改或修订。

日常应急管理中发现预案的缺陷;训练或演练过程中发现预案的缺陷;实际应急过程中发现预案的缺陷;组织机构发生变化;原材料、生产工艺的危险性发生变化;施工区域范围的变化;布局、消防设施等发生变化;人员及通信方式发生变化;有关法律法规标准发生变化;其他情况。

应急预案修订前,应组织对应急预案进行评估,以确定是否需要进行修订以及哪些内容需要修订。通过对应急预案的更新与修订,可以保证应急预案的持续适应性。同时,更新的应急预案内容应通过有关负责人认可,并及时通告相关单位、部门和人员;修订的预案版本应经过相应的审批程序,并及时发布和备案。

5.应急预案的响应

依据突发事故的类别、危害的程度、事故现场的位置及事故现场情况分析结果设定预案的启动条件。接警后,根据事故发生的位置及危害程度,决定启动相应的应急预案,在总指挥的统一指挥下,发布突发事故应急救援令,启动预案,各应急小组依据预案的分工、机构设置赶赴现场,采取相应的措施。并报告当地水利等有关部门。

四、应急预案的编制提纲

(一)综合应急预案

(1)总则。总则包括编制目的、编制依据、适用范围、应急预案体系、应急预案工作原则等。

(2)事故风险描述。

(3)应急组织机构及职责。

(4)预警及信息报告。

(5)应急响应。应急响应包括响应分级、响应程序、处置措施、应急结束等。

(6)信息公开。

(7)后期处置。

(8)保障措施。保障措施包括通信与信息保障、应急队伍保障、物资装备保障、其他保障等。

(9)应急预案管理。应急预案管理包括应急预案培训、应急预案演练、应急预案修订、应急预案备案、应急预案实施等。

(二)专项应急预案

专项应急预案的具体内容如下。

1.事故风险分析

针对可能发生的事故风险,分析事故发生的可能性以及严重程度、影响范围等。

2.应急指挥机构及职责

根据事故类型,明确应急指挥机构总指挥、副总指挥以及各成员单位或人员的具体职责。应急指挥机构可以设置相应的应急救援工作小组,明确各小组的工作任务及主要负责人职责。

3.处置程序

明确事故及事故险情信息报告程序和内容、报告方式和责任人等内容。根据事故响应级别,具体描述事故接警报告和记录、应急指挥机构启动、应急指挥、资源调配、应急救援、扩大应急等应急响应程序。

4.处置措施

针对可能发生的事故风险、事故危害程度和影响范围,制定相应的应急处置措施,明确处置原则和具体要求。

(三)现场处置方案

1.事故风险分析

事故风险分析主要包括:事故类型;事故发生的区域、地点或装置的名称;事故发生的可能时间、事故的危害严重程度及其影响范围;事故前可能出现的征兆;事故可能引发的次生、衍生事故。

2.应急工作职责

根据现场工作岗位、组织形式及人员构成,明确各岗位人员的应急工作分工和职责。

3.应急处置

应急处置主要包括以下内容。

(1)事故应急处置程序。根据可能发生的事故及现场情况,明确事故报警、各项应急措施启动、应急救护人员的引导、事故扩大及同生产经营单位应急预案衔接的程序。

(2)现场应急处置措施。针对可能发生的火灾、爆炸、危险化学品泄漏、坍塌、水患、机动车辆伤害等,从人员救护、工艺操作、事故控制,消防、现场恢复等方面制定明确的应急处置措施。

(3)明确报警负责人以及报警电话及上级管理部门、相关应急救援单位联络方式和联系人员,事故报告基本要求和内容。

4.注意事项

注意事项主要包括以下内容。

(1)佩戴个人防护器具方面的注意事项。

(2)使用抢险救援器材方面的注意事项。

(3)采取救援对策或措施方面的注意事项。

(4)现场自救和互救注意事项。

(5)现场应急处置能力确认和人员安全防护等事项。

(6)应急救援结束后的注意事项。

(7)其他需要特别警示的事项。

5.附件

附件中列出应急工作中需要联系的部门、机构或人员的多种联系方式,当发生变化时及时进行更新。应急物资装备的名录或清单:列出应急预案涉及的主要物资和装备名称、型号、性能、数量、存放地点、运输和使用条件、管理责任人和联系电话等。

规范化格式文本、应急信息接报、处理、上报等规范化格式文本。关键的路线、标识和图纸主要包括以下内容。

(1)警报系统分布及覆盖范围。

(2)重要防护目标、危险源一览表、分布图。

(3)应急指挥部位置及救援队伍行动路线。

(4)疏散路线、警戒范围、重要地点等的标识。

(5)相关平面布置图纸、救援力量的分布图纸等。

6.有关协议或备忘录

列出与相关应急救援部门签订的应急救援协议或备忘录。

第五节　应急培训与演练

一、应急培训

生产和经营单位有责任组织并实施本单位的应急预案、应急知识、自救互救以及避险逃生技能的培训活动,确保相关人员对应急预案有深入的了解,并熟知应急职责、应急处理流程和相关措施。关于应急培训的具体时间、地点、课程内容、教师资质、参与人员以及考核成果等各方面的信息,都应准确地记录在本单位的安全生产教育和培训档案中。

(一)应急培训方式

主要的培训方式应该是独立进行的;也有可能委派拥有适当资格的安全培训机构(即满足安全培训要求的机构)来为工作人员提供安全教育。对于那些不满足安全培训要求的生产和经营单位,他们应当选择具备相关资格的安全培训机构(即满足安全培训要求的机构)来为其员工提供必要的安全培训。紧急情况下的培训可以被整合到安全教育培训中,并严格按照培训的步骤来执行。

(二)应急培训实施过程

按照制订的培训计划,合理利用时间,充分利用各类不同的方式积极开展安全生产应急培训工作,让所有的人员能够了解应急基本知识,了解潜在危害和危险源,掌握自救及救人知识,了解逃生方式方法。

(三)应急培训目的

应急培训的核心目标是确保其具有实际应用价值。除了常规的考试和实际操作评估外,还可以通过应急演练来获得反馈。对于在应急演练中发现的问题,可以及时进行查找和补充,强化关键内容,从而不断增强培训效果。在应急培训结束之后,我们应该努力进行评估,以确保真正实现应急培训的预期效果。

(四)应急培训的基本内容

应急培训涵盖了对所有参与应急行动的相关人员进行的最基本的培训和教育,强调应急人员需要了解和掌握识别危险、实施必要应急措施、启动紧急情况警报系统以及安全疏散人群等基本技能。不同水平的应急者所需接受培训的共同内容如下所述。

1. 报警

目的是让应急响应人员了解并掌握如何使用周围的工具来最快、最有效地进行报警,例如通过手机电话、寻呼、无线电、网络或其他方式进行报警。为了让应急人员熟悉如何发布紧急情况通知,可以采用警笛、警铃、电话或广播等手段。在事故发生之后,为了能够迅速撤离事故现场的每一个人,紧急响应人员需要熟练掌握如何在现场激活警报标识。

在生产安全事故中受伤的人员,除了在本单位进行紧急抢救之外,还应立即拨打"120"电话,请求急救中心进行急救。当发生火灾或爆炸事故时,应立刻拨打"119"电话,并详细说明起火单位的名称、具体位置、起火的物质、火势的大小以及报警者的电话和姓名。如果发生了道路交通事故,请拨打"122"以详细说明事故的具体地点、发生时间和主要情况。如果发现有人员受伤或死亡,请立即拨打"120"。当遭遇各种刑事、治安事件或其他突发状况时,应迅速拨打"110"进行报警。

2. 疏散

为了减少事故中不必要的人员伤害,我们对紧急响应人员进行了培训和教育,确保他们在紧急情况下能够安全、有序地疏散被困的人员或周围的人。人员疏散的培训可以在紧急情况下的模拟演练中完成,这样的演练还能评估应急人员的疏散技能。

3. 火灾应急培训与教育

鉴于火灾的高发性和频繁发生的特点,对应急人员的培训和教育变得尤为关键。这要求他们在火灾初始阶段必须熟练掌握必要的灭火技巧,以便能够迅速扑灭火势,从而降低或减少可能升级为灾难性事故的风险。此外,他们还需要熟练掌握灭火装置的识别、使用、保养和维修等基础技术。鉴于灭火任务主要落在消防队员的肩上,因此,针对消防队员的火灾应急培训和教育显得尤为重要。

4.防汛防台应急措施

执行防洪和台风防护的责任制度,并确定紧急防洪的责任人。所有参与建设的各方都应按照既定规定储备充足的防洪物资,并组织实施抗灾抢险队伍。在洪水季节来临之前,应急工作人员应加强对工地防洪设备以及工程施工对附近建筑物可能产生的影响的检查。在汛期的值班时间里,指挥部的成员确保了24小时的通信不受阻碍,并强化了值班规定、安全检查以及排险措施。当汛情变得严重或遭遇暴雨,指挥部的总指挥将组织全面的防汛、防风和抢险救灾活动,确保信息的有效传递,对雨情、水情和风情进行深入分析,并进行科学的调度,随时准备调动人员、物资和财务资源。根据当前的安全状况,发出紧急警告,紧急响应人员迅速将受灾的民众和他们的财产转移到安全区域,以最大限度地减少损失。

二、应急演练

应急演练是对应急能力的综合考验,开展应急演练,有助于提高应急能力,改进应急预案,及时发现工作中存在的问题,及时完善。

(一)演练的目的和要求

1.演练目的

应急演练的目的包括:检验预案,通过开展应急演练,进而提高应急预案的可操作性;完善准备,检查应对突发事件所需应急队伍、物资、装备、技术等方面的情况;同时锻炼队伍,提高人员应急处置能力;完善应急机制,进一步明确相关单位和人员的分工;宣传教育,能够对相关人员有一个比较好的普及作用。

2.演练原则

演练原则的具体内容如下。

(1)契合工程实际

应按照当前工作实际情况,按照可能发生的事故以及现有的资源条件开展演练。

(2)符合相关规定

按照国家有关法律法规、规章来开展演练。

(3)确保安全有序

精心策划演练内容,科学设计演练方案,周密组织演练活动,严格遵守有关安全措施,确保演练参与人员安全。

(4)注重能力提高

以提高指挥协调能力,应急处置能力为主要出发点开展演练。

(二)演练的类型

根据演练组织方式、内容等可以将演练类型进行分类,按照演练方式可分为桌面演练和现场演练,按照演练内容可分为单项演练和综合演练。

1.桌面演练

桌面演练是指由应急组织的代表或关键岗位人员参加的,按照应急预案及其标准运作程序讨论紧急情况时应采取的演练行动。[①] 桌面演练的显著特性是口头模拟演练的场景,通常在会议室里进行非正规的互动活动。它的核心目标是提高演练人员处理问题的技巧,并处理应急组织之间的合作与职责分配问题。桌面模拟演练仅需展示有限的紧急响应和内部协调活动。演练结束后,通常会通过口头评论的方式收集演练人员的建议,然后提交一份简洁的书面报告,总结演练活动,并提出改进应急响应工作的建议。

2.现场演练

现场演练是通过使用实际的设备、设施或场地来设定事故场景,并根据应急预案进行模拟,这种演练是以现场操作的方式进行的。参与演练的人员在接近实际需求和高度压力的环境中进行模拟练习。根据模拟场景的具体要求,他们通过实际操作来完成应急响应任务,目的是检验和提升应急人员在组织指挥、应急处理以及后勤支持等方面的应急响应能力。

3.单项演练

单项演练指的是在应急预案或现场处理计划中涉及的特定应急响应功能的一系列模拟活动。重点是对一个或少数几个参与单位的特定环节和功能进行检查。该项目的核心目标是对应急响应功能进行评估,以检验应急响应人员和应急组织体系在策划和响应方面的能力。以指挥和控制功能的模拟演练为例,该演练旨在评估应急指挥机构在特定压力环境下的应急响应和运行能力。这些演练主要在多个应急指挥中心或现场指挥中心进行,并在有限的场地内进行活动,同时也调用了有限的外部资源。

4.综合演练

综合演练是针对应急预案中的全部或大多数应急响应功能进行的,目的是检验和评价应急组织的应急运行能力的演练活动。综合应急演练通常需要持续数小时,并采用交互式的方式进行。在演练过程中,应尽量保持真实性,动员更多的应急响应

---

① 姚根兴,李文霆百.安全管理一本通[M].广州:广东旅游出版社,2016.

人员和资源,并进行人员、设备和其他资源的实战性演练,以展示各方面的协调应急响应能力。

(三)演练的组织实施

应急演练的过程分为演练计划、演练准备、演练实施三个阶段。

1.演练计划

演练计划应包括演练目的、类型(形式)、时间、地点,演练主要内容、参加单位和经费预算等。

2.演练准备

(1)成立演练组织机构。综合演练通常应成立演练领导小组,下设策划组、执行组、保障组、评估组等专业工作组。根据演练规模大小,其组织机构可进行调整。

(2)编制演练文件

编制演练文件的内容如下。

①演练工作方案。演练工作方案内容主要包括:应急演练的目的及要求;应急演练事故情景设计;应急演练规模及时间;参演单位和人员主要任务及职责;应急演练筹备工作内容;应急演练主要步骤;应急演练技术支撑及保障条件;应急演练评估与总结。

②演练脚本。根据需要,可编制演练脚本。演练脚本是应急演练工作方案具体操作实施的文件,帮助参演人员全面掌握演练进程和内容。演练脚本一般采用表格形式,主要内容包括:演练模拟事故情景;处置行动与执行人员;指令与对白、步骤及时间安排;视频背景与字幕;演练解说词等。

③演练评估方案。演练评估方案通常包括:演练信息,主要指应急演练的目的和目标、情景描述,应急行动与应对措施简介等;评估内容,主要指应急演练准备、应急演练组织与实施、应急演练效果等;评估标准,主要指应急演练各环节应达到的目标评判标准;评估程序,主要指演练评估工作主要步骤及任务分工;附件,主要指演练评估所需要用到的相关表格等。

④演练保障方案。针对应急演练活动可能发生的意外情况制定演练保障方案或应急预案并进行演练,做到相关人员应知应会,熟练掌握。演练保障方案应包括应急演练可能发生的意外情况、应急处置措施及责任部门,应急演练意外情况中止条件与程序等。

⑤演练观摩手册。根据演练规模和观摩需要,可编制演练观摩手册。演练观摩手册通常包括应急演练时间、地点、情景描述、主要环节及演练内容、安全注意事

项等。

(3)演练工作保障

①人员保障。按照演练方案和有关要求,策划、执行、保障、评估、参演等人员参加演练活动,必要时考虑替补人员。

②经费保障。根据演练工作需要,明确演练工作经费及承担单位。

③物资和器材保障。根据演练工作需要,明确各参演单位所需准备的演练物资和器材等。

④场地保障。根据演练方式和内容,选择合适的演练场地。演练场地应满足演练活动需要,避免影响企业和公众正常生产、生活。

⑤安全保障。根据演练工作需要,采取必要的安全防护措施,确保参演、观摩等人员以及生产运行系统安全。

⑥通信保障。根据演练工作需要,采用多种公用或专用通信系统,保证演练通信信息通畅。其他保障。根据演练工作需要,提供其他保障措施。

3. 演练实施

(1)熟悉演练任务和角色

组织各参演单位和参演人员熟悉各自参演任务和角色,并按照演练方案要求组织开展相应的演练准备工作。

(2)组织预演

在综合应急演练前,演练组织单位或策划人员可按照演练方案或脚本组织桌面演练或合成预演,熟悉演练实施过程的各个环节。

(3)安全检查

确认演练所需的工具、设备、设施、技术资料,参演人员到位。对应急演练安全保障方案以及设备、设施进行检查确认,确保安全保障方案可行,所有设备、设施完好。

(4)应急演练

应急演练总指挥下达演练开始指令后,参演单位和人员按照设定的事故情景,实施相应的应急响应行动,直至完成全部演练工作。演练实施过程中出现特殊或意外情况,演练总指挥可决定中止演练。

(5)演练记录

演练实施过程中,安排专门人员采用文字、照片和音像等手段记录演练过程。

(6)评估准备

演练评估人员根据演练事故情景设计以及具体分工,在演练现场实施过程中展开演练评估工作,记录演练中发现的问题或不足,收集演练评估需要的各种信息和资料。

(7)演练结束

演练总指挥宣布演练结束,参演人员按预定方案集中进行现场讲评或者进行有序疏散。

(四)应急演练总结及改进

应急演练结束之后,评估人员或评估团队的负责人会对演练中发现的问题、不足之处和取得的效果进行口头评价。

在应急演练过程中,评估团队对观察、记录和收集到的各类信息进行了深入的科学分析和客观评估,基于评估的标准,并据此编写了书面的评估报告。该评估报告主要集中在演练活动的组织与执行、达成演练目标、参与演练的人员表现,以及在演练过程中出现的各种问题上进行了全面评价。

演练的总结报告主要涵盖了演练的基础摘要;通过演练,我们发现了一些问题,并从中吸取了宝贵的经验和教训;紧急情况下的管理建议。

在应急演练活动完结之后,需要将应急演练的工作计划、评估、总结报告等书面资料,以及与演练实施过程相关的图片、视频、音频等资料进行归档和保存。基于演练评估报告中对应急预案的优化建议,应急预案的制定部门将按照既定流程对预案进行持续的修订和完善。

参考文献

[1]曹刚,刘应雷,刘斌.现代水利工程施工与管理研究[M].长春:吉林科学技术出版社,2021.

[2]陈雪艳.水利工程施工与管理以及金属结构全过程技术[M].北京:中国大地出版社,2019.

[3]高喜永,段玉洁,于勉.水利工程施工技术与管理[M].长春:吉林科学技术出版社,2020.

[4]耿娟,严斌,张志强.水利工程施工技术与管理[M].长春:吉林科学技术出版社,2022.

[5]管魁.水利工程施工管理中信息化技术的应用分析[J].黑龙江水利科技,2024(2):131-133,155.

[6]郭耀华.农田水利工程施工管理中信息化技术的应用研究[J].农业开发与装备,2024(1):112-114.

[7]胡家齐.水利工程施工管理质量和安全控制分析[J].低碳世界,2024(5):121-123.

[8]姬志军,邓世顺.水利工程与施工管理[M].长春:吉林科学技术出版社,2020.

[9]兰新建,汤凤霞,刘新刚.水利工程施工技术与管理创新研究[M].延吉:延边大学出版社,2023.

[10]李宗权,苗勇,陈忠.水利工程施工与项目管理[M].长春:吉林科学技术出版社,2022.

[11]林彦春,周灵杰,张继宇,等.水利工程施工技术与管理[M].郑州:黄河水利出版社,2016.

[12]刘明忠,田淼,易柏生.水利工程建设项目施工监理控制管理[M].北京:中国水利水电出版社,2019.

[13]刘能胜,钟汉华,冷涛,等.水利水电工程施工组织与管理[M].北京:中国水利水电出版社,2015.

[14]刘学应,王建华.水利工程施工安全生产管理[M].北京:中国水利水电出版社,2018.

[15]刘勇,郑鹏,王庆.水利工程与公路桥梁施工管理[M].长春:吉林科学技术出版社,2020.

[16]刘宗国,吴秀英,夏伟民.水利工程施工技术要点及管理探索[M].长春:吉林科学技术出版社,2022.

[17]卢勇.水利工程施工管理策略优化的探讨[J].中州建设,2024(1):118-120.

[18]芈书贞,卢治元,吕杰.水利工程施工组织与管理[M].北京:中国水利水电出版社,2016.

[19]祁丽霞.水利工程施工组织与管理实务研究[M].北京:中国水利水电出版社,2015.

[20]田茂志,周红霞,于树霞.水利工程施工技术与管理研究[M].长春:吉林科学技术出版社,2022.

[21]王仁龙.水利工程混凝土施工安全管理手册[M].北京:中国水利水电出版社,2020.

[22]相荣.水利工程管理与施工技术研究[M].长春:吉林科学技术出版社,2022.

[23]张彩霞.水利工程施工管理的重要性和对策措施[J].城市建设理论研究(电子版),2023(19):200-202.

[24]张婧.水利工程施工管理的影响因素及对策分析[J].大科技,2024(42):49-51.

[25]张晓涛,高国芳,陈道宇.水利工程与施工管理应用实践[M].长春:吉林科学技术出版社,2022.

[26]张永昌,谢虹,焦刘霞,等.基于生态环境的水利工程施工与创新管理[M].郑州:黄河水利出版社,2020.

[27]赵春燕,国润平,赵银冬.水利工程施工建设与管理实践[M].北京:中国原子能出版社,2023.